U0249038

中南财经政法大学出版基金资助出版

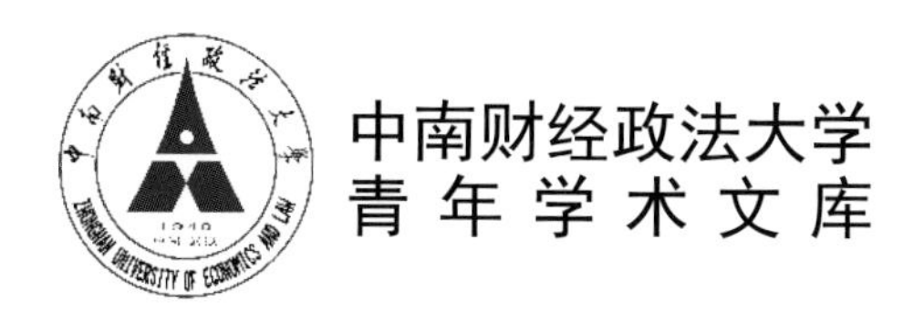

微塑料对土壤性质、土壤镉分布及镉形态转化的影响

曹艳晓 著

图书在版编目(CIP)数据

微塑料对土壤性质、土壤镉分布及镉形态转化的影响 / 曹艳晓著 . 武汉 : 武汉大学出版社, 2024. 12. -- ISBN 978-7-307-24696-6

Ⅰ. X705

中国国家版本馆 CIP 数据核字第 2024YH4315 号

责任编辑:黄金涛　　责任校对:鄢春梅　　版式设计:韩闻锦

出版发行: **武汉大学出版社**　(430072　武昌　珞珈山)

(电子邮箱: cbs22@ whu.edu.cn　网址: www.wdp. com.cn)

印刷:湖北云景数字印刷有限公司

开本:720×1000　1/16　印张:15　字数:242 千字　插页:3

版次:2024 年 12 月第 1 版　2024 年 12 月第 1 次印刷

ISBN 978-7-307-24696-6　定价:88. 00 元

前　言

塑料因重量轻、成本低、易塑形和耐用等特点，被广泛应用于生产和生活各个领域。据统计，2022 年，全球塑料产量高达 4 亿吨，预计到 2050 年，全球塑料累计产量将增长到 340 亿吨。大量塑料制品因管理或处置不当，被遗弃在环境中，经过长期的风化、紫外辐射、碰撞磨损和生物作用等过程，逐渐分解成尺寸小于 5mm 的微塑料。在过去 20 年里，数百篇论文研究了微塑料在环境中的积累，包括海岸、深海、河流、湖泊、土壤等多种环境，还研究它们在从无脊椎动物到顶级捕食者的生物体中的积累。研究表明，微塑料会影响生物的生长、存活和繁殖。生物摄入微塑料可能导致胃肠道堵塞、内脏磨损、炎症和氧化应激等问题，小粒径微塑料甚至可能引发毒性作用。此外，由于微塑料的粒径小，比表面积大，容易吸附和积聚其他种类的环境污染物(如有机污染物、重金属等)，并成为运输污染物的载体，随着营养级进行共迁移，对生物安全及生态平衡造成严重威胁。

有研究指出，农业土壤和自然土壤是目前最大的微塑料汇，每年释放到陆地生态系统中微塑料的数量可能是海洋中的 4~23 倍。研究显示，微塑料广泛存在于全球各种不同土地利用类型的土壤中，且不同地区土壤微塑料的丰度差异巨大，如阿根廷果园土壤中微塑料的丰度高达 4.3×10^3 个/kg，伊朗及智利的农田土壤微塑料丰度分别为 67 个/kg~400 个/kg 和 600 个/kg~10400 个/kg，我国农田表层土壤微塑料平均丰度为 21.2 个/kg~5.6×10^4 个/kg。微塑料进入土壤，不仅会直接影响土壤容重、土壤团聚体、土壤结构和土壤水分，还会改变土壤理化性质和土壤酶活性。最近的研究表明，土壤中的微塑料可以通过离子络合、氢键和静电相互作用力促进对重金属和非金属等共存污染物的吸附。然而，由于土壤介质独特和复杂的性质，大多数研究仍集中在水生生态系统中，微塑料对土壤性质和污染物行为的影响仍需进一步研究。

与此同时，由于工业生产、农业活动、交通运输以及居民日常生活的多重影响，城乡土壤中的重金属污染问题日益严重。在我国主要重金属污染点位中，镉(Cd)超标率达到了25.01%，位列第一。Cd由于其在土壤植物系统中的高流动性和蓄积能力，极易被作物和生物吸收，即使浓度很低也具有高毒性。据不完全统计，我国受Cd污染的农田面积已达20万hm^2，Cd含量超标的农产品年产量达14.6亿kg。土壤中Cd的过量累积不仅导致土壤质量下降和农产品产量减少，还可能通过食物链危害食品安全和人体健康。重金属的吸附行为受土壤组分和土壤性质的影响。土壤的固相活性组分，包括有机质、土壤黏粒矿物和氧化物等的含量及组成决定着土壤的孔隙结构等物化特性，同时也控制着重金属的环境行为。其中，颗粒有机质、有机矿物复合体和土壤矿物等都是土壤中改变重金属分配状况的重要组成部分。因此，对土壤团聚体中的颗粒有机质、有机矿物复合体和矿物组分进行分离，并深入研究它们的结构组成，对于理解土壤对重金属的吸附特性和固定机制至关重要。

多项研究显示，土壤中的塑料和重金属广泛共存，其复合污染问题日益突出。我国武汉、成都、汉中上游农田和晋江河口红树林保护区等地的研究表明，土壤中同时存在重金属与微塑料污染，且微塑料中重金属含量与土壤重金属含量显著相关。此外，在伊朗西南部的波斯湾、德国西部的北莱茵—威斯特法伦州、巴基斯坦东北部的费萨拉巴德、印度东部的库奇贝哈尔、突尼斯中东部的莫克尼和埃及的索哈格省东部等地均报道了微塑料与重金属的复合污染现象。微塑料与重金属共存，不仅改变了单一污染物的环境行为和毒性效应，还可能通过物理吸附和化学络合等方式，形成稳定的复合体，从而通过改变土壤各个组分的性质以及土壤的整体物理化学环境来影响土壤对重金属的富集行为。因此，了解土壤活性组分与重金属之间的反应机制，对研究重金属在土壤中的平衡分布行为以及微塑料对重金属吸附的影响机制具有重要的意义。

本书的研究工作得到了湖北省自然科学基金项目：微塑料影响土壤组分吸附固定镉的规律及机制(项目编号：2022CFB519)的资助，作者对此表示衷心的感谢！同时，也感谢中央基本科研业务费专项资金(项目编号：2722024EJ024)的支持！本书的研究成果得到中南财经政法大学出版基金资助出版，特此致谢！

在此，我要特别感谢我的研究生马贤颖、赵梦洁、陈田甜、陈诺、杨江秀和徐鑫宇，以及本科生周心卉、方艳艳和雷世豪。同时，也感谢中南财经政法大学信息工程学院各位同事的帮助和支持。

由于作者水平所限，书中难免有错误或不当之处，敬请读者指正。

曹艳晓

2024 年 10 月

目　　录

第1章　绪论 …… 1
1.1　微塑料的概念与性质 …… 1
1.2　土壤中微塑料的来源 …… 3
1.2.1　农用塑料薄膜及农用品的塑料包装 …… 3
1.2.2　农业灌溉和污泥施用 …… 4
1.2.3　有机肥料施用 …… 5
1.2.4　大气沉降和轮胎磨损 …… 5
1.3　土壤微塑料污染现状 …… 6
1.4　微塑料对土壤性质及土壤生物的影响 …… 12
1.4.1　微塑料对土壤物理性质的影响 …… 12
1.4.2　微塑料对土壤化学性质的影响 …… 12
1.4.3　微塑料对土壤生物的影响 …… 15
1.5　研究内容与技术路线 …… 18
1.5.1　研究内容 …… 18
1.5.2　技术路线 …… 19

第2章　微塑料与重金属的相互作用及其环境影响 …… 21
2.1　引言 …… 21
2.2　微塑料中重金属的来源及稳定性 …… 22
2.3　微塑料与重金属的相互作用 …… 24
2.3.1　常见的吸附模型 …… 24
2.3.2　微塑料与重金属的相互作用机理 …… 30
2.4　微塑料吸附重金属的影响因素 …… 37
2.4.1　微塑料特性的影响 …… 37

2.4.2　重金属化学性质的影响 …… 38
2.4.3　环境条件的影响 …… 39
2.5　微塑料和重金属对土壤性质的影响 …… 40
2.6　微塑料和重金属对生物的联合影响 …… 42
2.6.1　对水生生物的影响 …… 43
2.6.2　对陆地生物的影响 …… 44
2.7　微塑料和重金属对人体的联合影响 …… 66
2.8　小结 …… 67

第3章　微塑料对土壤团聚体、固体组分与土壤性质的影响 …… 68
3.1　引言 …… 68
3.2　材料与方法 …… 69
3.2.1　试验材料 …… 69
3.2.2　试验方法 …… 71
3.3　数据分析与处理 …… 73
3.4　微塑料对土壤团聚体粒径分布的影响 …… 74
3.4.1　新制PP微塑料对土壤团聚体粒径分布的影响 …… 74
3.4.2　老化PP微塑料对土壤团聚体粒径分布的影响 …… 75
3.4.3　外源重金属Cd对土壤团聚体粒径分布的影响 …… 77
3.4.4　微塑料和重金属Cd对土壤团聚体分布的复合影响 …… 78
3.5　微塑料对土壤团聚体稳定性的影响 …… 80
3.5.1　新制和老化PP微塑料对MWD和GMD的影响 …… 80
3.5.2　新制和老化PP微塑料对PAD的影响 …… 81
3.6　微塑料对土壤固体组分质量的影响 …… 82
3.7　微塑料对土壤性质的影响 …… 83
3.8　土壤性质对微塑料添加的响应 …… 84
3.9　小结 …… 85

第4章　不同粒径塑料对土壤性质的影响 …… 87
4.1　引言 …… 87
4.2　材料与方法 …… 88

4.2.1 试验材料 …… 88
4.2.2 试验方法 …… 89
4.2.3 分析方法 …… 89
4.3 结果与讨论 …… 90
4.3.1 大塑料和微塑料对土壤pH值的影响 …… 90
4.3.2 大塑料和微塑料对土壤DOC含量的影响 …… 91
4.3.3 大塑料和微塑料对土壤CEC含量的影响 …… 92
4.3.4 大塑料和微塑料对土壤固体组分的影响 …… 93
4.3.5 大塑料和微塑料对土壤酶活性的影响 …… 93
4.4 小结 …… 96

第5章 微塑料对土壤及固体组分吸附镉的影响 …… 98
5.1 引言 …… 98
5.2 材料与方法 …… 100
5.2.1 试验材料 …… 100
5.2.2 试验方法 …… 101
5.2.3 数据分析与处理 …… 102
5.3 结果与讨论 …… 104
5.3.1 土壤及土壤固体组分对镉的吸附动力学 …… 104
5.3.2 土壤及土壤固体组分对镉的等温吸附行为 …… 108
5.3.3 微塑料对土壤及土壤固体组分吸附镉的影响 …… 113
5.4 小结 …… 118

第6章 微塑料对土壤镉形态分布与转化的影响 …… 120
6.1 引言 …… 120
6.2 材料与方法 …… 122
6.2.1 试验材料 …… 122
6.2.2 土壤培养实验 …… 123
6.2.3 分析方法 …… 123
6.2.4 数据处理方法 …… 124
6.3 土壤中Cd的形态分布及转化趋势 …… 126

6.3.1　土壤中 Cd 的形态分布与转化 …… 126
6.3.2　土壤中 Cd 形态变化过程的动力学模拟 …… 129
6.4　土壤中 Cd 的相对结合强度和分配系数 …… 132
6.4.1　结合强度系数 …… 132
6.4.2　再分配系数 …… 133
6.5　土壤中 Cd 形态对微塑料的响应 …… 135
6.6　小结 …… 137

第 7 章　微塑料对土壤固体组分中镉分布的影响 …… 139
7.1　引言 …… 139
7.2　材料与方法 …… 140
7.3　土壤固体组分中 Cd 分布及其对微塑料的响应 …… 140
7.3.1　土壤固体组分质量变化 …… 140
7.3.2　土壤固体组分中 Cd 含量变化 …… 141
7.3.3　土壤固体组分中 Cd 形态分布对微塑料的响应 …… 143
7.4　土壤固体组分中 Cd 的相对结合强度和再分配系数 …… 145
7.4.1　土壤固体组分中 Cd 的结合强度系数 …… 145
7.4.2　土壤固体组分中 Cd 的分配系数 …… 146
7.5　小结 …… 148

第 8 章　微塑料影响土壤镉分布的作用机制 …… 150
8.1　引言 …… 150
8.2　分析方法 …… 151
8.2.1　微塑料和土壤组分的表征 …… 151
8.2.2　统计分析 …… 151
8.3　土壤 Cd 形态和土壤组分 Cd 形态的相关性 …… 152
8.4　土壤 Cd 化学形态和土壤物理化学性质的相关性 …… 153
8.5　微塑料和土壤组分的表征 …… 156
8.5.1　微塑料的表征 …… 156
8.5.2　土壤固体组分的表征 …… 158
8.6　作用机制及环境影响 …… 170

8.6.1　微塑料改变土壤中 Cd 的分布 …… 170
8.6.2　微塑料改变土壤组分及 Cd 分布 …… 170
8.6.3　机制与环境影响 …… 172
8.7　小结 …… 173

第 9 章　结论 …… 175

参考文献 …… 179

第1章 绪　论

自1907年列奥·亨德里克·贝克兰(Leo Hendrik Baekeland)发明世界上第一种完全合成的塑料(酚醛塑料)以来，由于其质轻、价廉、耐用和耐腐蚀等性能，塑料在世界范围内得到了广泛的应用。但塑料的大规模使用也产生了相当数量的塑料垃圾。数据显示，1950—2015年间全世界的塑料垃圾约为63亿吨。目前全球每年生产3亿吨以上的塑料，仅有20%的废塑料被回收或焚烧(Plastic Europe，2019)。按照目前的趋势，到2050年全球将产生约120亿吨塑料垃圾。2022年全球塑料生产总量大约4亿吨，中国占32%。根据中国物资再生协会再生塑料分会统计，2022年我国产生废弃塑料6300万吨，其中回收量仅有1890万吨，占比30%，而填埋量为2016万吨、焚烧量1953万吨，分别占比32%和31%，直接遗弃的占比7%。塑料垃圾在环境中降解非常缓慢，可以持续数十至数百年。Barnes等将环境中发现的塑料垃圾按大小分为四类：超大塑料(megaplastics)、大塑料(macroplastics)、中塑料(mesoplastics)和微塑料。大量的塑料垃圾堆积在填埋场或自然环境中。这些废弃塑料在热、紫外线、风和海浪的作用下容易发生破裂，形成直径小于5mm的微塑料(microplastic，MPs)。2022年，我国生态环境部首次将微塑料和持久性有机污染物、内分泌干扰物、抗生素共同界定为国际上广泛关注的四大类新污染物。

Carpenter等人早在20世纪70年代报道了海洋中的微塑料，但直到2004年其概念才被Thompson等人首次提出，此后微塑料逐渐受到研究者和公众的广泛关注。迄今为止，全球许多地区的水生生态系统(海洋、淡水和沉积物)、陆地、大气中均发现了微塑料。

1.1 微塑料的概念与性质

Thompson等人于2004年创造了“微塑料(microplastic)”一词，用来描述海洋沉积物和欧洲水域水体中的微小塑料碎片；2009年，Arthur等人提出微塑料尺寸的上限为小于5mm的塑料颗粒；2011年，Cole等人细化了微塑料的定义，根据其来源，将微塑料分为初级微塑料(用于商业用途的小粒径塑料)和次级微塑料(由环境中塑料废弃物的降解和破碎过程产生)；2019年，Frias和Nash进一步定义微塑料为具有规则或不规则形状和大小从1μm到5mm的合成固体塑料颗粒或聚合物基质。2019年，Hartmann等人将微塑料粒径限制在小于1mm的碎片。也有一些研究人员宣称“微塑料”是一个包罗万象的术语，指的是各种独特的化合物，而不是单一的化合物或材料类型。目前，微塑料还没有国际公认的定义，大多数研究人员将尺寸在1μm到5mm之间的塑料颗粒认定为微塑料。一般来说，微塑料包括初级和次级微塑料。初级微塑料通常来源于工业生产活动，如个人护理产品中的微珠和用作工业原料的树脂颗粒，包括人护理产品(手部和面部清洁剂、化妆品制剂等)、农业肥料、清洁产品、油漆、空气喷射清洁介质，以及来自塑料加工厂的生产废料。次级微塑料是由较大的塑料碎片通过光降解、紫外线辐射、高温、风化和物理磨损，或生物降解产生的，如农用塑料薄膜和堆肥中微塑料风化产生的小颗粒。

目前，全球生产的塑料超过300种，环境中常见塑料的物理化学性质及用途见表1-1。每种塑料聚合物都有不同的物理性质，如形态、颜色和密度。基于颗粒形态，微塑料常分为微珠(microbead)、颗粒(pellet)、碎片(fragment)、纤维(fiber)、泡沫(foam)、薄膜(film)等。基于化学成分差异，微塑料又可分为聚乙烯(PE)、聚丙烯(PP)、聚氯乙烯(PVC)、聚苯乙烯(PS)和聚对苯二甲酸乙二醇酯(PET)微塑料等。

表1-1 环境中常见塑料的物理化学性质及用途

塑料类型	化学分子式	结晶度	密度，g/cm^3	玻璃化转变温度，Tg	用 途
LDPE	$(C_2H_4)_n$	半结晶	0.91~0.93	-25	塑料袋、网、吸管、电线电缆
HDPE	$(C_2H_4)_n$	高结晶	0.94	-120	牛奶罐、果汁瓶、漂白剂、洗涤剂和家用清洁剂瓶、黄油和酸奶容器

续表

塑料类型	化学分子式	结晶度	密度，g/cm^3	玻璃化转变温度，Tg	用　途
PP	$(C_3H_6)_n$	半结晶	0.88~1.23	(−49)(−20)	绳子、瓶盖、网、汽车保险杠、花盆、文件夹
PS	$(C_8H_8)_n$	非结晶	1.04~1.5	90	一次性盘子和杯子、肉盘、鸡蛋盒、外卖容器、阿司匹林瓶
PVC	$(C_2H_3Cl)_n$	非晶质	1.15~1.7	60~100	窗户清洗剂和洗洁精瓶、洗发香波瓶、食用油瓶、透明食品包装、医疗器械、靴子、服装
PET	$(C_8H_{10}O_4)_n$	半结晶	1.30~1.50	73~78	软饮料、水、果汁和啤酒瓶，功能性/防水/合成服装/纺织品，食品和液体容器，工程树脂玻璃纤维，碳纳米管

1.2　土壤中微塑料的来源

已有研究表明，农田土壤普遍存在微塑料污染。微塑料可以通过多种途径进入土壤系统，包括农用塑料薄膜及农用品的塑料包装、农业灌溉和污泥施用、有机肥料施用、大气沉降和轮胎磨损等。

1.2.1　农用塑料薄膜及农用品的塑料包装

农用塑料薄膜因具有保温、保湿、提高农作物质量、增加农作物产量等优点而被广泛应用于农业生产。我国作为世界上重要农业生产大国，近年来农用薄膜使用量呈逐年增长态势。据统计，2020 年我国农用塑料薄膜的使用量约为2.39×10^6吨，其中地膜使用量约为1.36×10^6吨，覆盖面积约为1.74×10^7公顷，约占当年耕地总面积的13.6%。农用塑料薄膜的主要成分为PVC和PE，化学性质稳定，在自然环境中难以降解。同时，农用塑料薄膜厚度薄、耕作易破碎，回收率不到60%，导致农用塑料薄膜残留问题日益加剧。残留的塑料碎片长期存留在土壤系统中，经过耕作、太阳辐射、风化以及生物降解等作用，逐渐破碎形成各种形态和粒径的微塑料。有研究显示，在连续覆膜5年、15年和24年的农田土壤中微塑料的平均丰度分别为80.3±49.3个/kg、308.0±138.1个/kg和1075.6±346.8个/kg，可见，土壤中微塑料的丰度与农用塑料薄膜的使用年限呈正相关。研究进一步发现覆膜土壤中微塑料的组成成分与薄膜组成成分一致，表明残留农用地膜是农田土壤中微塑料的主要来源。此外，现代农业生产过程中会大量使用化肥和农药，相应也会产生大量废弃塑料包装，据统计，2018年化肥包装废弃物每年达15万吨，2019年农药废弃包装多达10^{10}个，这些塑料包装被随意丢弃后进入农田土壤，最终破碎、裂解形成微塑料。

1.2.2 农业灌溉和污泥施用

农业灌溉是微塑料进入农田土壤中的一个重要途径。全球范围内，农业灌溉水源包括地表水、地下水和净化污水。现有研究显示，包括河流、湖泊和水库在内的各类地表水中均检测出微塑料。另外，据统计，全球目前有2×10^7公顷的农田使用污水(含未处理和部分处理)进行灌溉，尽管污水处理厂能够去除约90%的微塑料，但仍有相当数量的微塑料残留在净化污水中，通过灌溉进入土壤系统中。污水经污水处理厂处理后，大部分的微塑料从水中转移到污泥中。Sun等人的研究指出污泥中微塑料的沉积率为98.3%。在芬兰，一个日产量为10000立方米的废水处理设施每天通过污泥向环境中释放约4.60×10^8个/kg微塑料颗粒。爱尔兰污水处理设施污泥中的微塑料含量从4196个/kg到15385个/kg。中国11个省28个污水处理设施的污泥中微塑料含量在1.60~56.4个/g，平均为22.7±12.1个/g。由于污泥含有大量的有机质和微量元素，在国外通常被当作肥料施用到农田中，如欧洲和北美约有50%的城市污泥农用。据估算，欧洲和北美每年通过污泥施用输入土壤的微塑料总量分别为6.3万~43万吨和4.4万~30万吨；我国每年通过污泥进入环境中的微塑料约为1.56×10^{14}个。污泥进入土壤后会导致土壤微塑料丰度增加。

1.2.3 有机肥料施用

有机肥是农业生产过程中重要的投入品，向农田土壤中施用有机肥料可以实现营养物质、微量元素和腐殖质的再次利用，原则上是一种环境友好的农业生产方式。然而，有机肥是通过处理动植物废物，消除有毒有害物质而获得的。其中，动物饲料的包装和动物饲养中用于储存、加工和运输食品的工具都含有塑料制品，这些塑料制品会流入动物粪便和其他废物中，因此，大多数有机肥中都存在塑料污染。德国是世界上对堆肥质量规定最严格的国家之一，研究显示德国每年通过施用有机肥进入农田土壤的微塑料达3.5×10^{10}~2.2×10^{12}个。我国是有机肥生产和使用大国，年生产量超2.5×107吨，每年施用量达2.2×10^{7}吨，据估算，每年由有机肥施用带入的农田土壤微塑料量最高可达26400吨。

1.2.4 大气沉降和轮胎磨损

微塑料在大气中的沉积是一个全球现象。研究显示，中国广东东莞的微塑料日大气沉降量为175~313个/m^2，德国汉堡平均微塑料日大气沉降量为275个/m^2，英国伦敦则高达575~1008个/m^2。据统计，城市地区大气中微塑料的沉积范围为53~1008个/($m^2\cdot d$)，即使在偏远山区，微塑料的平均沉积量也达到40个/($m^2\cdot d$)。

此外，汽车轮胎在运行过程以及刹车和加速期间容易发生机械磨损产生微塑料，随着经济发展和人民生活水平的不断提高，人均机动车保有量的持续增加，微塑料释放量也不断增加。有研究表明，轮胎颗粒可从道路扩散至100米远的土壤，约有74%的轮胎磨损颗粒直接沉淀进入路边5米以内的土壤。欧盟和美国每年产生的轮胎磨损颗粒分别约为1.33×10^{6}吨和1.12×10^{6}吨。有研究估算出2021年全球的轮胎磨损颗粒年释放量为7.22×10^{9}吨，全球道路车辆轮胎磨损产生的微塑料量人均达0.81kg/a。

1.3 土壤微塑料污染现状

微塑料已成为全球生态环境中日益受关注的一种新型污染物。研究显示，陆地上的微塑料可能比海洋中多4~23倍，这意味着陆地生态系统尤其是土壤可能是比海洋更大的塑料储存库。但土壤中的塑料降解非常缓慢，据研究显示，聚乙烯(PE)在土壤中800天后仅失重0.1%~0.4%，聚丙烯(PP)在土壤中1年后仅失重0.4%，聚氯乙烯(PVC)在土壤环境中35年未发生降解。越来越多的塑料积累在土壤中，不仅影响到土壤性质和土壤生物的活动，塑料碎片还与土壤中残留的污染物质相互作用，对土壤生态系统造成协同污染，甚至通过食物链影响到人类。然而，土壤中微塑料的相关研究起步较晚，2005年，Zubris和Richards在美国一处施用有机废水污泥15年的土壤中发现了合成纤维。随后，土壤微塑料才逐渐引起研究者们的关注。

尽管世界各国正在不断开展微塑料的赋存研究，然而由于地域上的极大差异，加之微塑料的计量、测定和修复等方面尚未建立起统一的标准，微塑料在土壤中的分布区域及丰度在很大程度上仍是未知的。表1-2为世界不同地区土壤中微塑料的分布与丰度。从现有研究结果来看，全球范围内所调查的农田土壤均有微塑料检出。德国南部传统耕作方式下的农田土壤受微塑料影响较小，其丰度范围为0~1.25个/kg，平均值仅为0.34个/kg。相比德国，加拿大、伊朗、瑞士农田土壤微塑料丰度较高，最高丰度值接近600个/kg。墨西哥菜田土壤微塑料丰度平均值达到870个/kg；西班牙和巴基斯坦农田土壤微塑料丰度范围接近。智利和韩国农田土壤微塑料丰度变异较大，丹麦农田土壤微塑料丰度异常高，最高丰度值达236000个/kg。我国不同地区土壤微塑料分布也存在显著差异。

不同地区土壤微塑料的丰度差异可能与多种因素有关，包括土壤类型、耕作方式、取样地点以及检测的微塑料尺寸范围等。有研究发现家庭花园、潮滩和设施农田的土壤微塑料丰度显著高于农田土壤和稻—鱼共生生态系统。此外，温度、湿度、土壤微塑料的采样深度以及提取方法的不同也可能是造成土壤微塑料丰度差异的原因。

表 1-2 不同地区不同类型土壤中微塑料的分布与丰度

地点	土壤类型	土壤深度，cm	微塑料种类	丰度	尺寸	形态
美国华盛顿	湿地公园	5	PS、PE、合成橡胶、玻璃纸、PP、PET和其他	23200±2500 个/m^2 或 1270±150 个/kg	75μm~5mm	纤维和碎片
墨西哥郊区	家庭花园	0~20	—	870±1900 个/kg	<5mm	—
澳大利亚悉尼	工业区	0~10	PE、PS 和 PVC	300~67500mg/kg	<5mm	—
加拿大安大略省	农田	0~5，5~10，10~15	PP、PE、PES、丙烯酸和其他	平均 541 个/kg	<5mm	主要为纤维，也有碎片
加拿大	农田	0~15	PE、PP 和 PET	18~298 个/kg	0.1~1mm	纤维和碎片
德国拉恩河附近洪泛区	农田，草地		LDPE(16%)、PP(6%)、PA	1.88±1.49 个/kg	2~5mm	—
德国弗朗哥尼亚中部	传统农田	0~5	PE、PP 和 PS 等	0.34±0.36 个/kg	1~5mm	碎片、薄膜、纤维
智利	长期使用污泥的农田	0~25	PES 和 PVC	600~10400 个/kg	<10mm	纤维、薄膜

续表

地点	土壤类型	土壤深度，cm	微塑料种类	丰度	尺寸	形态
西班牙巴伦西亚	长期使用污泥的农田	0~30	PP 和 PVC	930±740~3060±1680 个/kg	50μm~5mm	碎片、纤维、薄膜
瑞士	洪泛区	0~5	PE、PS 和 PVC 等	0~593 个/kg	12.5~500μm	—
丹麦	农田	0~10	PE、PP 和 PA	82000~236000 个/kg	0.02~0.5mm	—
韩国	农田	0~5	PE、PP、PS 和 PET	10~7630 个/kg	0.1~2mm	碎片、纤维、薄膜和颗粒
印度	沿河	0~5	PE、PP 和 PET	84.45 个/kg	0.3~5mm	纤维、碎片、薄膜、小球、泡沫
巴基斯坦	农田	0~10	—	2200~6875 个/kg	0.5~5mm	碎片、纤维、薄膜、颗粒和泡沫
伊朗	农田	0~10	—	67~400 个/kg	0.04~0.74mm	碎片和纤维
中国北京	菜田	0~20	PE 和 PP	160~5220 个/kg	0~5mm	碎片、纤维、薄膜、颗粒和泡沫

续表

地点	土壤类型	土壤深度，cm	微塑料种类	丰度	尺寸	形态
中国陕西	农田	0~10	PE、PP、PS、PVC、PET 和 HDPE	1430~3410 个/kg	0~0.49mm	碎片、纤维、薄膜和颗粒
中国内蒙古	农田	0~10	—	895.1~2197.1 个/kg	<3mm	纤维、薄膜、颗粒、碎片
中国西藏	菜田/粮田	0~6	PE、PP、PS 和 PA	0~270 个/kg	0~2mm	碎片、纤维、薄膜、颗粒和泡沫
中国青藏高原东部和南部	覆膜农田、大棚农田、露天农田、草地	0~6	PE 和 PP	0~3cm：53.2±29.7 个/kg 3~6cm：43.9±22.3 个/kg	0~5mm	薄膜
中国山东寿光	露地农业	0~5	PE、PP 和 PS 等	1860±1212 个/kg	<5mm	碎片、泡沫等
中国江西	农业	0~20	PE 和 PP 等	43.8±16.2 个/kg	<1mm	纤维、碎片等
中国哈尔滨	郊区农田	0~20	PE	100±100 个/kg	>0.1mm	—

续表

地点	土壤类型	土壤深度，cm	微塑料种类	丰度	尺寸	形态
中国新疆	棉田	0~40	PE	80.3±49.3 个/kg（覆膜5年）	—	—
		0~10		308±138.1 个/kg（覆膜15年）		
		0~5		1075.6±346.8 个/kg（覆膜24年）		
中国石河子	城市绿地		PE 和 PS	287±100~3227±155 个/kg	0.02~5mm	纤维
中国云南滇池	设施农田	0-3	—	7100~42960 个/kg	30μm~10mm	纤维、碎片、薄膜
中国黄河三角洲	湿地	2	PET、PT 和 PS	80~4640 个/kg	13μm~5mm	颗粒、碎片、纤维
中国武汉	林地、菜地和空地	5	PE、PP、PS、PA、PVC 和其他	9.6×10^4~6.9×10^5个/kg(林地) 2.2×10^4~2×10^5个/kg(空地)	10~50μm(46.1%)，50~100μm(35.3%)，100~500μm(18.1%)，500μm~5mm(0.2%)	碎片、玻璃珠、纤维、泡沫、薄膜

续表

地点	土壤类型	土壤深度，cm	微塑料种类	丰度	尺寸	形态
中国湖北	菜田/烟田	0~20	PA、PP 和 PS	320~12560 个/kg	0~5mm	碎片、纤维、薄膜、颗粒和泡沫
中国上海	农田、温室、菜地	0~2	PE、PP 和 PET	78±12.9 个/kg(表层土) 62.5±13.0 个/kg(深层土)	20μm~5mm	表层土：纤维、碎片 深层土：薄膜、颗粒
中国上海	稻—鱼共生生态系统	0~10	PE 和 PP	10.3±202 个/kg	20μm~5mm	颗粒、纤维、薄膜
中国河北	粮田	0~30	PE、PP、PA、PET 和 PES	173~2253 个/kg	0~5mm	碎片、纤维、薄膜、颗粒
中国河北	菜田	0~15	PE、PP、PA 和 PES	1180~2730 个/kg	0~5mm	碎片和纤维
中国杭州	平原	0~5	PE 和 PP 等	503.3 个/kg	—	纤维、薄膜、碎片

1.4 微塑料对土壤性质及土壤生物的影响

1.4.1 微塑料对土壤物理性质的影响

微塑料是一种固体污染物，可以影响土壤的理化性质，包括土壤容重、孔隙度、团聚结构、持水能力以及饱和水导率等。以往的研究普遍认为微塑料可以改变土壤容重，因为塑料的密度通常小于土壤颗粒的密度。de Souza Machado 等的研究显示 PP、聚酯纤维(PET)、聚氨酯(PA)和 PE 都可以降低土壤容重；低剂量(0.1%~0.3%，w/w)的 PET 对土壤容重的影响较小。Zhang 等人发现聚酯纤维可以显著降低土壤中水稳性团聚体含量，提高土壤的持水能力，Wang 等的研究则表明土壤中的塑料残留降低了土壤饱和水导率；de Souza Machado 等人和张飞祥的研究显示微塑料对土壤饱和水导率没有显著影响。可见，试验条件及微塑料性质和剂量等因素都会影响土壤物理性质的变化趋势。

1.4.2 微塑料对土壤化学性质的影响

土壤的化学性质主要包括土壤中氮、磷含量、土壤 pH 值、溶解性有机碳(DOC)含量及阳离子交换容量(CEC)等。

1.4.2.1 微塑料对土壤磷和氮含量的影响

加入土壤中的微塑料会刺激酶活性，激活有机碳、氮和磷库，有利于DOC、氮和磷累积。研究表明，28%的 PP 微塑料对土壤磷存在正响应，2%的 PLA 微塑料对土壤没有显著影响；但也有研究发现微塑料加入土壤中培养150d 后，有机磷含量显著降低。有学者提出 PP 微塑料对磷酸酶活性有稳定的抑制作用，且抑制作用与土壤中有效磷含量呈正相关，推测低浓度微塑料可能会影响土壤中的磷循环。目前，关于微塑料对土壤磷循环影响的研究相对较少，得出的结论也不一致。无机磷的有效性一般受土壤 pH 值控制，且在 pH 接近 6.5 时达到最大值，由此可以推测微塑料引起土壤 pH 值升高可能是导致总磷含量降低的部分原因。同时，微塑料可以引起土壤中碳氮比失衡，从而促进无机磷被微生物同化，降低土壤中总磷含量。目前，有研究指出总磷的变化与微生物介导的无机磷溶解和有机磷矿化有关，由此推测总磷含量降低可能是由于溶解或矿化较弱。

氮是维持土壤硝化作用、氨化作用和脱氮作用等重要生态功能所必需的营养元素。长期地膜覆盖实验表明，残留地膜可以降低土壤中无机氮的含量。一些研究也表明，土壤中碳和氮的含量随着膜残量的增加而显著降低。Wang 等通过 100d 的土壤培养实验，研究了高密度聚乙烯(HDPE)微塑料、聚乳酸(PLA)微塑料和多壁碳纳米管(MWCNTs)对土壤氮磷的影响。实验结果表明微塑料显著降低了 NO_3-N 含量，其中 10%PLA 使 NO_3-N 含量降幅达到 99%，可用磷含量减少 10%，究其原因，可能是微塑料促进反硝化作用和微生物同化作用；与原土相比，培养后的土壤中 DOC 含量较低，NO_3-N 和总磷含量较高，这可能与微生物将 DOC 矿化为无机物有关。Li 等指出微塑料在短期内不会通过吸附改变土壤氮、磷循环，由于比表面积难以检测，对土壤微生物的影响也很有限，因此，微塑料会通过其他方式对土壤矿质营养产生影响，例如改变土壤 pH 值或可能的聚集结构。微塑料的存在可能通过影响部分酶活性，包括土壤氮循环的关键酶，从而影响土壤中氮含量。最近有研究发现在土壤中添加微塑料能够有效促进硝化作用，即催化 NH_4^+生成 NO_3-N 和 NO_2-N 的关键氮循环过程。微塑料可以通过提高氮的生物有效性促进生物地球化学过程，但是它们的衍生物(如邻苯二甲酸酯)可与微塑料降解释放的化学物质结合形成复合物，最终影响氨化过程。值得一提的是，微塑料不仅可以单独影响土壤理化性质，还可以与部分重金属产生复合效应改变土壤性质，例如聚苯乙烯(PS)或聚四氟乙烯(PTFE)微塑料和砷共同作用降低了土壤中氮和磷的含量。

1.4.2.2 微塑料对土壤 pH 值、DOC 和 CEC 的影响

不同类型和不同剂量的微塑料对土壤 pH 值、DOC 含量和 CEC 影响不同。Yu 等发现，在农田土中添加微塑料后，土壤 pH 值、DOC 含量及 CEC 均降低，Ding 等也发现微塑料可以降低土壤中 DOC 含量。然而，也有研究表明添加微塑料会促使土壤 DOC 含量增加，或加速芳香官能团的形成。Wang 等的研究显示微塑料显著降低了土壤 pH 值和 CEC，但显著增加了 DOC 含量。

土壤 pH 值在一定程度上能够决定养分流动性和重金属的形态，对土壤生态系统的稳定具有重要作用。Qi 等发现低密度聚乙烯(LDPE)微塑料会在 2 个

月内引起土壤 pH 值的快速增加。Wang 等在土壤中同时添加了聚乳酸(PLA)、PE 微塑料与金属镉(Cd)，结果显示，无论是否添加 Cd，土壤 pH 值均随 PLA 剂量的增加而增加；而单独添加 PE 时土壤 pH 值出现下降趋势，PE 和 Cd 同时添加时，土壤 pH 升高，表明微塑料会影响土壤 pH 值，并可能影响 Cd 与土壤的相互作用。但 Yu 和 Boots 等则认为添加 PE 和 HDPE 微塑料会使土壤 pH 值下降，可见微塑料对土壤 pH 值的影响还受土壤其他性质的影响。

微塑料引起的土壤 pH 值变化可以部分归因于微塑料对土壤生物群造成的干扰。一种情况是，LDPE 微塑料可以改变氨氧化菌的丰度和硝化过程，这可能会进一步改变土壤 pH 值，因为该过程释放了 H^+ 离子。此外，由于其不同的表面特性(如表面电荷)，微塑料可以选择性地吸附带负电荷或带正电荷的物质，改变土壤溶液中的离子交换过程，最终诱导土壤 pH 值的变化。微塑料，特别是生物微塑料，增加了土壤 DOC 含量，可能是由于微塑料本身或其中间体也可以作为有机碳源。在土壤中，有多种细菌和真菌可以降解生物微塑料，这也可能导致土壤中可溶解性碳的释放。土壤 pH 值的升高会增加 DOC 含量，而土壤 DOC 含量的增加又会导致土壤 pH 值和 CEC 的增大。同时，土壤 pH 值的增加可以电离土壤组分表面 pH 依赖的交换位点，从而增大土壤 CEC。

1.4.2.3 微塑料对土壤酶活性的影响

微塑料能够影响土壤中酶的活性。Liu 等的研究发现添加 7%和 28% 的 PP 微塑料可以提高土壤中荧光素二醋酸水解酶和苯酚氧化酶的活性，促使可溶性有机碳、氮、磷的积累；Dong 等在土壤中加入 PS 微塑料，结果显示，PS 提高了土壤过氧化氢酶和脲酶的活性，但对过氧化物酶无显著影响，可见微塑料对不同类型酶活性的影响存在差异。Awet 等人研究了添加纳米 PS 后土壤微生物和酶活性的变化。结果表明，在短期内，不同酶的活性呈现出升高的趋势，但到了第 28 天，大多数酶的活性出现出下降趋势，表明实验测试时长也是影响酶活性变化的重要因素之一。此外，土壤脱氢酶仅存在于活体细胞中，土壤脱氢酶的减少也意味着土壤微生物生物量的减少，可见，微塑料可以通过影响酶活性间接对土壤微生物造成影响。

1.4.2.4 微塑料对土壤吸附性能的影响

土壤的吸附能力是土壤的基本性质，部分学者认为添加微塑料后土壤的吸附能力增强。Hu 等研究了不同条件下 PS、PVC 和 PE 对土壤中 17p-雌二醇(E2)吸附的影响，结果显示，3 种类型的微塑料都提高了土壤对 E2 的吸附能力，这是由于微塑料对 E2 的吸附能力强于土壤，添加微塑料后为土壤提供了更多的吸附位点，但投加不同类型微塑料的土壤对 E2 的吸附率不同；另外，加大微塑料的添加量和使用老化微塑料可进一步增强土壤对 E2 的吸附作用。胡桂林等发现 PS 的加入可以提高土壤吸附抗生素的能力，且吸附量的增加程度与土壤的理化性质密切相关。另一些学者则认为微塑料降低了土壤的吸附能力，如 Zhang 等的试验表明在土壤中添加 HDPE 微塑料可以降低土壤吸附 Cd 的能力，提高 Cd 的流动性。Huffer 等也发现 PE 微塑料可降低土壤中持久性有机污染物的吸附性，从而增加土壤中持久性有机污染物的生态风险。这可能是由于土壤含有多种有机和无机成分，而微塑料的表面结构比较简单，微塑料对重金属和有机污染物的吸附容量小于土壤，因此微塑料的添加反而降低了土壤的吸附容量。可见，微塑料的添加对土壤吸附性能的影响是复杂的。

1.4.3 微塑料对土壤生物的影响

土壤生物对土壤的物理结构、化学性质和有机质的分解等诸多方面起着重要作用，同时这些生物还参与土壤中的能量代谢和物质循环，是土壤生态系统中重要的组成部分。微塑料能影响土壤动植物的生长和微生物的代谢通过食物链的传递最终进入人体，对健康造成威胁。

1.4.3.1 微塑料对土壤动物的影响

(1)微塑料对蚯蚓的影响

蚯蚓是学者们常用的一种研究微塑料与动物作用的土壤动物。微塑料会影响蚯蚓的正常生长。Jiang 等研究了蚯蚓在 PS 微塑料暴露 14 天后的生理反应，发现 PS 微塑料能显著诱导蚯蚓的 DNA 损伤和肠细胞损伤。Rodriguez 等的研究也证实 PE 微塑料使蚯蚓受到明显的组织病理学损伤和免疫系统损伤。在某些情况下，LDPE 和 PS 微塑料甚至会对蚯蚓产生毒害作用。但 Hodson 等和 Judy 等的研究显示 PE、PET 和 PVC 微塑料对蚯蚓生长没有显著的不良影响。Wang 等使用了不同类型和剂量的微塑料，发现低浓度 PE 或 PS 微塑料对蚯蚓的生长和死亡率没有显著影响，高浓度 PE 或 PS 微塑料则影响了蚯蚓的酶活性，这表明微塑料剂量可能是影响蚯蚓活性的关键因素之一。李晓彤的研究发现PET微塑料对蚯蚓具有短期轻微的毒害效应，但长期培养过程中，这种影响减弱，表明暴露时间也是影响蚯蚓活性的关键因素。

(2)微塑料对虫类等其他土壤动物的影响

微塑料对土壤中的虫类、蜗牛和小鼠等其他土壤动物也能造成不良影响。Lei等将线虫暴露于不同粒径的纳米PS中，结果显示，各种粒径的PS都可在线虫肠道内积累，导致线虫成活率和体长下降。在试验中，PS 1.0nm组的线虫显示出最低的存活率和最短的平均寿命，这表明纳米PS的毒性可能与其粒径大小有关。Min Kim等的研究也证实微塑料可以破坏线虫能量代谢，降低其运动能力，并缩短体长。Zhu等对隐叶孢子虫开展了浓度依赖试验，结果表明，当土壤中PS微塑料投加量为土壤干重的0.025%时，隐叶孢子虫的体重有所增加；当投加量为0.5%时其体重基本不变；当投加量为10%时，其体重明显下降，可见，PS微塑料对隐叶孢子虫的影响存在剂量效应。Song等研究了在0.014g/kg~0.71g/kg(土壤干重)浓度下，PET微塑料对蜗牛的毒性作用，结果显示，PET微塑料减少了蜗牛对食物的摄入和排泄，并引发了蜗牛的氧化应激反应。Li等和Jin等的研究发现PS微塑料能够诱导小鼠肠道微生物群失调、肠道屏障功能障碍和代谢紊乱。康恺的研究也显示，PS和PE微塑料抑制了小鼠体重的正常增长，且这种抑制程度具有浓度依赖性。

(3)土壤动物对微塑料的分解、富集、搬运作用

土壤动物的运动行为会导致微塑料在土壤中的迁移。Rillig等研究了蚯蚓对PE微塑料迁移的影响，结果显示，被蚯蚓摄入的PE在蚯蚓的砂囊中变成更小的微塑料颗粒，并且在21天的暴露试验后，检测到土壤的中层和底层均存在PE微塑料，从而证实了蚯蚓对微塑料具有搬运作用。Hodson等和Lwanga等的研究也表明PE、PET和PVC微塑料能被蚯蚓富集并广泛运输，可见蚯蚓是土壤中微塑料的重要载体之一。除蚯蚓外，Panebianco等的研究发现50%以上的蜗牛体内都存在微塑料。微型节肢动物、螨、地鼠和鼹鼠等小型动物也可以移动微塑料，使其重新分布。可见多数土壤动物会富集并搬运微塑料，这给土壤生态系统带来更广泛的风险。

1.4.3.2 微塑料对土壤植物的影响

(1)微塑料对土壤植物的影响

微塑料对植物的生长和生理过程产生不同程度的影响，包括改变种子萌

芽、影响植物生物量和改变矿物质营养的吸收等。Qi 等和连加攀等的试验显示，线性低密度聚乙烯(LLDPE)或 LDPE 微塑料对小麦种子的发芽率、小麦生长组织元素组成均有抑制作用。Jiang 等的研究也发现 PS 微塑料对水培蚕豆根尖有明显的生长抑制、基因毒性和氧化损伤。然而，Judy 等的研究显示暴露于微塑料对小麦出苗率和生物量没有显著变化。Machado 等研究了四种类型的微塑料对植物的影响，结果显示，在四种微塑料中 PET 和 PA 对植物性状和功能影响最显著。Bosker 等的研究发现暴露于微塑料 8 小时后水芹菜种子成穗率显著下降，24 小时后根系生长差异显著，表明了微塑料类型、暴露时长是影响植物生长的关键因素。刘蓥蓥等通过研究不同浓度(0.1mg/g、1mg/g、10mg/g 和 100mg/g)的 PE 微塑料对绿豆发芽的影响，结果显示当暴露浓度为 100mg/g 时，PE 微塑料对绿豆幼苗的生长和水分吸收表现出最为显著的抑制作用。Wang 等也通过研究微塑料对土壤植物性能的影响发现 PE 微塑料没有降低植物生物量，而 PLA 微塑料在 10%的剂量下对植物生长有显著抑制作用；在 0.1%和 1%的剂量下，PLA 微塑料对植物生长无显著影响，可见微塑料的浓度、剂量也是影响植物的重要因素。

(2)土壤植物对微塑料的富集、转运作用

微塑料可在植物体内富集，Sun 等的研究显示，纳米 PS 可在拟南芥内富集，且富集程度取决于微塑料的表面电荷，带正电荷的纳米塑料在根尖的积累量相对较低。Li 等的研究也证实小麦和生菜可以吸收纳米 PS 和聚甲基丙烯酸甲酯颗粒(PMMA)，且这些塑料微粒可以被植物从根部转运到嫩枝。Bosker 等的研究表明微塑料可以在水芹菜种子蒴果的孔隙上积累，Jiang 等和 Li 等的研究也发现大量 PS 微塑料在水培蚕豆和生菜的根部吸收和富集。此外，Jassby 等的研究表明，微塑料可能被小麦等农业植物吸收，并通过食物链进一步传递。因此一旦富集微塑料的植物被人类食用，就有可能对人体健康造成威胁。

1.4.3.3 微塑料对土壤微生物的影响

微塑料可以影响土壤中细菌和真菌的网络结构，改变微生物群落的多样性和丰度，同时也能增加或减少土壤中微生物的生物量和活性，影响土壤的生物地球化学过程。Ren 等研究了两种粒径(13 81 m 和 856 83 38m)的 PE3 微塑料对菌群的影响，结果显示，微塑料的浓度和粒径显著影响变形菌和放线菌等微生物，其中纤毛真菌与微塑料粒径大小呈显著相关，拟杆菌门与微塑料的存在呈显著的负相关。可见微塑料对微生物具有选择性影响。也有研究报道，土壤中添加 PET 和 PP 微塑料会导致微生物活性下降，而添加 PA 和 PE 微塑料的影响则不显著，这表明微塑料类型是影响微生物活性的一个重要因素。Awet 等的研究表明，随着 PS 剂量的增加，土壤微生物量不断下降，这表明微塑料对微生物活性的影响具有剂量效应。然而，Chen 等的研究显示，可降解 PLA 微塑料对细菌群落的整体多样性、组成以及相关的生态系统功能和过程没有显著影响。Wang 等和 Judy 等的研究也表明，目前没有直接证据表明 PE 或 PS 微塑料能够影响微生物群落的多样性。Ren 等研究两种粒径(13μm 和 150μm)的 PE 对菌群的影响，结果显示，微塑料的浓度和粒径对变形菌、放线菌等菌均有显著影响，其中纤毛真菌与微塑料粒径大小呈显著相关，拟杆菌门与微塑料的存在呈显著的负相关，可见微塑料对微生物具有选择性影响。也有研究显示，添加 PET 和 PP 微塑料的土壤中的微生物活性显著降低，添加 PA 和 PE 微塑料的土壤中的微生物活性降低程度不显著，表明微塑料类型是影响微塑料活性的因素之一。Awet 等的研究表明随着 PS 剂量的增加，土壤微生物量不断下降，可见微塑料对微生物活性的影响存在剂量效应。然而 Chen 的研究显示，可降解 PLA 微塑料对细菌群落的整体多样性和组成以及相关的生态系统功能和过程没有显著影响。Wang、Judy 等人的研究也证实没有直接证据表明 PE 或 PS 微塑料能影响微生物群落多样性，这可能是由于微塑料周围的天然特殊材料可以通过稀释、竞争性吸附和其他缓和相互作用来缓冲微塑料的影响。

1.5 研究内容与技术路线

1.5.1 研究内容

(1)分别以关键词“微塑料”与“重金属”“相互作用”“吸附”“共暴露”或“联合效应”，从 Web of Science 和 Science Direct 数据库中收集并分析了近年来发表的相关文献。梳理并总结土壤微塑料的研究进展，包括：①微塑料中重金属的来源和稳定性；②微塑料与重金属的相互作用；③微塑料吸附重金属的影响因素；④微塑料和重金属对土壤性质的影响；⑤微塑料与重金属对复合生物和人体的影响。

(2)通过土壤培养实验研究外源重金属镉(Cd)、新制和老化聚丙烯(PP)微塑料及其共存对土壤团聚体粒径分布及稳定性的影响，揭示微塑料和外源Cd的施入对土壤结构的影响；进一步分析单一外源镉(Cd)污染、微塑料及其共存对土壤固体组分分布的影响；重点探讨微塑料和Cd复合污染对土壤pH值、溶解性有机碳(DOC)、腐殖质(HS)和土壤有机质(SOM)的影响。

(3)采用土培试验，分别考察了不同剂量(0.1%、1%和7%)的聚丙烯大塑料(5~10mm)和微塑料(50μm)对农田土壤pH值、DOC含量、CEC水平、固体组分质量和酶活性的影响。

(4)采用批量动力学和等温吸附试验，研究不同粒径的聚丙烯(PP)微塑料对全土、颗粒有机质(POM)、有机矿物复合体(OMC)及矿物组分吸附Cd^{2+}的影响。以微塑料的投加量(2%、10%，w/w)和微塑料表面性质(新制和老化)作为控制变量，探讨这些因素对土壤不同组分吸附Cd^{2+}的影响。同时，利用扫描电镜(SEM)及傅里叶红外光谱(FTIR)等表征手段分析微塑料对土壤组分吸附Cd^{2+}的影响机制。

(5)采用土培试验研究不同比例的新制(0和10%，w/w)和老化(0、2%和10%，w/w)聚丙烯微塑料存在条件下，外源Cd进入土壤后的Cd形态转化过程与动力学模拟；通过测定土壤中镉的相对结合强度和再分配系数，分析微塑料对Cd在土壤中稳定过程的影响；深入探讨了不同老化时间尺度下，土壤中Cd形态对微塑料的响应情况。

(6)采用土培试验研究不同比例的新制(0和10%，w/w)和老化(0、2%和10%，w/w)聚丙烯微塑料对土壤组分质量、土壤组分Cd含量及形态变化的影响，同时，探讨微塑料对老化过程中Cd与土壤组分的结合强度以及再分配系数的影响。

(7)采用相关性分析手段探讨土壤Cd形态与土壤固体组分Cd形态及土壤性质之间的内在关联。通过对新制和老化微塑料的表征，结合土壤固体组分的SEM-EDS、红外光谱、XPS及有机元素分析，研究微塑料影响土壤组分与土壤性质变化的规律，并揭示微塑料对土壤中Cd分配与Cd有效性影响的驱动机制。

1.5.2 技术路线

本书的技术路线如图1-1所示。

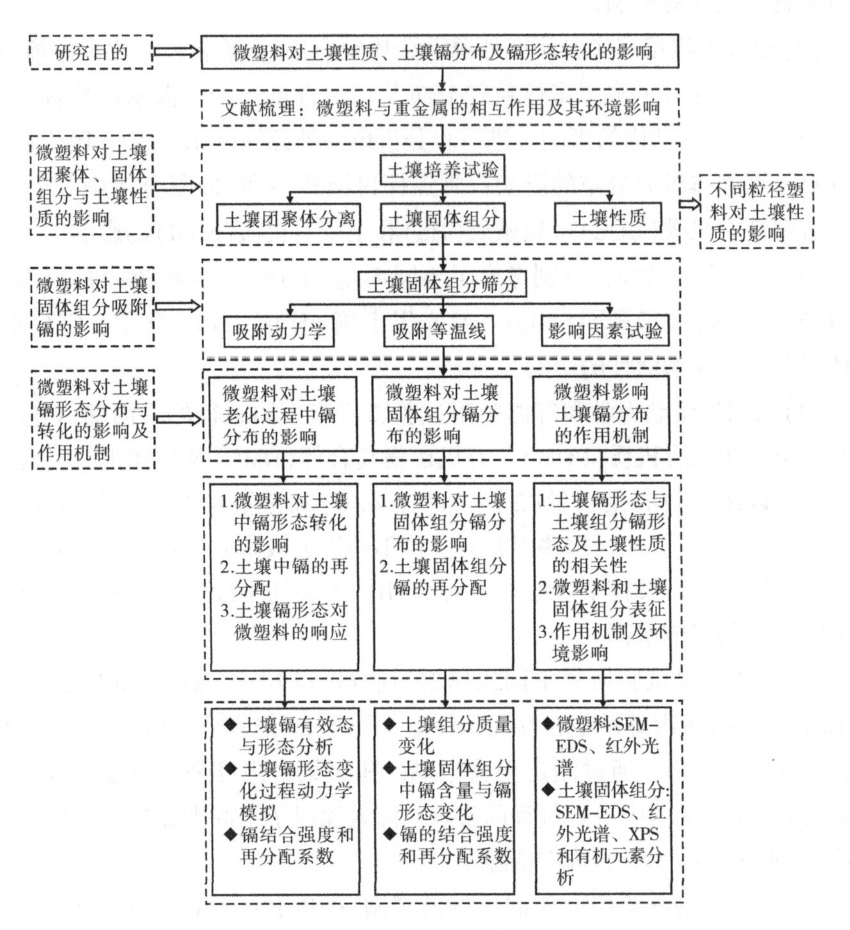
研究目的
微塑料对土壤性质、土壤镉分布及镉形态转化的影响
文献梳理：微塑料与重金属的相互作用及其环境影响
微塑料对土壤团聚体、固体组分与土壤性质的影响
土壤培养试验
土壤团聚体分离
土壤固体组分
土壤性质
不同粒径塑料对土壤性质的影响
微塑料对土壤固体组分吸附镉的影响
土壤固体组分筛分
吸附动力学
吸附等温线
影响因素试验
微塑料对土壤镉形态分布与转化的影响及作用机制
微塑料对土壤老化过程中镉分布的影响
微塑料对土壤固体组分镉分布的影响
微塑料影响土壤镉分布的作用机制
1.微塑料对土壤中镉形态转化的影响
2.土壤中镉的再分配
3.土壤镉形态对微塑料的响应
1.微塑料对土壤固体组分镉分布的影响
2.土壤固体组分镉的再分配
1.土壤镉形态与土壤组分镉形态及土壤性质的相关性
2.微塑料和土壤固体组分表征
3.作用机制及环境影响
◆土壤镉有效态与形态分析
◆土壤镉形态变化过程动力学模拟
◆镉结合强度和再分配系数
◆土壤组分质量变化
◆土壤固体组分中镉含量与镉形态变化
◆镉的结合强度和再分配系数
◆微塑料:SEM-EDS、红外光谱
◆土壤固体组分:SEM-EDS、红外光谱、XPS和有机元素分析

图 1-1　技术路线图

第2章　微塑料与重金属的相互作用及其环境影响

2.1　引言

近几十年来，各个行业对塑料的需求和使用都在不断增加。然而，由于低效的开发与管理，约54%的废旧塑料被释放到环境，在水生和陆地环境中塑料垃圾问题已成为一个关键的挑战。然而，包括微塑料在内的微观塑料碎片在过去很大程度上被忽视了。如今，微塑料几乎在所有的环境中无处不在，例如海洋、海滩、河口、沉积物、河流，湖泊、土壤和空气。在实验室中，摄入各种微塑料已被证明对从无脊椎动物到鱼类的各种物种均产生有害影响。这些影响包括但不限于以下3种。(1)物理损伤，如堵塞和组织学损伤，包括肠道，例如，聚乙烯(PE)、聚丙烯(PP)、聚苯乙烯(PS)、聚酰胺(PA)和聚氯乙烯(PVC)导致斑马鱼绒毛开裂和肠细胞、消化道及肝脏受损。(2)内分泌失调、氧化应激、免疫反应和基因表达改变。涉及的生物有斑马鱼及其幼虫、轮虫、日本青鳉、藤壶和盐水虾，最常见的微塑料是PS和PE颗粒。(3)对行为模式、繁殖力和生存的影响。当暴露于一定浓度的PE、PP或PVC微塑料时，被测的浮游动物(刺胞水母)、海洋甲壳类、桡足类、虾类、滩涂跳鱼和鱼类表现出各种行为变化，甚至出现繁殖产量和生存下降。此外，在微塑料制造过程中使用的化学添加剂可以在微塑料内部缓慢迁移到表面，并对微生物群落和动物构成毒性。同时，它们不均匀的化学活性表面以及巨大的比表面积使得微塑料能够从周围环境中吸收各种有毒污染物，如有机化合物、重金属和抗生素，因此，微塑料充当了沿着食物网转移这些污染物的载体，进而对生物体和人类带来潜在危害。然而，有一些出版物证明，经常声称的微塑料是载体的担忧是多余的，因为在现实环境条件下，与其他暴露途径相比微塑料作为载体使暴露持久性、生物累积性和毒性物质更容易接触到生物体的重要性可能是有限的。但无论微塑料摄入是否会导致化学物危害的增加，需要对各种物种进行更多的环境相关性和长期效应研究。

在微塑料吸附的有毒污染物中，重金属是重要的无机类有毒污染物。此外，土壤环境和地表水中的重金属污染已成为全球面临的另一个重大挑战。2015 年，全球约 2.35 亿公顷耕地受到重金属污染，占耕地总量的 13%以上。此外，地球上约 40%的湖泊和河流已受到重金属污染。美国、日本、印度和土耳其的一些河流、湿地和海湾都受到了重金属污染。重金属可以与核蛋白和 DNA 相互作用，导致位点特异性损伤。重金属一旦通过自然或人为活动进入环境，就会通过物理、化学和生物迁移转移和积累。过量的重金属会破坏土壤和水生生态系统，影响生物体的生长和活动，并通过食物链对下游动物和人类健康造成威胁。

在过去的几十年里，重金属污染引起了全世界的关注。尽管微塑料被认为是近年来全球关注的新兴污染物，但我们已经使用塑料聚合物近 70 年，这意味着微塑料和重金属可能已经在环境中广泛共存了很长时间。目前，微塑料污染及其与重金属离子的相互作用已受到全球关注，但其相互作用机制和联合效应尚不清楚。

2.2　微塑料中重金属的来源及稳定性

环境微塑料中的重金属主要有两种来源：(1)塑料生产，在生产过程中，将重金属及其化合物添加到聚合物中，以改善聚合物的性能，包括原始塑料和废塑料改性后的二次产品。塑料添加剂通常用作填料和增强剂、性能改进剂和加工助剂，重金属及其化合物已在这些应用中广泛使用多年。它们的具体功能如表 2-1 所示。可以看出，塑料制品中常用的重金属如 Cd、Zn 被用作稳定剂和颜料，据报道其含量分别高达 1%和 10%。(2)周围环境，大量研究报告表明，微塑料可以从其周围环境中吸收重金属。在不同的采样地点，以及相同的采样地点但不同的采样时间，微塑料上金属的平均浓度存在差异。

在生产过程中添加的重金属相对稳定，几乎没有迁移的趋势，因为大多数金属化合物是在液相状态下添加到塑料中，它们被物理地保留在塑料中。然而，由于它们通过物理磨损、化学氧化或生物降解分解成非常小的碎片，金属有可能沿着浓度梯度不断迁移到微塑料表面。此外，废旧塑料的回收，如电子废旧塑料在回收和使用过程中存在重金属超载和迁移的潜在风险，回收次数越多，废旧塑料的老化速度越快，力学性能越差，风险越大。

在自然环境中，已证实微塑料对水环境中的重金属具有高亲和力，它们可以快速吸附附近金属源中的重金属。在一项研究中，搁浅球团中的金属浓度低于外来固体，但与它们处于同一量级。在另一项研究中，滩涂颗粒上的微量金属含量超过了当地河口沉积物中报道的浓度。Brennecke 等人观察到微塑料显著的高吸附容量。在他们的实验中，PVC 碎片和 PS 微珠对 Cu 和 Zn 的吸附量是海水中的 32~163 倍。此外，还发现微塑料中的重金属(Cd、Pb、Mn 和 Hg)浓度与同一土壤环境中的重金属污染水平密切相关。然而，重金属也更容易从微塑料中解吸，造成潜在的生态风险。

表 2-1 **塑料中重金属的作用和种类**

类型	功能	重金属类型	主要用途
填料和加固	无机填料	硫酸钡($BaSO_4$)	热塑性塑料：纤维复合材料和薄片复合材料
	金属填料	铝(Al)、镍(Ni)、铜(Cu)、银(Ag)、镀金属玻璃以及其他金属填料	电气和电子应用，通信和计算机设备
性能改良剂	着色剂	二氧化钛(TiO_2)、硫化锌(ZnS)、氧化铁(Fe_3O_4)、铬酸盐(CrO_4^{2-})、镉(Cd)、氧化铬(Cr_2O_3)、复合金属氧化物	各种彩色塑料
	抗菌剂和杀虫剂	银离子基无机化合物	医疗器械、玩具、运动器材、电器、食品加工机械、厨房用具、卫浴产品、垃圾桶、电子设备等
	抗氧化剂和光稳定剂	TiO_2和氧化锌(ZnO)	各种树脂，紫外线吸收剂

续表

类型	功能	重金属类型	主要用途
性能改良剂	粘附剂和偶联剂	Zircoaluminates、钛（Ti）和锆酸盐	常见的例子是在汽车保险杠上涂涂料，以提高涂料的附着力
	金属钝化剂	Cu、copper alloys、Ni	—
	阻燃剂	氢氧化铝、$Al_2O_3 \cdot 3H_2O$ 和氢氧化镁	—
	导电填料	金属粉末	
加工助剂	润滑添加剂	二硫化钼(MoS_2)	—
	酸清除剂	金属氧化物、硬脂酸锌($Zn(C_{17}H_{35}COO)_2$)	—

2.3　微塑料与重金属的相互作用

Ashton等人早在2010年就首次报道了塑料和重金属之间的相互作用。随后，多项研究表明，不同类型的微塑料(如PE、PP、PS、PA、PVC和聚甲醛(POM)可以富集Cr、Co、Ni、Cu、Zn、Cd、Pb、Ag和Hg等多种重金属。与此同时，也有报道称，新制微塑料对重金属的吸附几乎可以忽略不计，而搁浅/侵蚀/风化微塑料，以及那些被有机质附着的微塑料可以积累重金属。本节对现有文献中微塑料与重金属的相互作用模式与机制进行了总结。

2.3.1　常见的吸附模型

吸附是将吸附质从液相吸附到固体吸附剂的传质过程。为了预测微塑料对重金属的吸附行为，需要研究其吸附速率、传质和吸附机理。吸附等温模型和吸附动力学模型是描述吸附过程的常用方法。

2.3.1.1 吸附等温线

吸附等温模型可用于预测吸附在固体表面上的吸附质的数量。生物吸附剂和非生物吸附剂对金属吸附的最佳拟合等温线包括 Langmuir 等温线模型、Freundlich 等温线模型、Henry 模型、Temkin 等温线模型、Redlich-Peterson 等温线模型、Sips 等温线模型和 Dubinin-Radushkevich 等温线模型。在这些模型中，研究微塑料上重金属吸附的最常用和最适用的等温线模型是 Langmuir 模型和 Freundlich 模型，它们是通过 R^2 系数的比较确定的。前者描述了吸附质分子被吸附在吸附剂吸附位点上且吸附剂表面吸附性能均匀的单层吸附过程，有非线性和线性 Langmuir 模型两种表示形式。后者用来表示非线性吸附现象，适用于非均质表面的均匀能量分布和可逆吸附。Langmuir 等温模型和 Freundlich 等温模型分别如式(2-1)、式(2-2)和式(2-3)、式(2-4)。

非线性 Langmuir 模型：

$$q_e=\frac{q_m K_L C_e}{1+K_L C_e} \tag{2-1}$$

线性 Langmuir 模型：

$$\frac{C_e}{q_e}=\frac{C_3}{q_m}+\frac{1}{K_L q_m} \tag{2-2}$$

式中，C_e(mg/L)和 q_e(mg/g)分别为处于平衡状态的分子浓度和任意时刻吸附剂表面吸附的分子质量，K_L(L/mg)为吸附速率和解吸速率的比值，q_m(mg/g)是 Langmuir 模型估计的最大吸附量。

非线性 Freundlich 模型：

$$q_e=K_f C_e^{1/n} \tag{2-3}$$

线性 Freundlich 模型：

$$\log q_e=\log K_f+1/n\log C_e \tag{2-4}$$

式中，q_m(mg/g)表示任意时刻吸附在吸附剂表面的分子数量，C_e(mg/L)为平衡浓度，n 和 K_f 分别为 Freundlich 常数和 Freundlich 指数。

实验室中研究最多的重金属是 Cd^{2+}、Pb^{2+}、Cu^{2+} 和 Zn^{2+}，最常用的微塑料类型有 PE、PP、PS 和 PVC(表 2-2)。大多数情况下，Langmuir 模型和 Freundlich

表 2-2　**文献报道的微塑料对重金属吸附的等温及动力学模型**

介质类型	微塑料类型	微塑料尺寸	重金属种类	最优等温线模型	最优动力学模型	文献来源
淡水	PE	≤1mm	Cr、Cu、Ag、Cd、Hg、Ni、Co、Pb and Zn	非线性 Langmuir，Freundlich	PFO 模型	Turner and Holmes，2015
海水	PS 和 PVC	PS：直径 0.7~0.9mm，PVC：1.6mm×0.8mm	Cu、Zn	—	The first-order approach to equilibrium model	Brennecke et al.，2016
过滤海水	PE	—	Cr、Co、Ni、Cu、Zn、Cd and Pb	Langmuir，Freundlich	PFO 模型	Holmes et al.，2012
河水和海水	PE	≤1mm	Cd、Co、Cr、Cu、Ni、Pb	Langmuir，Freundlich	—	Holmes et al.，2014
液相	HDPE	1~2mm、0.6~1mm、100~154mm	Cd	Langmuir	PSO 模型	Wang et al.，2019
农田土	HDPE	48~58μm、100~154μm、0.6~1.0mm、1.0~2.0mm	Cd	Langmuir	PSO 模型	Zhang et al.，2020
液相	CPE、PVC、HPE 和 LPE	280μm(60 目)	Cu^{2+}、Pb^{2+}、Cd^{2+}	Freundlich	—	Zou et al.，2020

续表

介质类型	微塑料类型	微塑料尺寸	重金属种类	最优等温线模型	最优动力学模型	文献来源
液相	尼龙	2mm×0. 24mm	Cu(II)、Ni(II)、Zn(II)	Langmuir，Freundlich	Elovich 模型，PSO 模型	Tang et al.，2020
液相	PE	<5mm	Pb(II)	Langmuir	—	Fuet al.，2021
液相	PA、PS 和 PP	100~150μm	Sr^{2+}	非线性 Temkin 模型	—	Guoet al.，2020
液相	PE	2mm	Pb(II)	Langmuir	PSO 模型	Tang et al.，2019
液相	PS	0. 1~1μm，1~10μm，and 10~100μm	As(III)	Langmuir，Freundlich	PSO 模型	Dong et al.，2020
耕地和林地土壤	HDPE	0. 92±1. 09mm^2(n=314)	Zn	Freundlich	—	Hodsonet al.，2017
液相	PVC、PE、PS	75~106μm(150~200 目)	Pb(II)	PVC：Langmuir，Freundlich PS 和 PE：BET 模型	PSO 模型	Linet al.，2021

续表

介质类型	微塑料类型	微塑料尺寸	重金属种类	最优等温线模型	最优动力学模型	文献来源
液相	PE、PP、PVC 和 PS	75μm(200 目)	Cd^{2+}	Henry，Freundlich	PSO 模型	Guoet al.，2020
液相	PET	大约 1mm×1mm	Cu^{2+}、Zn^{2+}	Langmuir	—	Wanget al.，2020
人造雨水	LDPE 和 PET	0. 5cm×0. 5cm	Pb^{2+}、Zn^{2+}	—	新 LDPE:PFO 模型；老化 LDPE:PSO 模型	Khashayar et al.，2021
液相	PS	0. 6mm	As、Pb	Langmuir	PSO 模型	Zhou et al.，2019
液相	PE、PP、PS、PVC	180μm(80 目)	Cd^{2+}	Freundlich	PSO 模型	Pang et al.，2018
液相	PS	150μm	Cd^{2+}	Freundlich	PSO 模型	Chen et al.，2019
液相	PA、PVC、PS、ABS、PET	43~74μm	Cd(Ⅱ)	Freundlich	PSO 模型	Zhou et al.，2020c

注：表中 PE 为聚乙烯、PS 为聚苯乙烯、HDPE 为高密度聚乙烯、LDPE 为低密度聚乙烯、HPE 为高结晶度聚乙烯、LPE 为低结晶度聚乙烯、CPE 为氯化聚乙烯、PET 为聚对苯二甲酸乙二醇酯、ABS 为丙烯腈-丁二烯-苯乙烯。

模型都很好地拟合了微塑料对重金属的吸附。原因之一是这两种模型由于其简单性而最常被采用。此外，Langmuir 模型中的单层均相吸附指的是宏观均相吸附，虽然微塑料在显微镜下形状不规则，表面不均匀，但宏观上通过溶液搅拌，可以实现吸附过程中的均相分布。因此，微塑料对重金属的吸附可以用 Langmuir 等温线来表示。此外，Freundlich 模型同时描述了覆盖率约为 50%的化学吸附和物理吸附，该模型包含两种可能的吸附机理，适合大多数吸附过程。

在少数研究中，Temkin 模型和 Henry 模型也能很好地拟合吸附等温线数据。Temkin 等温模型描述了多层吸附过程，并考虑了间接吸附质/吸附质相互作用对吸附过程的影响。Guo 等报道了 Temkin 等温线是 PA、PS、PP 与 Sr^{2+}吸附的最佳拟合模型，推测其主要机理为多层吸附。可见，用于拟合微塑料和重金属吸附数据的吸附模型类型相对有限。建议进一步探索该领域的开发。

2.3.1.2 吸附动力学

吸附动力学被广泛应用于获得吸附速率、评估吸附剂性能和分析传质机理。微塑料对水溶液中重金属的吸附行为一般采用准一级反应动力学(PFO)模型、准二级反应动力学(PSO)模型和 Elovich 模型来描述。这些模型如下所示。

PFO 模型：
$$\ln(q_e-q_t)=\ln q_e-k_1 t \tag{5}$$

PSO 模型：
$$\frac{t}{q_t}=\frac{1}{k_2 q_e}+\frac{t}{q_e} \tag{6}$$

Elovich 模型：
$$q_t=\frac{1}{b}\ln(ab)+\frac{1}{b}\ln t \tag{7}$$

式中 q_t和 q_e分别为 t 时刻和平衡时的吸附容量，mg/g；K_1为准一级吸附速率常数 min^{-1}；K_2为准二级吸附速率常数，g/(mg · min)；T 是时间，最小值；a 为 Elovich 模型的初始吸附速率，mg/(g · h)，b 为 Elovich 模型的解吸常数，g/mg。

最常见的动力学方程是 PFO 模型和 PSO 模型。前者常被用来描述非平衡条件下的动力学过程，它代表吸附剂初始浓度高和吸附初始阶段的条件，吸附剂材料中存在少量活性位点。后者代表吸附质初始浓度低和吸附最后阶段的条件，吸附剂具有丰富的活性位点。研究显示，在过去20年的文献中，约87%的吸附系统更符合PSO模型。从表2-2也可以看出，PSO模型是大多数研究中拟合重金属在微塑料上吸附数据的最优模型，说明重金属吸附的限速步骤可能是化学吸附过程，通过吸收剂和吸收剂之间的电子共享或交换、络合、配位和/或螯合，涉及价力。

虽然PSO模型能够较好地拟合重金属在微塑料上的吸附平衡数据，但其有效性边界仍有待评估。根据Regazzoni等的研究，当平衡吸附常数大于$5\times10^5\ M^{-1}$，且$C0\approx\beta Ns\geqslant3\times10^{-3}M$时，准二级速率方程成立。因此，有必要对动力学拟合结果进行进一步验证。另一方面，线性回归方法由于其简单性，被广泛应用于PFO和PSO的模型参数计算。然而，线性化过程可能会引入传播误差，导致参数估计不准确。有研究报道对非线性PSO方程的数据采用非线性回归的方法，可以提供一致和准确的模型参数估计。因此，有必要进一步探索非线性拟合方法在微塑料吸附重金属过程中的应用。

2.3.2　微塑料与重金属的相互作用机理

2.3.2.1　直接作用

本文所定义的微塑料与重金属的直接相互作用，主要是指微塑料与重金属在自由接触条件下的相互作用，通常发生在液体介质中。根据现有文献，直接交互作用机制主要包括3种途径(图2-1)。

(1)单静电相互作用或静电相互作用与表面络合作用。重金属离子的主要吸附机制之一。重金属通过库仑相互作用与极性(表面形成的极性区域)或带电微塑料相互作用。塑料表面的极性可能源于其物理和化学性质(如PVC和CPE含有氯)，或带电污染物和添加剂(如六溴环十二烷(HBCD)，一种典型的溴化阻燃剂)的存在，甚至是缺陷。此外，光氧化风化生成新的吸附带(C═C，C—O，—OH)，这也增强了聚合物的极性和诱导的带电表面。

(2)微塑料通过生物膜和天然有机物(NOM)的吸附和/或生物积累形成新的配合物，从而改变了表面积和表面性质。经过12个月的长期研究，

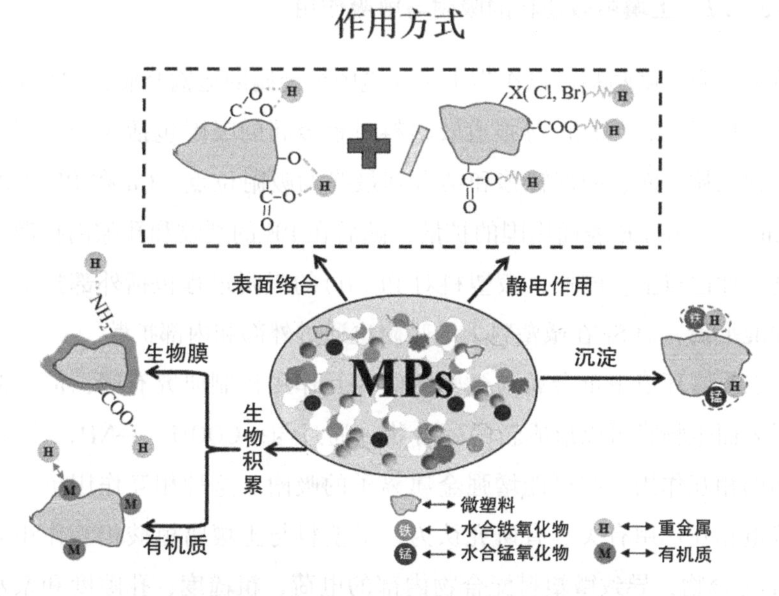

图 2-1 各种微塑料与重金属的主要相互作用方式

Rochman 等发现微塑料可以增强通过络合吸附与生物膜中含有的官能团，包括—COOH，—NH_2和酚羟基。Yu 等证明，添加微塑料会增加土壤中有机重金属的含量，部分原因是微塑料与有机分子之间的复合作用。此外，微塑料表面的附着物通常会增加微塑料混合物的电荷、粗糙度、孔隙度和亲水性，从而增强微塑料表面对重金属的吸附。

(3)其他相互作用包括沉淀/共沉淀：重金属离子或其配合物通过吸附在铁和锰的水合氧化物上，与铁和锰的水合氧化物形成共沉淀。尽管有研究指出海滩上的塑料球团中含有较高浓度的铁和锰，但关于这些重金属在微塑料上共沉淀的研究尚未见报道，这可能是因为共同沉淀通常发生在与高浓度重金属离子的吸附系统中。

最近的几项研究在分子水平上进一步证实了上述一些机制。如 Guo 等通过分子动力学模拟发现，微塑料与 Sr^{2+}的吸附机制主要为静电相互作用。Dong 等利用计算化学方法证实了 As(Ⅲ)通过氢键与 PS 微塑料表面的—OOC 结合，其吸附机制包括静电力和非共价相互作用。

2.3.2.2　土壤中微塑料的吸附与解吸作用

研究表明，微塑料可以作为土壤环境中重金属的运输介质，包括 Cd、Cr、Cu、Ni、Pb 和 Zn。Maity 等报道微塑料对重金属的吸附包括 3 个步骤，即离子转移到颗粒表面、内部转移和结合到最终的吸附位点。Cu 在 PE 上的吸附始于 Cu^{2+} 离子在 PE 表面周围的扩散，随后在 PE 的裂纹和孔隙内扩散，最终吸附到活性位点上。同样，微塑料对 Pb(Ⅱ)的吸附过程包括外部扩散、内部扩散和准平衡，而 Sr 在微塑料上的吸附也通过外部和内部扩散。

虽然土壤环境中重金属与微塑料的相互作用机制研究有限，但普遍认为微塑料表面生物膜可以形成新的配合物，通过与—COOH、—NH_2、酚羟基等官能团的相互作用，有可能增强金属离子的吸附。这种相互作用也与表面络合和静电相互作用有关。有研究认为，微塑料与土壤腐植酸相互作用时可能形成 π-配合物，导致微塑料配合物内部的电荷、粗糙度、孔隙度和亲水性增加，最终增强其对砷的吸附能力。此外，微塑料的类型在重金属的吸附中起着至关重要的作用。例如，由于 PE 具有疏水性，其对 Cr 的吸附能力有限，而 PA 具有亲水性和表面酰胺基团，具有较强的 Cr 吸附能力。与其他类型的微塑料相比，PA 和 PMMA 具有更大的吸附能力，其极性官能团(—NHCO—和—COO—)促进了它们的亲水性，显著增加了它们表面吸附的 Cu^{2+} 含量。通常小尺寸微塑料具有更大的比表面积和更多的吸附位点，其对重金属的吸附能力更高。研究发现，从含 Cd 的土壤中收集微塑料，微塑料粒径越小，重金属的吸附能力相对越强，解吸速率也越高。

如果污染物在塑料相的逸度高于周围土壤相的逸度，则会触发污染物的解吸，并且解吸程度随吸附剂与吸附质之间的结合强度而变化。由于高分子聚合物对高分子物质的吸附是一个可逆的界面过程，高分子物质也可能被解吸并释放到环境或生物体中。在 278K 和 298K 温度范围内，微塑料对重金属的吸附效果较好。在温度范围之外，解吸过程可能会加速。当与微塑料的相互作用较弱时，重金属倾向于从微塑料中解吸而不是从土壤中解吸。考虑到重金属释放的不良后果，进一步探索微塑料在不同环境下对重金属的解吸行为至关重要。

2.3.2.3 微塑料间接影响重金属的生物利用度

此前的研究表明，吸附—解吸过程会显著影响重金属的生物利用度。Zhang 等研究发现，向土壤中添加微塑料降低了 Cd 在土壤中的吸附，增加了 Cd 的解吸，从而促进了 Cd 在土壤中的迁移。另外，通过土壤培养的纳米氧化锌(nZnO)与 PE、PS、PLA 微塑料共暴露发现，PE 和 PS 降低了 nZnO 的生物有效性，而 PLA 则提高了 nZnO 的生物有效性。有研究报道，微塑料的存在降低了土壤中 Cu、Cr 和 Ni 的生物有效性，因为生物有效态重金属的形态转化为有机结合态，他们指出微塑料通过吸附或改变土壤的理化性质来影响重金属的形态形成。

微塑料可以改变土壤结构和土壤理化性质，如土壤容重、团聚稳定性、持水能力、水分有效性、溶解有机质(DOC)和 pH 值。其中，土壤 DOC 含量和 pH 值是影响土壤中重金属化学行为的关键因素。因此，微塑料可能通过改变土壤的理化性质来影响重金属的生物有效性。大量研究发现，微塑料可以改变土壤 pH 值，这是影响重金属形态的重要因素。Liu 等研究发现，微塑料存在于土壤中时，促进腐殖质物质的积累，腐殖质物质可与重金属结合形成水溶性金属配合物，导致重金属在土壤中的有效状态增加，从而促进重金属在土壤中的迁移。土壤中微塑料的存在也会被稀释。此外，Zhao 等报道，聚氨酯(PU)和 PP 的加入可以增加土壤中 C—C、CO_3^{2-} 和 C—H 官能团的存在，促进 FeO、FeOOH 和 Fe_3O_4 的形成，这些化合物会进一步影响土壤中镉的有效性。这些结果表明，微塑料共存可以提高或降低重金属的生物利用度(表 2-3)，重金属的生物利用度也会受到各种因素的影响，如塑料类型、塑料的数量增加、重金属的浓度和类型等。

需要强调的是，微塑料在自然环境中会经历老化过程，包括表面裂纹和氧化，老化过程中 C—H 键与氧反应形成过氧自由基。因此，微塑料表面形成醇、酸、醛、酮和一些不饱和基团。研究显示，长期的风化和氧化使土壤中的 PS 和聚四氟乙烯(PTFE)由于氧(O)官能团的存在而形成多孔和粗糙的质地，这种多孔结构允许土壤溶液中的砷通过氢键吸附，从而降低了土壤中砷的有效浓度。此外，Li 等发现老化的可降解微塑料表面的—OH、—COOH 和苯基团和 As 之间形成的稳定络合物(As(V)-O)显著降低了 As 在土壤中的生物利用度。

表 2-3　　微塑料对土壤中重金属有效性的影响

重金属	微塑料	塑料和重金属浓度	暴露时间	影响	参考文献
Cd	PE(<5mm)	PE：2.5%、5% Cd：0.9mg/kg、1.1mg/kg	45d	PE的添加显著提高了土壤中Cd的有效态，Cd的水溶性态提高了33.3%以上。	Bethanis J. et al., 2023
Cd	PP、PE(40~48μm)	PP，PE：0、10mg/kg、50mg/kg、100mg/kg、200mg/kg、500mg/kg、1000mg/kg、5000mg/kg、10000mg/kg Cd：0、1mg/kg、5mg/kg	28d	PP添加量为10~200mg/kg时，Cd重金属有效状态升高，500~10000mg/kg时，Cd重金属有效状态降低。	Chen S. et al., 2023
Cd	PP(50μm)	PP：2%、10% Cd：5mg/kg	180d	加入PP后，Cd的离子交换态百分比由25.8%提高到45.5%。	Cao Y. et al., 2023
Cd	HDPE(48μm~2mm)	HDPE：0.01%、0.1%、1%、10% Cd：0.16mg/kg	7d	MPs的加入降低了土壤对Cd的吸附能力，但增加了土壤对Cd的解吸能力。	Zhang S et al., 2020
Cd	PE(0.25~1mm)	PE：0.1%、0.5%、1% Cd：4.79mg/kg	60d	PE的添加显著提高了土壤中Cd的酸可萃取状态，显著降低了土壤中Cd的残留状态。	Yu Q. et al., 2023

续表

重金属	微塑料	塑料和重金属浓度	暴露时间	影响	参考文献
Cd	LLDPE、PU(100~350μm)	MPs：0.5%、1%、2%、4% Cd：299.34mg/kg	84d	LLDPE 的加入使酸可提取态 Cd 由 45.17%提高到 54.67%；PU 的加入改善了 Cd 的残留状态。	Wen X.，et al.，2022
Cu	PE(30μm and 100μm)	PE：0.1%、1%、10% Cu：100mg/kg	21d	随着添加浓度的增加，Cu 的交换态显著增加。	Li M. et al.，2021
Cu	聚酯(PES)、可生物降解 PE、PET、PE(0.3~5mm)	MPs：0.05% Cu：41.1mg/kg	180d	MPs 的加入增加了 Cu 的交换态。	Medy'nska-Juraszek A. et al.，2022
Cu	PS	PS：0mg/kg、10mg/kg、20mg/kg、50mg/kg、100mg/kg Cu：207.03mg/kg	30d	添加 PS 后，Cu 的残留量降低了 26mg/kg。	Ma X. et al.，2023
Cu	LLDPE、PU(100~350μm)	MPs：0.5%、1%、2%、4% Cu：956.81mg/kg	84d	LLDPE 的添加显著提高了土壤中 Cu 的酸萃取率，从 7.24%提高到 11.30%。PU 的加入增加了 Cu 的残余态。	Wen X. et al.，2022
Pb	PEs、可生物降解 PE、PET、PE(0.3~5mm)	MPs：0.05% Pb：11.9mg/kg	180d	MPs 的加入使 Pb 的可交换状态占比从 10%增加到 32%。	Medy'nska-Juraszek A. et al.，2022

续表

重金属	微塑料	塑料和重金属浓度	暴露时间	影响	参考文献
Pb	PE(0.25~1mm)	PE：0.1%、0.5%、1% Pb：742.5mg/kg	60d	PE的添加显著提高了土壤中Pb的有效状态。	Yu Q. et al., 2023
Pb	LLDPE、PU(100~350μm)	MPs：0.5%、1%、2%、4% Pb：4390.79mg/kg	84d	LLDPE的加入使酸可提取态Pb由4.20%提高到7.23%；PU的加入使Pb的残留状态由17.25%提高到26.76%	Wen X. et al., 2022
Zn	PS	PS：0mg/kg、10mg/kg、20mg/kg、50mg/kg、100mg/kg Zn：502.36mg/kg	30d	添加PS后，Zn的残留状态降低了71.63mg/kg。	Ma X. et al., 2023
Zn	PE(<5mm)	PE：2.5%、5% Zn：74mg/kg、79mg/kg	45d	土壤中Zn的有效态提高，Zn的水溶性态提高了57.3%。	Bethanis J. et al., 2023
Zn	LLDPE、PU(100~350μm)	MPs：0.5%、1%、2%、4% Zn：16627.81mg/kg	84d	LLDPE的加入使酸可提取态Zn由21.21%提高到31.47%，PU的加入使Zn的残留态由32.63%提高到50.46%。	Wen X. et al., 2022
Ni	PE(30μm和100μm)	PE：0.1%、1%、10% Ni：40mg/kg	21d	随着添加浓度的增加，Ni的交换态显著增加。	Li M. et al., 2021

2.4 微塑料吸附重金属的影响因素

由于微塑料在环境中经历的老化过程增加了其比表面积和表面官能团，使其成为多种重金属的有效载体，并在不同的环境介质中展现出迁移能力。这一吸附过程主要受塑料的种类和特性、重金属的化学特性以及 pH 值、盐度、天然有机质等环境因素和污染物本底浓度差异的影响(图 2-2)。

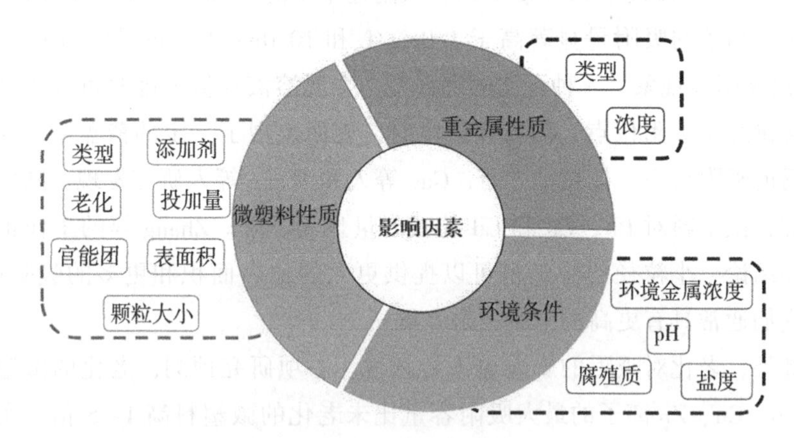

图 2-2 微塑料对重金属吸附行为的影响因素(微塑料的种类包括 PP、PE、PS、PVC、PA 和 POM)

2.4.1 微塑料特性的影响

在现有的研究中，对微塑料和重金属的吸附行为涉及最多的是 PP、PE、PS 和 PVC。根据以往的研究，聚合物类型的影响主要取决于比表面积和官能团。例如，Guo 等采用 4 种微塑料吸附 Cd^{2+}，得到吸附顺序为 PE<PP<PS<PVC；其比表面积依次为 0. 173m³/g<0. 348m³/g<0. 508<0. 836 m³/g，表明微塑料的吸附能力与其比表面积有很强的相关性。然而，Lin 等的结果显示了不同的吸附顺序：PS(128. 5μg/g)<PE(416. 7μg/g)< PVC(483. 1μg/g)。显然，这两项研究中 PS 和 PE 微塑料对 Cd^{2+} 的吸附容量顺序并不一致，说明聚合物面积的作用有限，还存在其他因素影响微塑料对 Cd^{2+} 的吸附能力。Brennecke 等报道，由于含有氯的 PVC 微塑料具有更高的表面积和极性，Cu 在 PVC 颗

粒中的积累显著高于 PS 微塑料。Gao 等人得出了类似的结论，他们发现 PVC 对重金属(如 Pb^{2+}、Cu^{2+}、Cd^{2+})的吸附浓度普遍高于 PA、PE 和 POM 微塑料。此外，所收集的尼龙微塑料表面的含 O 基团还可以以多种方式与 Ni^{2+}、Cu^{2+} 和 Zn^{2+} 相互作用。此外，塑料添加剂也被报道有很大的潜力改变微塑料的吸附行为。最近的一项研究表明，HBCD 显著增强了 HBCD-PS 微塑料对 Pb(Ⅱ)的吸附，PS 上吸附的 Pb(Ⅱ)量从 0μmol/g 增加到 0.760μmol/g。

此外，微塑料的剂量和粒径对金属吸附也有重要影响。最近的一项研究表明，当 PP 浓度高于 0.1mg/L 时，吸附速率下降。Fu 等也表明 0.1mg/L PS 浓度下铜离子的吸附量显著高于 1.0mg/L 和 10.0mg/L，并观察到 10.0mg/L PS 中出现团聚现象。一种可能的解释是，金属溶液在低浓度时可以为微塑料颗粒提供几个吸附位点，而在高浓度时，表面出现了一定的覆盖率，这影响了随后的吸附行为。在粒径方面，Gao 等人和 Wang 等人研究发现，随着粒径的增加，微塑料对 Pb、Cu 和 Cd 的吸附量显著下降。Zhang 等的工作也证实了上述结论。小粒径的微塑料可以提供更大的比表面积和更多的吸附位点，因此它们通常具有更高的金属吸附容量。

此外，老化对吸附的影响也不容忽视。一项研究预测，老化的微塑料对 Cd、Pb、Cu、Zn 离子的最大吸附容量比未老化的微塑料高 1~5 倍。实验室研究也证实了它的作用。Brennecke 等人的研究表明，老化 PVC 积聚了更多的 Cu 和 Zn，但没有达到平衡。此外，老化的 HDPE、PVC 和 PS 也增加了 Ca、Cu 和 Zn 的吸附能力。此外，Cr 在老化 PE 上的分配系数比在原始微塑料颗粒上的分配系数高一个数量级。大多数研究者认为，微塑料的老化过程涉及破碎、风化、磨损等物理过程和 UV 氧化沉淀、吸附、表面波纹、裂纹等化学过程，使得微塑料的表面结构更加不均匀，比表面积更大。同时，紫外辐射后生成含氧官能团(C=O、C—O 和—OH)，对金属离子具有较强的络合能力。此外，在时效过程中，无机矿物和有机物在塑料颗粒表面的沉淀也会导致表面性质的修饰和各种金属离子活性结合位点的形成。

2.4.2　重金属化学性质的影响

重金属类型决定了重金属的原子序数和表面价态，导致了表面电位的差异，影响了重金属的吸附。此外，还观察到金属间的协同或竞争效应。在 Pb、Cu、Cd 共存在的溶液体系(0.05mg/L)中，混合溶液的吸附容量低于单一金属溶液，表明存在竞争吸附现象。有研究表明，在 Cu 和 Pb 共存的溶液中，PA 对 Pb 的亲和力比在单一溶液中强。傅等也发现共存 Zn^{2+}促进 Cu^{2+}的吸附 PS。此外，在 2~15mg/L 范围内，微塑料的吸附能力随着初始 Pb(II)浓度的增加而增强，表明金属的初始浓度也会影响吸附能力。一些研究也得出了同样的结论，如 20μg/L 塑料微粒对 Ag、Cd、Co、Cr、Cu、Hg、Ni、Pb 和 Zn 的吸附容量范围为 0.0004~2.78μg/g；当重金属 Zn 浓度增加到 102~105μg/L 时，其吸附容量可达到 236~7171μg/g。

2.4.3 环境条件的影响

重金属的吸附量也与环境条件有关。pH 值被认为是一个重要的因素，微塑料的吸附能力会随着 pH 的增加而增强。Holmes 等在现场测试中发现，随着河水 pH 的增加，微塑料对 Cd、Co、Ni、Pb 的吸附量增加。这可能是因为微塑料表面的官能团脱质子化，增加了微塑料表面的电负性和吸附位点。另一种解释是 pH> pHzc(零电荷点)时微塑料的 zeta 电位为负，pH 值越高，其表面的负电荷越多，可能对金属阳离子产生更多的静电吸引。然而，随着 pH 值的不断增加，重金属离子可能由于钝化或沉淀而不利于吸附。例如，Pb(II)在低 pH 值时主要表现为 Pb^{2+}，在高 pH 值时主要表现为 $Pb(OH)^{+}$、$Pb(OH)_2$和 $Pb(OH)_3$。

此外，盐度可以通过几种不同的方式影响微塑料与金属的吸附行为。首先，NaCl 诱导的 Na^{+}的离子强度可能与 Cd^{2+}争夺吸附位点，同样，当 Cl 与 Cd^{2+}共存时，Cl 也可以通过形成 $CdCl^{+}$、$CdCl_2^{0}$、$CdCl_3^{-}$和 $CdOHCl^{0}$等配合物来抑制 Cd^{2+}。盐度也会对金属造成静电屏蔽，影响其静电吸附行为，Lin 等人评估了离子强度对 0.01 M 和 0.1 M NaCl 中 Pb^{2+}吸附的影响，他们发现较高的离子强度抑制了 Pb^{2+}在微塑料上的吸附，可能的原因是，盐度的增加导致微塑料聚集，吸附位点减少，另一方面，盐在负表面和正 Pb(II)之间发生静电屏蔽。

据报道，腐殖质作为一种天然有机质，具有抑制金属离子(如 Cu、Cd、Zn、Pb、Cr 和 As)在多种吸附剂上吸附的能力。然而，在微塑料—金属—腐殖质体系中，黄腐酸(FA)和腐殖酸(HA)的影响主要取决于重金属类型。高浓度 FA 抑制了尼龙微塑料对 Cu(II)和 Zn(II)的吸附能力，因为 Cu(II)、Zn(II)和 FA 之间形成双齿配合物(/FA2M)，导致部分金属不能通过表面络合作用吸附在微塑料表面。而/FANi^{+}的形成可能有利于促使更多的Ni(Ⅱ)与尼龙微塑料结合。另一方面，由于静电协同作用，HA吸附在微塑料上的负电荷将促进Cd(Ⅱ)对微塑料的吸附。上述两篇文献报道了HA和FA在特定浓度下对特定金属的作用机制，但鉴于腐殖质在地表水和土壤中的广泛存在，腐殖质对其他环境相关浓度重金属的影响值得更多关注。

最后，微塑料对重金属的吸附也受到环境中金属浓度的影响。在为期6个月的现场实验中，Gao等人证明微塑料吸附的Cr、Mn、Cu、Zn、As、Cd浓度与周围海水浓度趋势一致。同样，另一项对香港六个沙滩的实地研究也发现，污染最严重的地段的微塑料中Cu、Fe、Ni和Mn的浓度较高。此外，土壤中微塑料对重金属的吸附也呈现出类似的趋势。例如，Zhou等研究了中国中部3种不同土地类型的土壤中金属含量与微塑料颗粒的相关性，发现微塑料中Cd、Pb、Hg和Mn的含量受到土壤中重金属含量水平的强烈影响。

2.5　微塑料和重金属对土壤性质的影响

微塑料的存在会对土壤的理化性质产生各种影响，最终影响土壤中重金属的迁移。首先，就土壤的物理性质而言，微塑料会导致土壤颗粒之间的不均匀填充，从而破坏土壤结构。例如，微塑料一旦到达土壤表面，就可以通过生物过程与土壤有机质相互作用。然而，塑料微纤维也可能嵌入土壤大团聚体中，导致土壤团聚体稳定性降低。例如，聚酯微纤维(PMFs)可以显著降低土壤团聚体的稳定性。然而，另一项研究表明，在盆栽试验中，PMFs与土壤细颗粒之间的有效相互作用，加上频繁的干湿循环，增强了PMFs诱导的大团聚体的形成和稳定性。这些差异可能归因于实验中使用的不同土壤类型及其对PMFs的不同亲和力。此外，PMFs的类型也可能在影响土壤孔隙空间和颗粒相互作用方面发挥作用，研究表明，与PP和PE相比，PMFs会导致土壤体积和密度的更大下降。微塑料由于其纤维结构可以在土壤中形成小孔隙，从而增加保水性，影响土壤的物理化学性质，如渗透性和通气性。这不仅会影响土壤的氧化还原状态，改变重金属的生物利用度，还会影响植物的根系生长。

此外，微塑料的存在可能会影响土壤pH值，这取决于其聚合物类型和剂量。土壤pH值是反映土壤理化性质的重要指标之一。它对土壤有机质、矿物质和养分含量有显著影响，它还影响污染物的生物利用度，从而影响土壤微生物、酶活性和功能基因。一般来说，聚乙烯(PE)和聚苯乙烯(PS)单独存在时倾向于降低土壤 pH 值，聚乳酸(PLA)通常会增加土壤 pH 值，而聚酯(PES)和聚对苯二甲酸乙二醇酯(PET)对土壤 pH 值没有显著影响。在微塑料表面，羟基发生去质子化反应，转化为土壤中的含氧官能团，这一过程产生了新的吸附基团，可以选择性地吸附带负电或带正电的物质，从而改变土壤溶液中的交换离子，导致土壤 pH 的变化。例如，研究证实，单独添加 Cd 对土壤 pH 的影响很小。但当微塑料和 Cd 共存时，土壤 pH 增加，表明微塑料的存在可以改变 Cd 对土壤性质的影响。Wang 等在微塑料和重金属同时污染土壤的情况下发现，Cd 污染土壤中 PE 剂量增加，土壤 pH 值较对照显著降低 0.7%~2.1%。Yu 等也报道了微塑料的添加倾向于降低土壤 pH。Dong 等报道，随着 PS 微塑料和聚四氟乙烯(PTFE)微塑料含量的增加，受砷污染土壤的 pH 值逐渐降低。砷具有与阳离子金属不同的特性，土壤 pH 的降低可能与化学物质的释放和微塑料表面基团的变化有关。同样，在 PES 和 Cd 同时存在的情况下，土壤 pH 值显著降低。然而，Wang 等发现单独使用 PE 微塑料和 PP 微塑料以及与 Cd 联合使用均能显著提高土壤 pH 值，且与单独暴露 Cd 相比，添加微塑料可显著提高土壤 pH 值，并随着微塑料浓度的增加而逐渐增加。张晓晴报道 PE、PS 和 PLA 与 Cd 共存时，均显著增加了土壤 pH 值，且 pH 值高于单独添加微塑料组。Zhao 等也发现 PE 薄膜和泡沫具有提高土壤 pH 值的能力，这可能归因于微塑料对土壤固氮细菌群落多样性的影响。然而，郝爱红的研究则显示，相比单独添加 LDPE，LDPE 和 Cd 复合污对土壤 pH 值影响不显著。此外，研究表明，微塑料作用于关键的 N 循环过程，如硝化作用，影响 NH_4-N 和 NO_3-N 的含量和转化，从而影响土壤 pH 值。这些研究表明，微塑料对土壤 pH 的影响还与土壤中共存的污染物或养分循环过程有关。

微塑料与重金属共存还可能影响土壤溶解性有机碳(DOC)含量和阳离子交换容量(CEC)。土壤 DOC 含量和 CEC 水平在植物生长、根际环境和微生物活动中起着至关重要的作用，并随微塑料的添加而发生显著变化。Yu 等人发现将微塑料引入 Cd 污染的土壤会导致土壤 DOC 含量增加，CEC 含量降低。微塑料本身或它们的分解中间体可以作为有机碳的来源，这些有机碳可以被土壤中的某些细菌或酶转化为溶解的有机碳。例如，添加微塑料可以很容易地刺激 FDA 水解酶和酚氧化酶的活性，从而提高土壤 DOC 水平。多项研究报道，添加 2% PLA-微塑料可显著提高土壤 DOC 含量。先前的研究也发现，低密度聚乙烯(LDPE)只会引起 DOC 水平的轻微变化，并会对土壤中 DOC 含量产生负面影响。因此，微塑料对土壤 DOC 和 CEC 的影响可能因微塑料类型、土壤环境等而异。Wang 等的报道 PE 和 Cd 复合污染时，与对照组相比，CEC 含量降低了 3.83%~16.7%，且受 PE 浓度的显著影响。Bethanis 和 Golia 则报道较低浓度的 PE 微塑料(2.5%，w/w)导致农业土壤和城市土壤的 CEC 值分别增加 8.6%和 9.8%。郝爱红的研究显示，单独添加 LDPE 降低了土壤 CEC，投加量为 1%时土壤 CEC 的降幅显著高于 0.1%；LDPE 与 Cd 复合污染降低了土壤 CEC，但影响不显著。此外，LDPE 与 Cd 复合污染时，0.1%的 1mm 微塑料+Cd 和 0.1%的 100μm 微塑料+Cd 组 SOC 分别降低了 31.4%和 23.1%，1%1mm 微塑料+Cd 和 1%100μm 微塑料+Cd 组 SOC 显著增加($P<0.05$)。然而，与单独添加 LDPE 组对比，LDPE 与 Cd 复合污染时土壤 SOC 没有发生显著变化。研究者认为，LDPE 和 Cd 复合污染时主要是 LDPE 影响土壤 SOC 的含量，因此，复合污染与单独添加 LDPE 时影响一致。

2.6　微塑料和重金属对生物的联合影响

微塑料具有较大的比表面积，并且含有多种官能团，因此它们可以作为土壤中其他金属污染物的有效载体。微塑料与污染物的结合可改变其对生物体的毒性，这对于理解塑料在周围环境中的行为至关重要。大量研究表明，微塑料很容易被水生和陆生生物吸收，并可能影响它们的生理、繁殖和死亡率。同时，微塑料作为载体还可以将吸附的重金属运输到生物体体内，吸附的污染物可能在生物体的消化系统内解吸。此外，微塑料和重金属的相互作用可能会改变塑料的表面性质，并改变塑料和/或污染物在暴露的生物体中的吸收和积累，导致生物的各种反应性。

先前的研究表明，微塑料和重金属对生物体都有毒性作用，它们的结合可能导致 3 种效应，即协同效应、拮抗效应或增强效应(图 2-3)。协同效应被定义为两种化学物质的联合效应远大于每一种化学物质作用的总和。至于拮抗效应，有研究认为是由于微塑料可以作为重金属的载体，通过吸附重金属来降低暴露介质中重金属的浓度，从而降低重金属的环境生物毒性。当一种通常没有毒性作用的无毒化学物质被添加到另一种化学物质中，使第二种化学物质的毒性更大时，就会发生增强效应。目前，前两种效应在水生环境中较为常见。

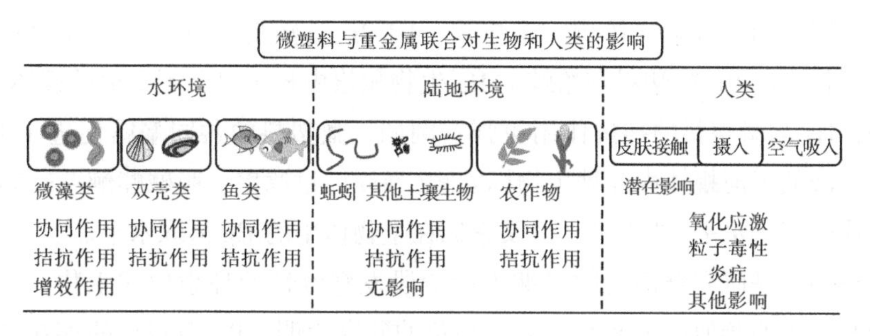

图 2-3　不同类型微塑料和重金属对生物体和人类的综合效应示意图

2.6.1　对水生生物的影响

水环境中微塑料的平均大小为 10~20μm，与浮游生物相似。因此，微塑料可被各种水生生物摄入，包括贻贝、双壳贝类和浮游动物，并进一步通过食物链进入鱼类等大型水生生物。目前，微塑料和重金属联合作用下最常被研究的生物包括浮游植物、藻类、无脊椎动物和鱼类，PE 和 PS 是这些研究中使用最广泛的微塑料。

微藻是水生食物网的主要生产者，也是多种生态系统功能中的关键生物，微藻种群的小规模破坏可能会对食物网造成严重影响。研究表明，微塑料可能会影响微藻的生长、光合作用以及叶绿素含量。

微塑料和重金属对藻类的联合毒性表现出不同的结果。在某些情况下，微塑料的存在或不存在并不影响重金属对 *Tetraselmis chuii* 的毒性。在其他情况下，微塑料和重金属的共存甚至可能对藻类有益。例如，有报道称聚丙烯腈聚合物(PAN)可能减轻 Cu^{2+} 对核小球藻的部分毒性。此外，Cu(0.5mg/L)和老化的 PVC(10mg/L)的组合可以促进普通小球藻的生长。相比之下，更小尺寸的 PS(0.5μm)与金属结合对微藻生长和叶绿素 a 浓度的抑制作用更强。同样，含 Cd 的微塑料(2~4μm)可能比单个微塑料对咸水枝角类蒙古裸腹溞的毒性更大。

无脊椎滤食性动物是水生介质中微塑料摄食的易感物种，其中双壳类动物是人类消费的一种重要的商业水产品，双壳类动物组织中积累的污染物水平与海洋环境中污染物的可利用性高度相关，因此，双壳类还被用作海岸环境的生物监测仪。由于汞能转化为有机金属甲基汞，对海洋生物具有显著的毒性，并且在海洋食物链中具有生物放大的潜力。微塑料对双壳贝的 Hg 吸收既有协同作用也有拮抗作用。据报道，HDPE 微塑料促进汞进入贻贝中。然而，受污染的 PE 微塑料在蛤蚌的 Hg 生物积累中显示出微不足道的载体作用。此外，Hg 与微塑料的拮抗作用更强。例如，微塑料的共同暴露促进了 Hg 的排泄，降低了河蚬体内几种生物标志物(暴露后过滤率、胆碱酯酶、s -转移酶和脂质过氧化水平)的水平，以及它们在生物体中的 Hg 摄取水平。

斑马鱼是研究脊椎动物早期生命阶段发育毒性的理想模式生物，因为其基因与人类的相似度为87%。对斑马鱼的研究表明，PS 微塑料的存在增强了 Cd 和 Cu 对斑马鱼的毒性，它们的联合暴露导致斑马鱼组织的氧化损伤和炎症。此外，考虑到斑马鱼胚胎比成年鱼对污染物更敏感，以及 Cd 在水溶液中的流行率，最近的两项研究调查了微塑料和 Cd 对斑马鱼胚胎的联合毒性，他们发现微塑料诱导的拮抗毒性或协同毒性可能与微塑料的浓度和形态(即颗粒或纤维)有关。然而，由于他们实验中使用的微塑料(即 PET、PS)的类型和大小不同，他们的结果并不一致。对其他鱼类的研究表明，同时暴露于微塑料和 Hg 可能会改变欧洲鲈鱼的行为反应，影响其游泳速度和抵抗时间，并影响 Hg 在鱼鳃中的生物浓度及其在肝脏中的生物蓄积。但 PS 微塑料和重金属(Cd、Pb 和 Zn)的组合并未加强对海洋青鳉性腺发育的风险。总体而言，对水生环境中的鱼类等高等生物的研究仍然有限，鱼类由于其可食性和位于食物链的中间位置，与人类关系密切，因此，它们可以成为探索联合毒性和食物链转移的极好模型。

2.6.2 对陆地生物的影响

2.6.2.1 土壤动物

土壤中存在蚯蚓、螨虫、弹枝类等中等动物，对维持土壤生态系统和改善土壤质量具有重要作用。蚯蚓作为土壤无脊椎动物中最大的生物量，通过与微生物和植物的相互作用来改变生态系统的功能和服务。由于蚯蚓对土壤污染物非常敏感，蚯蚓的习性和代谢能力可以决定土壤污染物是否超标，经常被用于各种毒理学实验。因此，它们被用作模型生物来评估污染物的个体毒性，包括微塑料。微塑料会对蚯蚓的生长、神经和DNA造成损害，影响蚯蚓的正常行为，增加蚯蚓的死亡率。微塑料对蚯蚓的损伤机制主要为组织病理学损伤和氧化应激，当土壤微塑料浓度超过0.1%时，可对蚯蚓造成显著损伤。因此，蚯蚓仍是土壤中微塑料和重金属综合效应的主要研究对象(表2-4)。Hodson等首次研究了HDPE和Zn对蚯蚓的共存效应，他们证明HDPE微塑料可以作为载体增加蚯蚓的Zn暴露，但这种暴露不会改变蚯蚓的Zn含量、体重和死亡率。同样，对微塑料和As(Ⅴ)联合作用的研究表明，微塑料的存在降低了总砷的积累和As(Ⅴ)向亚砷酸盐(As(Ⅲ))的转化速度，从而降低了对蚯蚓的毒性，其机制可以归结为As(Ⅴ)被微塑料吸附/结合，减轻了As对肠道微生物群的影响。相反，其他Cd、Cu和Ni与微塑料的共暴露实验表明，微塑料的存在会产生负面影响，例如，Li等报道了蚯蚓中Cu和Ni的浓度随着土壤中微塑料含量的增加而增加。此外，同时暴露于微塑料和Cd的蚯蚓也出现了回避反应、体重下降和繁殖减少。与未暴露的微塑料相比，同时暴露于微塑料和Cd表现出更大的剂量依赖效应，并增强了赤子爱胜蚓体内Cd的积累。

微塑料和重金属对蚯蚓的复杂污染通常被认为是重金属在蚯蚓体内作为反应的载体。研究发现，在添加PP和Cd的土壤中，随着微塑料浓度的增加，对蚯蚓的不利影响更为严重。也有研究人员对PE与Zn、Pb、Cd混合污染土壤中的蚯蚓进行了研究，发现这两种物质都加剧了蚯蚓体内重金属的积累，其中Cd的积累显著增加。Wang等发现土壤中的PVC和As对蚯蚓具有拮抗作用，经过28天的培养试验，与单一重金属As污染相比，微塑料和As联合污染的毒性降低，这是由于微塑料吸附了As，从而降低了As的有效性，减轻了As的毒性，也减轻了As对蚯蚓消化系统的影响。除蚯蚓外，对果蝇的研究表明，相较于单一的Cd污染，Cd和PP微塑料联合污染会增强对果蝇的毒性影响。微塑料和重金属对土壤生物的复合污染往往更多表现为微塑料对重金属的影响，从而加重或降低重金属对生物的影响。但现有关于微塑料和重金属复合污染土壤生物效应的样本较少，微塑料对土壤生物的损伤机制和性能尚未完全了解。此外，Zhang等研究了微塑料和重金属对果蝇的影响，发现微塑料和Cd两种污染物的共暴露使果蝇运动功能显著降低，肠道损伤增加，并显著诱导体细胞组织中的遗传基因沉默。微塑料和重金属对螨虫和弹尾虫等中型动物的联合影响也令人担忧，这些动物也被认为在保持土壤质量方面至关重要，但现有研究较为有限。相关研究详见表2-4。

表2-4　**微塑料和重金属对陆生动物的联合作用**

重金属	塑料	生　　物	微塑料和重金属浓度	最大暴露时间	作　　用	参考文献
Cu，Ni	PE(30μm and 100μm)	蚯蚓(*Eisenia fetida*)	Ni^{2+} 和 Cu^{2+}：40mg/kg、100mg/kg MPs：1mg/g、10mg/g 和 100mg/g	21d	1. PE 微塑料增加了土壤中可交换态重金属比例。 2. PE 微塑料增加了蚯蚓体内重金属积累。	Li et al.，2021
As	PVC	蚯蚓(*Metaphire californica*)	MPs：2000mg/kg As：40mg/kg	28d	微塑料的存在降低了砷的生物利用度，从而阻止了As(V)的减少和总砷的积累。	Wang et al.，2019
Zn	HDPE	蚯蚓(*Lumbricus terrestris*)	MP：0.35% Zn：236~4505mg/kg	28d	1. 微塑料可提高锌的生物利用度。 2. 未发现锌积累，死亡率和体重的变化。	Hodson et al.，2017
Cd	PE	蚯蚓(*Eisenia fetida*)	MPs：0%、7%、15%、20%和30% Cd：2mg/kg、10mg/kg	28d	1. 微塑料和Cd共同暴露抑制了蚯蚓的生长和繁殖，诱导了 *Eisenia fetida* 的氧化应激。 2. 微塑料提高了共暴露土壤中Cd的有效性，增加了 *Eisenia fetida* 对Cd的生物积累	Huang et al.，2020

续表

重金属	塑料	生　　物	微塑料和重金属浓度	最大暴露时间	作　　用	参考文献
Cd	PP	蚯蚓(*Eisenia foetida*)	MPs：300mg/kg、3000mg/kg、6000mg/kg 和 9000mg/kg Cd：8.4mg/kg	42d	1. 微塑料和 Cd 联合暴露对 *foetida* 有更高的负面影响。 2. MPs 具有提高土壤环境中重金属离子生物可及性的潜力。	Zhou et al.，2020
Ag	PS(1.0μm and 0.1μm)	大肠杆菌	PS：1mg/L Ag^+：500μg/L	48h	1. 无毒的原始和老化纳米 PS 可减轻 Ag^+的细胞毒性。 2. PS 改变了 Ag 在大肠杆菌中的积累模式。	Sun et al.，2020
Cd	PP(1μm)	果蝇	MPs：200μg/mL Cd：1.5mm	7d	1. 暴露于 MPs 会导致成年果蝇早期广泛地依赖于颗粒大小的肠道损伤，并增强 Cd 诱导的对运动行为功能的抑制。 2. 镉暴露通过位置效应变异诱导体细胞组织的表观遗传基因沉默，而与 MPs 共同暴露显著增强了这种沉默。	Zhang et al.，2020

2.6.2.2　植物

重金属和微塑料对植物的影响包括直接影响和间接影响两个方面。首先，微塑料可以作为重金属的载体和转运者，Abbasi 等的研究表明，PET 颗粒与小麦根际系统 Cd、Pb、Zn 共存时，会在较长时间内保持在一起，PET 颗粒可作为载体，将重金属运输到根际带。其次，微塑料与重金属结合，有可能通过增加叶绿素含量、增强光合作用和减少 ROS 积累，或通过抑制丙二醛含量、糖、维生素 C 含量以及超氧化物歧化酶和愈创木酚过氧化物酶的活性，对作物性能产生瞬时影响。如微塑料与砷(As)结合可抑制水稻籽粒可溶性淀粉合成酶和焦磷酸化酶的活性，抑制根系作用，从而减少养分吸收，降低水稻生物量和产量。Zong 等报道重金属(尤其是 Cu 和 Cd)和微塑料共同增加叶绿素含量和光合活性，减少活性氧的积累(表 2-5)。

微塑料可能会直接影响重金属的生物利用度，或通过降低土壤对重金属吸附能力下降，促进重金属的移动，增加作物对重金属的吸收。研究显示，微塑料与 As 共存时对植物生长、光合速率和种子萌发均有不利影响。Dong 等发现微塑料与 As 的协同作用抑制了油菜籽的萌发，与聚甲基丙烯酸甲酯(PMMA)和 As 单独处理相比，PMMA 和 As 联合处理降低了油菜发芽指数、生物量、根和种子长度。此外，微塑料和 As 通过抑制根系功能和 *RuBisCO* 活性来抑制水稻幼苗生物量积累。由于含有微塑料和 As 的根中活性氧自由基和过氧化物增加，可能会破坏细胞膜结构，因此根活性降低。聚苯乙烯/聚四氟乙烯和 As 联合施用也被发现对水稻的影响高于单独使用 As。另外，Dong 等报道了带负电荷的聚苯乙烯被 As 吸附增强，导致胡萝卜中的微塑料吸收，胡萝卜组织中的聚苯乙烯和 As 也会引起氧化破裂，从而使胡萝卜的质量恶化。聚乙烯促进了铜和铅在油菜植物中的生物积累。同样，PintoPoblete 等人发现，随着镉在根系和土壤中的生物利用度和生物积累，微塑料和镉共同使草莓茎粗、植株生长和根系生长分别下降 38%、33.4%和 15%。Jia 等研究了聚乙烯微塑料与铜、铅的耦合效应，油菜籽中丙二醛含量增加、变质。微塑料抑制 As、铜和镉的解毒、呼吸、光合作用和植物生长。

然而，也有研究指出，微塑料与重金属共存时，可能会降低重金属的毒性。有研究指出，10%聚乳酸微塑料降低了玉米茎和根对镉的吸收。Tang 等人报道，聚乙烯微塑料减少了锰、As 和镉在水稻根系幼苗中的生物积累。Zong

表 2-5 微塑料和重金属对陆生植物的联合影响

亘金属	微塑料	植物	微塑料和重金属浓度	最大暴露时间	影响	参考文献
As	PS、PTFE(10μm)	大米	PS 和 PTFE：0.04g/L、0.1g/L 和 0.2g/L As（Ⅲ）：0、1.6mg/L、3.2mg/L 和 4.0mg/L	17d	1. 当 PS 和 PTFE 的添加量分别为 0.04mg/L 和 0.1g/L 时，As(Ⅲ)对水稻的负面影响有所降低。 2. 0.2g/L PS 或聚四氟乙烯(PTFE)与 As(Ⅲ)复合处理对水稻的影响大于单独应用 As(Ⅲ)。	Dong et al.，2020
As	PSMP、PTFE (0.1~1μm，10~100μm)	大米	PSMP 和 PTFE：0.25% and 0.5% As：1.4mg/kg、24.7mg/kg 和 86.3mg/kg	—	1. 砷与 PSMP 和 PTFE 的相互作用降低了土壤中砷的生物有效性。 2. MPs 抑制了砷对根际土壤微生物和化学性质的影响。	Dong et al.，2022
As	PS(139nm)	大米（Oryza sativa cv. Zhonghua 11）	PS：5mg/mL	8d	1. PS 的存在导致了植物生物量的减少。 2. PS 的存在使水稻根系 As 含量提高了 16%。	Xu C et al.，2023

续表

重金属	微塑料	植物	微塑料和重金属浓度	最大暴露时间	影响	参考文献
As(Ⅲ)、As(Ⅴ)	PS(82nm 和 200nm)	大米(Shen liang you 5814)	PS：50mg/L As：250μg/L	22d	1. 与单独添加 AS(Ⅲ)相比，添加 PS(82nm)和 PS(200nm)的鲜重分别提高了 40.49%和 119.04%；与单独添加 AS(Ⅴ)相比，添加 PS(82nm)和 PS(200nm)的鲜重分别提高了 48.03%和 30.22%。 2. 与单独的 As(Ⅲ)/As(Ⅴ)处理相比，PS(82nm)处理使水稻叶片中总 As 含量提高 12.4%~36.7%。	Mamathaxim et al.，2023
Cd	PET、PLA(51μm)，PES(10~25μm)	大米(Xiuzhan 15)	PET、PLA：0%、0.2%、2% PES：0、0.2% Cd：0、5mg/Kg	3m	1. 与单 Cd 处理相比，添加 PET(0.2%)和 PLA(2%)使总生物量分别降低 0.57%和 7.91%，而添加 PET(2%)、PLA(0.2%)和 PES(0.2%)使总生物量分别提高 2.82%、13.56%和 22.6%。 2. 在 Cd(5mg/kg)处理下，PLA(2%)和 PES(0.2%)分别使根系 Cd 浓度降低了 52%和 30%，而除 PET(0.2%)处理外，其余 MPs 处理均降低了地上部 Cd 浓度。(-)	Liu Y et al.，2023

续表

重金属	微塑料	植物	微塑料和重金属浓度	最大暴露时间	影响	参考文献
Zn、Cd、Pb	PET(<2mm)	小麦	PET：1g/20mL Pb：0. 31±0. 02~100. 84±5. 04μg/l Zn：5598. 33±83. 97~518μg/l、151. 44±7772. 27μg/l Cd：5020. 65±441. 82~599μg/l、436. 62±52μg/l、750. 42μg/l	24h	1. 根系分泌物浓度的变化不影响 PET 对 Cd、Pb 和 Zn 的解吸。 2. Cd、Zn 和 Pb 共暴露比单一金属更易从 PET 中脱附。 3. PET 颗粒可以在根际带内运输重金属。	Abbasi et al. , 2020
Cd	PS(直径 1~1000nm)	小麦(*Triticum aestivum L.*)	PS：0 and 10mg/L Cd：0 and 20M	21d	PS 纳米塑料的存在可部分降低叶片 Cd 含量，减轻 Cd 对小麦的毒害；与单 Cd 处理相比，PS 处理对叶片和根系 Cd 含量无显著影响。(0)	Lian et al. , 2020
Cu、Cd	PS(500nm)	小麦(*Triticum aestivum L.*)	PS：100mg/L Cu、Cd：2mg/L	8d	1. 与单一重金属处理相比，PS 和重金属组合处理提高了叶绿素含量，增强了光合作用，减少了 ROS 的积累。 2. PS 使小麦根系中 Cu 和 Cd 含量分别显著降低了 9. 514%和 10. 63%，(-) PS 使小麦叶片中 Cu 和 Cd 含量分别显著降低了 29. 80%和 24. 33%。(-)	Zong et al. , 2021

续表

重金属	微塑料	植物	微塑料和重金属浓度	最大暴露时间	影响	参考文献
Cd	PE、PP(40~48μm)	小麦(*Triticum aestivum L.*)	PE、PP：0、10mg/kg、50mg/kg、100mg/kg、200mg/kg、500mg/kg、1000mg/kg、5000mg/kg、10000mg/kg Cd：0、1mg/kg、5mg/kg	28d	1. 在 Cd 含量一定的情况下，叶绿素含量随微塑料浓度的增加而降低。mPP+Cd 复合污染对小麦地上生物量的促进作用低，抑制作用强，地下生物量总体增加。 2. Cd(5mg/kg)处理下，随着 PE 浓度的增加，植株根系 Cd 含量增加 7.05%~12.94%。(+)在 Cd(5mg/kg)处理下，随着 PP 浓度的增加，植株茎部 Cd 含量增加了 3.53%~9.41%。(+)在 Cd(1mg/kg)处理下，随着 PP 浓度的增加，植株茎部 Cd 含量下降 11.52%~51.85%。(-)	Chen S et al., 2023

续表

重金属	微塑料	植物	微塑料和重金属浓度	最大暴露时间	影响	参考文献
Cd	PE、PLA(100~154μm)	玉米(*Zea mays* L. var. Wannuoyihao)	MPs：0、0.1%、1%和10% Cd：0和5mg/kg	30d	1. 与单Cd处理相比，PE处理的地上生物量和地下生物量分别下降了4.02%~18.06%和20.29%~34.38%，PLA处理的地上生物量和地下生物量分别下降了0.89%~50.00%和6.09%~53.69%。 2. PE和PLA均提高了土壤pH和DTPA可提取Cd的浓度，但对植物组织中Cd的积累没有影响。	Wang et al.，2020
Cd	HDPE、PS(100~154μm)	玉米(*Zea mays* L. var. Wannuoyihao)	MPs：0、0.1%、1% and 10% Cd：0 and 5mg/kg	30d	HDPE和PS均能提高土壤中DTPA可提取Cd的含量，但不影响Cd在植物组织中的积累。	Wang et al.，2020

续表

重金属	微塑料	植物	微塑料和重金属浓度	最大暴露时间	影响	参考文献
Cd	PS(50nm、100nm)，PP(5μm、10μm)	玉米(Zea mays L.)	PS、PP：2% Cd：5mg/kg	6w	1. PS(50nm)处理对根长、株高和生物量无显著影响，而 PS(100nm)处理可使根长增加 27%。PP 显著提高了红壤的根重。在肉桂土中，PP(5μm)和 PP(10μm)处理的根干重分别增加了 66%和 72%，PP(10μm)处理显著降低了肉桂土中的根长，PP(5μm)处理显著降低了肉桂土中的株高和地上干重。 2. PS(100nm)可使根系 Cd 积累量增加 38%。(+)在肉桂土中，PS(50nm)和 PP(5μm)分别使根系 Cd 积累比 CK 增加 12%和 22%。(+)在红壤中，PS(100nm)和 PP(10μm)处理下，地上部植物生物量 Cd 含量分别增加了 37%和 60%。(+)	Zhao et al.，2023

续表

重金属	微塑料	植物	微塑料和重金属浓度	最大暴露时间	影响	参考文献
ZnO	HDPE, PLA（100～154μm）	玉米（Zea mays L. var. Wannuoyihao）	HDPE、PLA：0、0.1%、1%、10% ZnO：0、50mg/kg、500mg/kg	1m	1. 与氧化锌单独处理相比，除10% PLA外，复合处理的地上生物量和根系生物量显著增加。 2. 在大多数情况下，HDPE和PLA增加了植物根系中Zn的浓度。（+）	Yang et al.，2021
As	PS（0.1～1μm，5μm）	胡萝卜（*Kurodagosun*）	PS：10mg/L、20mg/L As：1mg/L、2mg/L和4mg/L	7d	1. 随着PS负电荷面积的增加，更多的MPs进入胡萝卜。 2. 加重了PS对胡萝卜的影响。	Dong et al.，2021
Cr(VI)	PE、PA、PLA（13μm、48μm、500μm）	黄瓜（Cucumis sativus L.）	PE、PA、PLA：0、40mg/L、200mg/L、1000mg/L Cr(VI)：20μm/L、50μm/L、100μm/L、200μm/L、500μm/L	14d	在低Cr(VI)（20～100μm/L）条件下，PA和PLA使根中Cr含量降低3.8%～29.7%。（-）在Cr(VI)（200μm/L）下，PA和PLA分别使根中Cr含量增加约30.2%和19.5%。（+）除Cr(VI)（50μm/L）外，其余各MPs均使茎部Cr含量提高了40%。（+）	Zhang et al.，2023

续表

重金属	微　塑　料	植　　物	微塑料和重金属浓度	最大暴露时间	影　　响	参考文献
Cu、Pb	PE(293μm)	油菜(*Brassica napus L.*)	PE：0.001%、0.01%和0.1% Cu：50mg/kg 和 100mg/kg Pb：25mg/kg 和 50mg/kg	60d	1. PE0.1% + Cu50mg/kg、PE0.1% + Cu100mg/kg、PE0.1% + Pb25mg/kg 和 PE0.1%+Pb50mg/kg 处理的油菜丙二醛含量分别是 Cu50mg/kg、Cu100mg/kg、Pb25mg/kg 和 Pb50mg/kg 处理的 1.42、1.37、1.46 和 1.45 倍。PE0.1%+Cu50mg/kg、PE0.1% + Cu100mg/kg、PE0.1% + Pb25mg/kg 和 PE0.1% + Pb50mg/kg 处理的油菜 SOD 和 POD 含量显著高于 Cu50mg/kg、Cu100mg/kg、Pb25mg/kg 和 Pb50mg/kg 处理。 2. 当 PE<0.01%时，金属含量与对照差异不显著，但 PE0.1%+Cu100mg/kg 处理植株的 Cu 含量为 38.9mg/kg(+)，PE0.1%+Pb50mg/kg 处理植株的 Pb 含量为 9.4mg/kg(+)。	Jia et al.，2022

续表

重金属	微塑料	植物	微塑料和重金属浓度	最大暴露时间	影响	参考文献
Cd	PE(<0.5mm)	生菜(Lactuca sativa L.)	PE：0.1%、1%和10% Cd：0.49mg/kg、1.75mg/kg 和 4.38mg/kg	45d	1. 除 1.75mg/kg Cd 水平的根系生物量外，PE(10%)显著降低了3种土壤中16.8%~29.3%的植物生物量。 2. 随着 PE 浓度的增加，3种土壤的地上部和根部 Cd 含量分别显著增加9.50%~62.0%和9.61%~61.4%。	Wang et al., 2021
Cd	PMFs(10.5μm)	生菜(Lactuca sativus)	PMFs：0.1%、0.2% Cd：5mg/kg	2m	1. 与单 Cd 处理相比，添加0.1%和0.2%的 PMF 处理，茎长分别减少1.42%和9.93%，根长分别减少13.23%和16.40%。 2. 与单 Cd 处理相比，PMFs 对植物叶片 Cd 含量无显著影响。(0)	Zeb et al., 2022
Cu、Zn、Pb、Cd	PS(100nm 和 100μm)	生菜(Lactuca sativa L.)	PS：100mg/kg、1000mg/kg Cu：82mg/kg Zn：174.84mg/kg Pb：42.08mg/kg Cd：0.2mg/kg	60d	1. NPs 的毒性比 MPs 更严重，高浓度 MNPs 对生菜根系造成严重的氧化损伤和遗传毒性。 2. 第60天，PS 处理组(1000mg/kg+100nm)中 Cu、Zn、Pb 和 Cd 的最高浓度分别为52.6mg/kg、174mg/kg、10.3mg/kg 和33.2mg/kg。	Xu G et al., 2023

续表

重金属	微塑料	植物	微塑料和重金属浓度	最大暴露时间	影响	参考文献
Cu	PS(20nm)	豌豆(Pisum sativum)	PS：40mg/kg Cu：40mg/kg	2m	微塑料的存在使豌豆总长度减少 11.9%，干重减少 17.5%。	Kim et al.，2022
Pb	PS(5μm)	绿豆(Vigna radiata L.)	PS：2mg/kg、4mg/kg Pb：20μm/L、40μm/L	7d	1. PS 的存在导致植株生物量和 Rubisco 活性降低，并表现出明显的剂量效应。 2. PS(2mg/kg)降低了根中铅的含量。(−)PS(4mg/kg)降低了植物根、梢 Pb 含量。(−)PS(2mg/kg)提高了地上部 Pb 含量。(+)	Chen F et al.，2023
Cr(VI)	PVC(6.5μm)	红薯(Ipomoea batatas L.)	PVC：100mg/L、200mg/L Cr(VI)：5μm/L、10μm/L、20μm/L	14d	PVC 和 Cr 配施导致植株高度、单株鲜生物量和叶绿素含量下降。	Khan，2023
Cd	HDPE(2~5mm)	草莓(Fragaria x ananassa Duch)	HDPE：0.2g/kg Cd：3mg/kg	5m	1. 在植物生物量方面，对照与添加污染物的处理差异显著($p<0.05$)，对照、Cd、MPs 和 Cd+MPs 的平均植株干重(dw)分别为 7.3g、4.2g、4.4g 和 4.8g。 2. 高水平的镉(Cd> 3mg/kg)和土壤中微塑料的存在有利于草莓种植中重金属的大量积累，降低了果实总数和单株总生物量。	Pinto-Poblete et al.，2022

等人观察到，由于化学吸附，Cu 和 Cd 在聚苯乙烯微塑料上吸附，从而降低了小麦幼苗中重金属的生物利用度。同样，Yang 等人观察到，由于土壤性质的变化，包括硫酸盐和溶解铁，聚氯乙烯降低了甲基汞在水稻土中的生物利用度。有研究报道，添加 PS 和 PTFE 微塑料后，土壤 pH、As(Ⅴ)和 As(Ⅲ)均有所降低，As 与 PS 微塑料和 PTFE 微塑料的相互作用导致土壤中 As 的生物有效性降低。另一项研究指出，微塑料和 As 的存在减少了水稻幼苗对 As 的摄入量，因为微塑料和 As 在根系上的吸附位置相互竞争。研究指出，PS NPs 可以加速 Cd 暴露后小麦叶片中长寿自由基的形成，改善碳水化合物和氨基酸代谢，从而部分降低叶片中 Cd 含量，减轻 Cd 对小麦的毒性。Tang 等人报道，聚乙烯微塑料减少了锰、As 和 Cd 在水稻根系幼苗中的生物积累，而聚乙烯增加了水稻对钠元素的吸收。

另有研究指出，微塑料与重金属的联合作用对植物体内重金属影响不大，或取决于微塑料和重金属的浓度。Dong 等研究表明，微塑料颗粒和 As(Ⅲ)均能抑制水稻幼苗的生物量积累，破坏细胞膜，当微塑料和 As 共同暴露时，As(Ⅲ)对水稻的毒性可增强或降低，这取决于微塑料颗粒的浓度；他们进一步研究了对水稻根际土壤养分和微生物的联合作用，观察到 As 生物有效性的降低以及 As 对根际土壤微生物和化学性质的抑制作用。Wang 等人发现，微塑料增加了 DTPA 可提取镉的浓度，但没有改变镉在植物组织中的积累。综上所述，现有文献讨论了微塑料和重金属对植物生长、生物量组织甚至根际生态系统的联合作用，但未涉及植物种子，表明微塑料和重金属在植物中的共迁移情况仍不清楚。

此外，研究显示，微塑料和重金属联合作用导致土壤肥力下降、土壤微生物群落破坏和养分循环功能改变，从而对作物生长发育产生较大影响。微塑料与重金属的共存也可能通过影响土壤微生物群落的活性和组成间接影响作物的生长和产量，这些变化会影响土壤养分水平。如微塑料和镉的共存影响了酸性磷酸酶和脱氢酶的活性，聚苯乙烯微塑料与银纳米颗粒(Ag NPs)联合处理降低了细菌多样性，增加了反硝化菌 Cupriavidus 的相对丰度，但降低了固氮功能微生物，如 Microvirga，Bacillus 和 Herbaspirillum 的相对丰度。此外，微塑料会与重金属结合或吸附在重金属上，导致相当大的代谢重编程。例如，聚酯微纤维(PMFs)和 Cd 的共存引发了棕榈酸、丝氨酸和甲氧基胺等化合物的失调，这些化合物导致了乙醛酸和二羧酸代谢的紊乱。此外，微塑料可能会加剧重金属对作物的影响。例如，在胡萝卜中，As 增加了根表面的负电荷，受损的细胞壁允许高浓度的纳米级微塑料进入根和细胞壁。研究还发现，Cd 会增强纳米级聚苯乙烯微塑料对小麦生理生化活性的不利影响。相反，通过与 As 争夺吸附位点和降低根系功能(如含水量和蒸发)，稻田中引入聚苯乙烯和聚四氟乙烯减少了 As 的获取，从而限制了它们对光合和抗氧化功能的有害影响。

2.6.2.3　土壤微生物

在土壤环境中，土壤有机质的有效性影响着土壤微生物群落的多样性和酶的活性。Zhao 等发现，土壤中的微塑料倾向于抑制大部分土壤酶的活性，如 β-d-葡萄糖苷酶、纤维素生物苷酶和 n-乙酰-β-葡萄糖苷酶。Dong 等观察到土壤中脲酶、酸性磷酸酶和脱氢酶的活性随着 PS 微塑料、PTFE 微塑料和砷浓度的增加而降低。这些发现背后的原因可能很复杂，涉及以下方面。(1)重金属通常作为酶活性位点的假基，通过改变其表面电荷来增强酶的活性。然而，金属也可以与酶分子中的硫醇、氨基和羧基结合，破坏分子结构，降低酶活性。(2)微塑料可以通过增加其渗透性和减少吸热来改变土壤性质，从而潜在地影响土壤酶活性。添加 PE 微塑料对土壤脲酶活性无显著影响，磷酸酶和脱氢酶活性分别降低了 6.55%~20.31%和 1.43%~5.37%。土壤 pH 和团聚体稳定性的降低可能会影响微生物对养分的吸收，导致土壤微生物群落组成的变化，特别是酸性细菌和拟杆菌门的丰度发生变化。在种植卷心菜、玉米和小麦的土壤中，微塑料污染可以不同程度地刺激土壤脲酶、酸性磷酸酶和硝酸盐还原酶的活性。有研究者在种植草莓的土壤中，添加微塑料和 Cd 后，发现土壤酸性磷酸酶活性增加，脱氢酶活性降低。Dong 等发现微塑料和 As 的联合作用对土壤脲酶、蛋白酶、酸性磷酸酶、过氧化物酶和脱氢酶活性的抑制作用。在铅、锌污染的土壤中，添加大剂量的易降解 PLA 比 PE 更能显著提高土壤各种酶的活性。由于 PLA 的添加对土壤理化性质和微生物群落的影响较大，因此土壤酶活性的变化主要受微生物群落的影响。因此，不同的微塑料对土壤理化性质和微生物群落的影响不同，导致土壤酶的促进或抑制。

当土壤中微塑料和重金属共存时，它们可以通过增加或减少某些类型的微生物来影响土壤微生物群落，从而改变微生物群落的结构和多样性(表 2-6)。微塑料有可能驱动土壤微生物群落结构的变化，它们参与了重金属的吸收、积累、还原和螯合，从而降低了重金属的生物利用度和迁移性。例如，Pinto-Poblete 等报道镉与微塑料耦合效应在土壤中表现出较高的酸性磷酸酶活性，土壤酶活性随着重金属积累的增加而降低。Guan 等发现大量的微生物经常附着在土壤微塑料表面，形成生物膜，增强微塑料吸附重金属的能力。Dong 等在土壤样品中添加不同浓度梯度的 PS、聚四氟乙烯(PTFE)和 As 后，发现土壤中不动杆菌(Acinetobacter)和梭状芽胞杆菌(Clostridium)的丰度增加，而变形杆菌(Proteobacteria)的丰度降低。此外，有研究发现，在微塑料和 Cd 的共同作用下，细菌属中鞘氨单胞菌的相对丰度增加，降低了影响植物存活的铁细菌的相对丰度。一些研究已经证实，微生物可以通过分泌铁载体、有机酸和生物表面活性剂，以及通过发酵、呼吸和共同代谢直接参与金属的氧化还原过程，从而提高土壤中重金属的生物利用度。这表明微塑料显著影响微生物群落结构，可能导致土壤中重金属生物有效性的变化。Zhao 等研究发现微塑料在根际显著富集 Roseiflexaceae、Arthrobacter、Flavihumibacter 和 Bacillus，这些微生物分泌维生素、生长激素吲哚-3-乙酸、1-氨基-1-羧基环丙烷脱氨酶和有机酸，促进镉从铁锰氧化物结合状态释放。有研究显示，在微塑料和重金属的复合污染土壤中，微塑料在微生物群落中占主导地位。当添加不同浓度梯度的 PE 和 PLA 时，不同类型和浓度的微塑料改变了丛枝菌根真菌(AMF)群落的多样性和结构，但添加 Cd 对先前的结果影响不大。

可见，微塑料和重金属对土壤微生物的影响是多方面的，首先，微塑料的表面特性和降解特性可以直接影响土壤微生物。其次，微塑料容易影响土壤中重金属的形态，微塑料可以吸附或与重金属结合，产生复合物，破坏土壤环境和功能，对土壤微生物产生不良影响；或通过改变土壤理化性质改变土壤微生物群落。例如，微塑料引起的土壤孔隙度和湿度变化可能影响氧气和养分含量，从而改变土壤中微生物的相对丰度。大多数研究表明，微塑料对土壤 DOC 有显著影响，一些研究结果表明，某些细菌可以将微塑料(特别是可生物降解的微塑料)转化为可溶性有机碳，因此，微塑料的存在可能会改变以高功能冗余和多样性为特征的微生物栖息地和群落。作为土壤微生物的新型底物，微塑料对细菌群落的影响在很大程度上仍然未知。

表 2-6　**微塑料和重金属对土壤微生物群落的影响**

重金属	塑　料	微塑料和重金属浓度	植　物	作　用	参考文献
Cd	PE、PLA（100～154μm）	PS 和 PLA：0.1%、1% 和 10% Cd：5mg/kg	玉米（Zea mays L.）	1. 对 AMF 群落组成的影响：PLA>PE>Cd。 2. AMF 的 α-多样性：MPs 和 Cd 单独或联合暴露对 AMF α-多样性无显著影响。 3. 添加较高的 MPs 可提高 *Ambispora* 属的相对丰度。	Wang F. et al., 2020
Cd	PS（50nm，NPs）	PS：0.05g/kg，0.1g/kg 和 0.5g/kg Cd：5.6mg/kg	拟南芥（Arabidopsis thaliana）	1. 优势菌群：拟杆菌门和变形菌门微生物代谢活性：Cd 或 PS-NPs 处理无显著变化，而 Cd+PS-NPs 处理可提高微生物代谢活性。 2. 随着 Cd+PS-NPs 的增加，食儿丁菌属、*Filimonas* 和 *Flavisolibacter* 的相对丰度增加。	Yoon et al., 2021

续表

重金属	塑　料	微塑料和重金属浓度	植　物	作　用	参考文献
Cd	PET、PLA(51μm) PES(长 6~10mm，直径 10~25μm)	PET 和 PLA：0.2%和 2% PES：0.2% Cd：5mg/kg	大米(Oryza sativa L.)	1. AMF 优势属/种：*Glomus*、*Acaulospora* 和 *Scutellospora*/*Glomus lamellosu* 的 Shannon 和 Simpson 指数受 MPs 和 Cd 的显著影响。 2. AMF 群落组成：PLA-MPs 和 PLA-MPs+Cd 处理之间相似。 3. 属的相对丰度：PLA 以 *Glomus* 最高，*Acaulospora* 和 *Paraglomus* 最低，*Scutellospora* 随 Cd 减少。	Liu Y. et al.，2023
Cd	PE(8.68~500μm)	PE：0.1%、1%和 10% Cd：0.49mg/kg、1.75mg/kg 和 4.38mg/kg	生菜(Lactuca sativa L.)	不同 PE 水平对微生物数量有显著影响。	Wang F. et al.，2021

续表

重金属	塑料	微塑料和重金属浓度	植物	作用	参考文献
Cd	PMFs(长 2. 55mm、宽 10. 5μm)	PMFs：0. 1%和 0. 2% Cd：5mg/kg	生菜(Lactuca sativa)	1. 优势门、科、属、种：变形菌门、*Sphingomonadaceae*、*Sphingomonas* 和 *Ralstonia pickettii*。 2. Shannon、Simpson 和 Chao 1 多样性指数：PMFs + Cd 对 *Sphingomonas* 和 *limibaculum* 的相对丰度无显著影响。 3. 单独添加 PMFs 和 PMFs+Cd 时，*Sphingomonas* 和 *limibaculum* 的相对丰度增加，而 *Thermomonas*、*Hydrogenophaga*、*Ferrogenebacter* 的相对丰度降低。	Zeb et al.，2022
As	PS、PTFE(10~100μm、0. 1~1μm)	PS、PTFE：0. 25%和 0. 5% As：1. 4mg/kg、24. 7mg/kg 和 86. 3mg/kg	大米(Oryza sativa L.)	1. 优势菌门/纲：变形菌门/γ-变形菌门、δ-变形菌门和 α-变形菌门。 2. 细菌门相对丰度：①未污染土壤：随着 MPs 的添加，变形菌门和拟杆菌门减少，酸性菌门、*Verrucomicrobia*、*gemmatimonadees* 增加。②在污染土壤中，随着 MPs 的添加，*Proteobacteria* 和 *Bacteroidetes* 增加，*Chloroflexi* 和 *Verrucomicrobia* 减少。	Dong Y. et al.，2021

续表

重金属	塑料	微塑料和重金属浓度	植物	作用	参考文献
				1. 优势菌门/属：变形菌门/固氮螺旋体菌门、地杆菌门、厌氧杆菌门。 2. 在砷污染土壤中，相对丰度：地杆菌门随砷含量的增加而增加，随 MPs 的添加而降低。 3. 在砷污染土壤中，地杆菌和厌氧杆菌的相对丰度随砷含量的增加而增加，随 MPs 的添加而降低。	Dong Y. et al., 2022
Cu、Zn、Pb和Cd	PS(100μm、100nm)	PS：100mg/kg 和 1000mg/kg Cu、Zn、Pb and Cd：82mg/kg、174.84mg/kg、42.08mg/kg and 0.2mg/kg	生菜(Lactuca sativa L.)	1. 优势菌门：变形菌门、厚壁菌门、放线菌门。 2. 变形菌门的丰度随着添加量的增加而降低。 3. 当添加量为 1000mg/kg MPs 时，梭状芽孢杆菌和 Devosia 的丰度增加。	Xu G. et al., 2023

2.7 微塑料和重金属对人体的联合影响

迄今为止，在人类消耗的各种资源中都发现了微塑料，包括大气、饮用水、食品和饮料，以及塑料材料和产品。最近的一项研究估计，美国人每年通过饮食摄入和吸入空气摄入的微塑料颗粒在74000~121000个之间。微塑料进入体内后不能被消化，可能通过诱导或增强免疫反应积累并产生局部颗粒毒性。许多研究表明，微米或更小的塑料颗粒毒性可能对人类健康产生不利影响。

重金属对人类健康的不利影响已被广泛报道。例如，高浓度的重金属会损伤神经、心血管、肾脏和生殖系统。作为迁移的微生物载体，微塑料大大增加了积累的微生物通过食物链从土壤转移到人类的机会。目前，重金属对人类健康的影响已经得到了充分的研究，但关于微塑料和重金属联合污染对健康影响的研究仍然有限，因为关于其饮食暴露、颗粒毒性和生物利用度的信息不足。据报道，重金属和微塑料的摄入对人体健康有有害影响。在高浓度或高个体易感性的条件下，微塑料暴露可能导致颗粒毒性、氧化应激和炎症，此外，其持久性限制了其从机体中去除，导致慢性炎症和增加肿瘤风险。

最新的研究证实，微塑料可以从肠道进入肾脏组织、肝脏和大脑。吸附重金属的微塑料也可能通过摄入、空气吸入和皮肤接触进入人体，并在脂肪组织中积累，从而导致癌症、生殖和发育障碍。Lin等利用人胃腺癌细胞研究了聚苯乙烯纳米塑料和砷对人体的毒性作用，发现聚苯乙烯和砷诱导的活性氧和DNA损伤刺激了细胞凋亡途径，纳米塑料破坏了细胞膜和细胞骨架的流动性，抑制了ATP结合盒转运体的活性，导致更多的砷在细胞中积累。他们还观察到，即使纳米塑料的非细胞毒性浓度也会增加细胞毒性和细胞内砷的积累；与大尺寸聚苯乙烯相比，小尺寸聚苯乙烯具有更大的重金属毒性。Wu等发现0.1μm聚苯乙烯作为ABC转运载体底物，可增强人体Caco-2细胞的生物蓄积和砷的毒性；5μm聚苯乙烯改变线粒体去极化和ATP合成，阻碍ATP结合盒转运体活性，增强对Caco-2细胞的As毒性。Liao和Yang评估了负载在微塑料上的Cr(VI)和Cr(III)在口腔、胃、小肠和大肠消化期的生物可及性和危害系数，结果显示在胃、小肠和大肠消化期的PLA对Cr(VI)的生物可及性最高，分别为19.9%、15.6%和3.9%；不同人群通过MP摄入的最大

Cr 日总摄入量估计在 0.50~1.18μg/d 之间。

大量研究指出，微塑料的毒性主要受暴露浓度、颗粒成分、吸附污染物、涉及器官和个体易感程度的影响，因此，应仔细评估到达体循环并可被吸收的临界剂量以及产生的不良影响。Yang 等根据基于毒性的毒物动力学建模，评估了 PS 微塑料—小鼠系统，并进一步估计了人体阈值浓度，20μm 和 5μm 微塑料分别为 5.1mg/g 和 53.3mg/g 体重。对于微塑料和重金属的混合物，测量两种污染物的累积暴露剂量对于系统和准确评估健康风险至关重要。近日，研究人员通过对来自小鼠的各种生物样本(包括肠道、粪便、鼻腔、肺、肝脏和血液样本)进行多组学分析，展示了可降解的 PLA 微纳米塑料的肝毒性效果，他们发现食物中的聚乳酸微纳米塑料通过“肠道菌群—肠—肝”轴引起肝毒性，而空气中的聚乳酸微纳米塑料则通过“气道菌群—肺—肝”轴引起肝毒性。然而，关于微塑料与重金属结合对人体的毒性的认识仍然有限。需要进一步研究并评估微塑料是否可以增强人体内重金属的生物利用度和毒性，以及微塑料和重金属对人体健康的剂量依赖性。

2.8 小　结

由于各国尚未推出有效的塑料垃圾管理措施，随着人类活动的增加，塑料垃圾的数量将继续增长，微塑料的数量也将继续增长。作为持久性污染物，微塑料和重金属都是环境中普遍存在的污染物，它们的难降解特性，使得它们可能长期共存于土壤，不可避免会发生相互作用。不同环境条件下，微塑料因聚合物类型、粒径、老化程度等因素的差异可表现出截然不同的理化性质和环境行为，从而增加了其与重金属相互作用时的复杂性。本章综述了微塑料与重金属之间可能的相互作用机制及影响因素。目前，关于微塑料和重金属对土壤植物联合作用的研究较为丰富，但对土壤动物和微生物联合作用的研究数量有限，已有研究表明不同类型的微塑料和重金属共存时，它们之间会发生相互作用，微塑料可以改变重金属的毒性效应，但影响因素十分复杂，与微塑料和重金属浓度、环境因素等密切相关。因此，微塑料和重金属对土壤生物的联合影响包括协同、拮抗、增强或无作用。由于难以评估微塑料和重金属对人类的实际风险，因此它们对人类的影响尚不确定。

第3章 微塑料对土壤团聚体、固体组分与土壤性质的影响

3.1 引 言

土壤团聚体是由土壤颗粒胶结、聚结和团聚之后形成的，是土壤结构的关键组成部分。土壤团聚体是土壤有机碳稳定的重要因素，团聚体的稳定性部分取决于土壤微生物群落的多样性和组成。土壤团聚体会影响土壤的物理、化学和生物学性质，如渗透、孔隙度、可蚀性和土壤传输气体和液体的能力。团聚体稳定性往往对土壤质量和功能有很大的影响，不同粒径的团聚体在土壤养分的供应、保留和转化中起着重要作用。合适的团聚体直径和含量对土壤肥力有积极影响。一般地，根据团聚体胶结剂的形成类型将团聚体分为大团聚体和微团聚体，大团聚体指的是粒径>250μm 的团聚体，微团聚体指的是粒径为 53~250μm 的团聚体，粒径<53μm 的团聚体称为粘粉粒。

Zhang 和 Liu 通过野外采样分析，发现大约 72% 的 MP 颗粒不同程度地与团聚体融合，参与团聚体形成的过程。微塑料的主要成分是碳，它作为土壤中碳的额外来源，会干扰土壤团聚体的稳定性，这些相互作用可能非常复杂，因为具有不同物理和化学性质、组成、形状和大小的微塑料通常分布在不同粒径的团聚体中。Zhang 和 Liu 指出，与团聚体相关的纤维状微塑料在微团聚体(0.05~0.25mm)中的含量明显高于宏观团聚体(>0.25mm)，而相对于宏观团聚体，微观团聚体中膜状和碎片状微塑料的含量较少。Liu 等也发现纤维状微塑料易于与直径为 0.053~0.25mm 的土壤团聚体结合，而薄膜状和颗粒状微塑料在直径为 0.25~2mm 的土壤团聚体中更为普遍。这些结果表明，纤维状微塑料主要在微团聚体中积累，而薄膜状、碎片状和颗粒状微塑料更可能积聚在宏观团聚体中。此外，Zhang 等的研究表明，盆栽实验中大粒径团聚体(>2mm)的含量随聚酯微纤维浓度的增加而增加，他们认为是试验土壤中富含黏土颗粒，

铁、铝氧化物或氢氧化物，增加了土壤颗粒和聚酯微纤维之间的亲和力。但在壤土砂土中，增加聚酯浓度会显著降低水稳定团聚体的含量。Boots 等人的研究也证实，在土壤中添加 HDPE 和生物可降解聚乳酸会直接影响土壤的粘聚力，干扰大团聚体的形成，从而显著减少了大团聚体的数量，并改变了水稳性团聚体的剖面结构。Yu 等人也发现，大团聚体对微塑料的响应更敏感。

土壤团聚体稳定性是指抵抗外力或环境变化而保持原状的能力，包括水稳定性、机械稳定性、化学稳定性、酸碱稳定性和生物稳定性。土壤团聚体稳定性被视为土壤侵蚀的重要指标。土壤团聚体的稳定性与储存有机质和养分的能力以及结构抵抗雨水侵蚀的程度呈正相关。这两种特征对水肥保护都很重要。团聚体稳定性的下降可能会对土壤功能和生物活性产生不利影响。目前，常用水稳性团聚体的数量来衡量土壤结构；土壤团聚体坏率(PAD)、平均质量直径(MWD)、几何平均直径(GMD)则用来反映和分析评价土壤团聚体稳定性。PAD 可直观地反映团聚体在水蚀作用下的分散程度，PAD 值越小表示土壤团聚体越稳定；MWD 和 GMD 是评价土壤团聚体稳定性的两个重要指标，其值越大表明土壤团聚体稳定性越强，则土壤结构性好，反之，则土壤结构稳定性差，易发生水土流失等退化现象。因此，了解微塑料及其与重金属 Cd 共存对水稳定团聚体数量与土壤团聚体稳定性的影响，对于科学地评估微塑料对土壤结构的影响至关重要。

此外，尽管有大量研究报道了微塑料对土壤物理化学性质的影响，但尚未关注微塑料对土壤固体组分质量的影响。同时，由于重金属在土壤中的流动性和生物有效性主要受吸附—解吸控制，并与土壤性质和土壤固体组分密切相关。因此，本章通过实验室土培试验，探究微塑料共存条件下，外源 Cd 进入土壤后土壤团聚体稳定性、土壤组分及性质的变化，进一步揭示微塑料的介入对土壤结构和性质的影响及其相关机理。

3.2 材料与方法

3.2.1 试验材料

3.2.1.1 聚丙烯微塑料

本研究中所用的聚丙烯(PP)微塑料购自东莞市樟木头特塑朗化工公司，

平均粒径约 50μm。老化 PP 微塑料的制备方法如下：将新制 PP 微塑料置于 40cm×40cm×20cm 的有机玻璃箱中，白天(8:00~20:00)利用自然光照进行暴露，夜晚(20:00~8:00)则采用波长范围为 365~400nm 的紫外灯进行照射。经过连续 3 个月的老化处理后，取出样品并采用超纯水清洗数次，于 50℃烘箱中烘干备用。为了去除表面潜在的重金属，新制 PP 微塑料用 0.1M HCl 进行清洗，然后用超纯水彻底冲洗，以确保所有化学试剂残留物被清除。最后，将处理过的新制 PP 微塑料低温烘干备用。

3.2.1.2　供试土壤

本研究使用的土壤样品于 2020 年 9 月在湖北省武汉市的一个无工业污染、无膜污染的森林中采集，采样深度为 5~15cm，该土壤为红棕壤土。采集的新鲜土壤，在室内进行风干和混匀处理。土样风干后通过 2mm 的不锈钢筛，供试。试验土壤的性质见表 3-1。

表 3-1　　供试土壤基本理化参数

土壤理化参数	数　值
土壤含水量	15(%)
pH 值	4.12±0.1
溶解性有机碳(DOC)	1.2±0.05(mg/g)
土壤腐殖质(HS)	45±0.5(mg/g)
土壤总有机质(SOM)	9.06(%)
Cd 总量	0.21±0.01(mg/kg)
水溶态 Cd	0.003(mg/kg)
离子交换态 Cd	0.067(mg/kg)
碳酸盐结合态 Cd	0.025(mg/kg)
腐殖质结合态 Cd	0.032(mg/kg)
铁锰氧化态 Cd	0.033(mg/kg)
强有机结合态 Cd	0.029(mg/kg)
残渣态 Cd	0.038(mg/kg)

3.2.1.3 实验仪器

实验的主要仪器设备见表3-2。

表3-2 **实验仪器设备一览表**

仪器名称	型　号	生产地
精密电子天平	梅特勒-托利多EL204	中国
电热恒温干燥箱	DHG-9240AS	中国
高速离心机	TGL205	中国
pH计	梅特勒-托利多FE20	中国
水稳性团聚体测定仪	QT-WSI021	中国
土壤电磁摇筛机	BZS-200DC	中国
原子吸收光谱仪	耶拿EEnit-700P	德国
微波消解仪	耶拿TOPwave	德国

3.2.2 试验方法

3.2.2.1 土壤培养实验

本研究设置7个不同的处理组，包括：(1)重金属Cd污染组(土壤+Cd，CK)；(2)新制PP微塑料处理组(土壤+10%新制PP微塑料，T1)；(3)新制PP微塑料与Cd共处理组(土壤+Cd+10%新制PP微塑料，T2)；(4)10%老化PP微塑料处理组(土壤+10%老化PP微塑料，T3)；(5)10%老化PP微塑料与Cd共处理组(土壤+Cd+10%老化PP微塑料，T4)；(6)2%老化PP微塑料处理组(土壤+2%老化PP微塑料，T5)；(7)2%老化PP微塑料与Cd共处理组(土壤+Cd+2%老化PP微塑料，T6)。其中，外源Cd加入土壤后的目标浓度为5mg/kg；所有处理组的土壤样品均为200g，装入玻璃容器中进行培养。为确保实验的可重复性，每个处理组均设置3个平行样本。采用重量法，定期添加蒸馏水，使培养期间土壤水分保持在土壤最大持水能力的 60%，模拟田间水分条件。模拟自然光照条件，设置光照周期为 12 小时，随后 12 小时处于黑暗状态，以模拟日夜交替。在老化期的不同时间点(1 天、7 天、15 天、30 天、60 天和 120 天)从每个处理组中取 3 杯样品进行干燥处理，以备后续分析。

3.2.2.2　土壤团聚体分离

分别采用了干筛法和湿筛法测定土壤团聚体的分布状况和稳定性。干筛法的具体操作步骤为：称取 50g 风干土样，置于套筛(套筛孔径依次为直径为 2mm、0.25mm 和 0.053mm，每个筛子高度为 5cm)顶部，采用土壤电磁摇筛机以 200 次/分钟的频率振荡 2 分钟，筛分完成后，分别测定各孔径>2mm、0.25~2mm、0.053~0.25mm 和<0.053mm 筛子上的土样质量，即为对应团聚体的质量。

湿筛法的具体操作步骤为：依照从上到下的顺序将孔径为 2mm、0.25mm 和 0.053mm 的振荡筛组装成套筛，固定好套筛，并将其置入水稳性团聚体测定仪湿筛桶内。称取 50g 风干土样，将其平铺于最上层筛面上，然后沿着桶壁缓慢加入去离子水，使最上层筛子中土样刚好浸没在水面以下。充分浸润 10 分钟后，以 30 次/分钟的频率振动 5 分钟。振动结束后，取出套筛，收集各层筛网中残留的样品，45℃ 条件下烘干，称重，得到>2mm、0.25~2mm、0.053~0.25mm 和<0.053mm 这 4 个粒径的团聚体。

3.2.2.3　土壤密度分离

参考 Balesdent 、Labanowski 等和 Zhou 等的试验步骤，将土壤固体组分通过密度分离筛分为颗粒有机质(POM)、有机矿物复合体(OMC)和矿物组分。土壤样品以 1∶5 比例加入去离子水，于(25±1)℃振荡，24h(240r/min)后，用 53μm 的不锈钢筛对悬浮液进行过滤，得到 2000~53μm 和<53μm 两个粒度组分。根据 POM 与矿物的比重差异，采用去离子水反复悬浮法分离 POM 和矿物组分，OMC 组分通过离心获得。分离得到的 POM、矿物和 OMC 样品于 45℃烘干备用。本试验分离 100g 土壤样品后所得的 POM、OMC 和矿物组分的质量分别为 9.5g、60.9g 和 29.6g(图 3-1)。

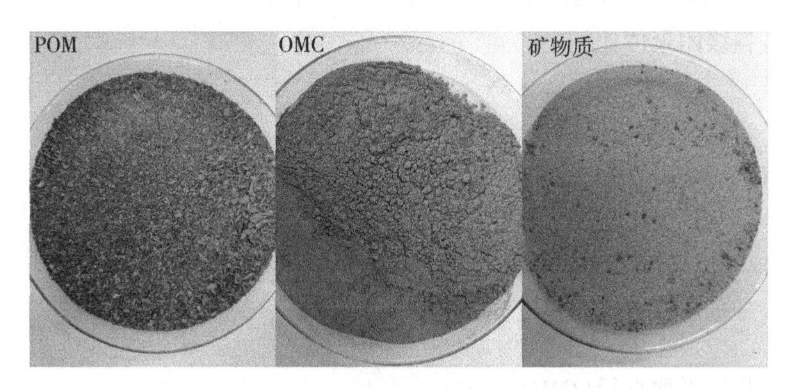

图 3-1 密度分离后的土壤固体组分(POM、OMC 和矿物质)

3.2.2.4 土壤性质测定

(1)土壤 pH。准确称量 5.0±0.1g 过 20 目筛土壤样品于 50mL 离心管中，以 1∶2.5 的土水比加入蒸馏水，搅拌 5 分钟，静置 1~3 小时，用 pH 计测量。

(2)土壤溶解性有机碳(DOC)。称量 5g 土壤样品，按照土壤溶液比为 1∶10添加 0.01 mol/L 的 $CaCl_2$溶液，搅匀后置于恒温振荡器内振荡 2 小时，取出后转入离心机内，以 3500 r/min 转速离心 15 分钟，将上清液过滤到三角瓶中，再用 TOC 分析仪测定 DOC 含量。

(3)土壤总有机质(SOM)。准确称 1g 过 100 目筛的风干样，放入 50mL 烧杯中，加 5mL $K_2Cr_2O_7$和 5mL H_2SO_4，混匀，同时作无土样空白，放入 100℃ 恒温箱中，90 分钟后拿出冷却，定容，用离心机(3500r/min)离心获取土壤上清液。采用可见光分光光度计在波长 590nm 处测定吸收值。

(4)土壤腐殖质(HS)。向 1g 土壤中加入 20mL 含有 0.1M NaOH 和 0.1M $Na_4P_2O_7$的提取液，在振荡器上振荡 1 小时，提取土壤腐殖质。通过离心和过滤去除未溶解物质，得到上清液即为 HS。HS 碳含量是通过 $K_2Cr_2O_7$氧化法测定的。

3.3 数据分析与处理

本研究采用平均重量直径(MWD)、几何平均直径(GMD)和团聚体破坏率

(PAD)3 个指标来评价土壤团聚体稳定性，其计算方法如下。

(1)各级团聚体比例(%)：

$$w_i = \frac{m_i}{M} \times 100\% \tag{3-1}$$

(2)平均质量直径(MWD，mm)：

$$\mathrm{MWD} = \frac{\sum_{i=1}^{n} x_i m_i}{\sum_{i=1}^{n} m_i} \tag{3-2}$$

(3)几何平均直径(GMD，mm)：

$$\mathrm{GMD} = \exp\left[\frac{\sum_{i=1}^{n} (m_i \ln x_i)}{\sum_{i=1}^{n} m_i}\right] \tag{3-3}$$

(4)团聚体破坏率(PAD,%)：

$$\mathrm{PAD} = (w_d - w_w)/w_d \tag{3-4}$$

式中，m_i为干(湿)筛法中各粒级团聚体质量(mm)；M 为总干(湿)筛团聚体质量(mm)；w_i为该粒径团聚体所占质量分数(%)；x_i为任一粒径范围内团聚体的平均直径(mm)；w_d为干筛大于 0.25mm 团聚体所占比例；w_w为湿筛大于 0.25mm 团聚体所占比例。

所有实验组均设置空白对照，每组实验数据取 3 组的平均值。所得试验数据使用 Excel 2016 进行整理，并采用 SPSS 20.0 分析，用 Origin 2021 作图。

3.4 微塑料对土壤团聚体粒径分布的影响

3.4.1 新制 PP 微塑料对土壤团聚体粒径分布的影响

在土壤培养过程中，土壤团聚体的粒径分布发生了显著的变化。从图 3-2 可以看出，新制微塑料促使土壤中>2mm 粒级团聚体占比逐渐减小，<2mm 粒级的 3 个粒径团聚体占比由不均匀分布转变为相对均匀分布。培养第 0 天，土壤团聚体粒径占比排序为：(0.25～2mm)粒级 >(0.053～0.25mm) 粒级>(<0.053mm)粒级 >(>2mm)粒级，土壤团聚体颗粒主要以>0.25mm 粒级团聚体为主。土壤培养前 30 天，<0. 25mm 粒级团聚体占比逐渐增加，并在第 30 天达到峰值，此时，<0. 25mm 粒级团聚体的含量百分比达到 72. 74%。土壤团聚体粒径占比排序为：(0. 053～0. 25mm)粒级 >(<0. 053mm)粒级>(0. 25～2mm)粒级 >(>2mm)粒级。30 天后，土壤中粒级<0. 25mm 的团聚体含量百分比逐渐减少，0. 25～2mm 粒级团聚体由第 1 天的 52. 26%降到 25. 36%；>2mm 粒级团聚体的比例也由第 1 天的 2. 33%降到了 1. 57%。研究表明，微塑料会在短时间内改变土壤团聚体粒径分布。土壤培养 60 天后，各粒级团聚体含量百分比保持相对稳定，0. 053～0. 25mm 粒级占比最高，其次为 0. 25～2mm 粒级、小于 0. 053mm 粒级和大于 2mm 粒级团聚体。可见，新制 PP 微塑料会使土壤团聚体粒径分布由以大团聚体为主转变为以微团聚体为主，短期影响较为显著；培养 60 天后，土壤团聚体粒径分布趋于稳定。

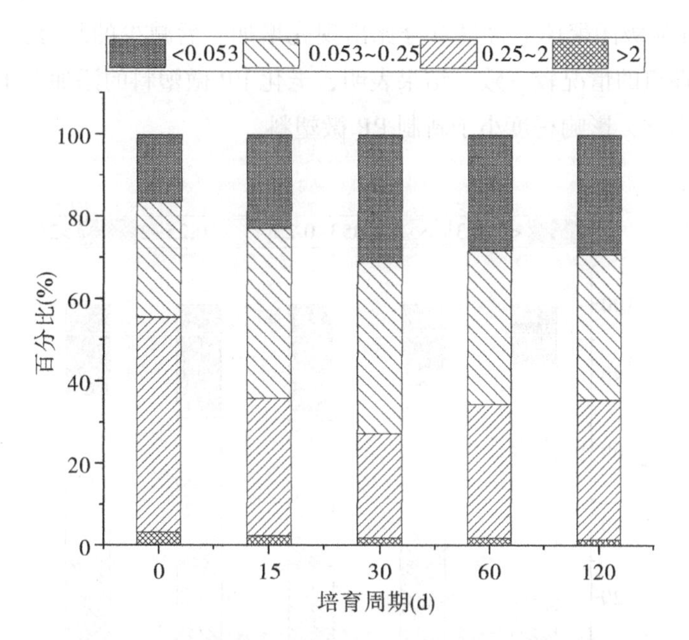

图 3-2 新制 PP 微塑料处理组土壤团聚体粒径分布变化

3. 4. 2 老化 PP 微塑料对土壤团聚体粒径分布的影响

老化 PP 微塑料对土壤团聚体粒径分布的影响表现出与新制微塑料相似的效应，尤其是在促进<2mm 粒径的土壤团聚体均匀化方面。但老化 PP 微塑料

对>0. 25mm 粒级团聚体的破碎作用小于新制 PP 微塑料。整个土培过程中 4 个粒级土壤团聚体质量百分比一直遵循(0. 25～2mm)粒级>(0. 053～0. 25mm)粒级>(<0. 053mm)粒级>2mm)粒级的规律(图 3-3)。老化 PP 微塑料处理前 15 天，土壤团聚体粒径分布变化较小。培养 30 天后，土壤中团聚体粒径百分比与新制 PP 微塑料处理组相似，主要以<0. 25mm 粒级团聚体为主，占比达 63. 68%；0. 25～2mm 粒级团聚体含量百分比从第 0 天的 52. 26%下降到 38. 93%，但仍是团聚体中质量占比最高的组分。然而，0. 053～0. 25mm 粒级团聚体的含量占比先减小后增大，与新制 PP 微塑料的情况相反，表明老化 PP 微塑料对大团聚体的分解作用有限。有经验证据表明，PP 形状强烈影响其与土壤团聚体的相互作用，不同形状的微塑料与土壤颗粒的结合程度不同。老化 PP 微塑料表面粗糙度增加，比表面积也随之增加，可能与大团聚体(特别是 0. 25～2mm 粒级团聚体)结合，阻碍大团聚体向微团聚体的分解。此外，<0. 053mm 粒级团聚体的含量百分比出现先增加、后减少的趋势，与新制 PP 微塑料处理组的情况较一致。结果表明，老化 PP 微塑料的添加对土壤团聚体具有短期影响，影响程度小于新制 PP 微塑料。

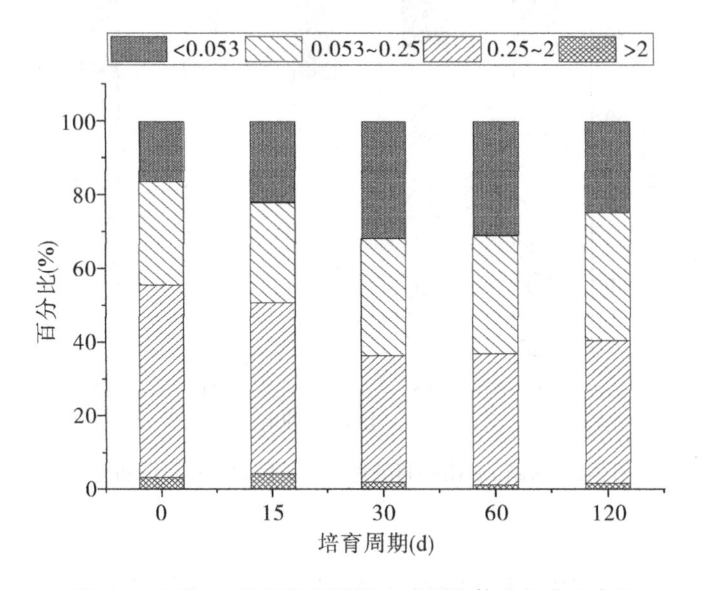

图 3-3　老化 PP 微塑料处理组土壤团聚体粒径分布变化

有研究指出土壤中微塑料颗粒会与微团聚体(<0. 25mm)、有机质、微生物

和原生土壤颗粒一起形成大的团聚体。但本研究发现，10%的新制和老化 PP 微塑料加入土壤后，均降低了>0. 25mm 粒级团聚体的质量，增加了<0. 053mm 粒级团聚体的质量。分析认为，本研究所用微塑料粒径在 0. 05mm 左右，在团聚体筛分过程中，可能会进入相应粒径的团聚体。但微塑料诱使>0. 25mm 粒级团聚体分解，其作用机制还需深入的研究。

3.4.3 外源重金属 Cd 对土壤团聚体粒径分布的影响

外源 Cd 进入土壤后，第 0 天土壤团聚体颗粒主要以>0. 25mm 粒级团聚体为主，随培养时间延长，土壤团聚体颗粒组成转变为以<0. 25mm(0. 053～0. 25mm 和<0. 053mm)粒级团聚体为主(图 3-4)。外源 Cd 的加入促使 0. 25～2mm 粒级团聚体显著下降，培养 120 天时达到相对稳定，下降幅度高达 40. 68%。与此同时，0. 053～0. 25mm 和<0. 053mm 粒级团聚体均出现显著增加，增长率分别为 49. 00%和 48. 39%。表明外源重金属 Cd 进入土壤后，会促进大粒径团聚体分解。本研究的结论与张良运等的研究较为一致，即重金属污染会减弱较大土壤团聚体的形成，增加细粒径团聚体质量。

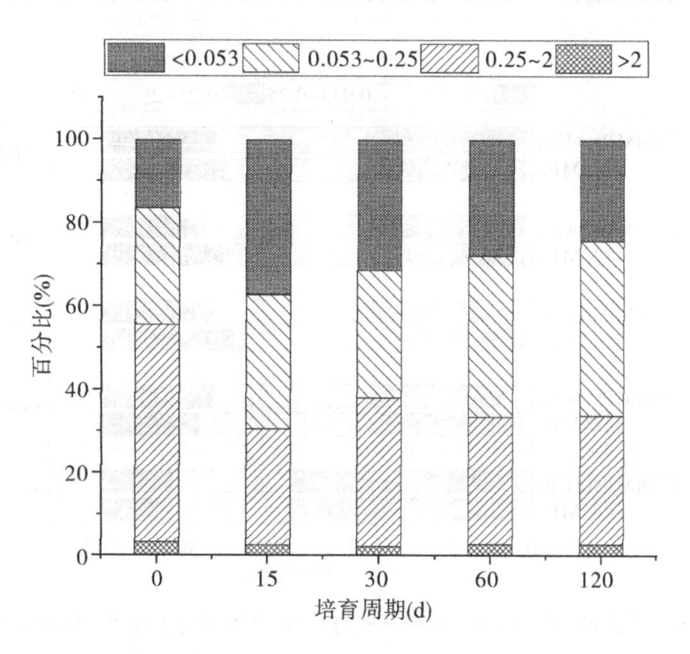

图 3-4 重金属 Cd 处理组土壤团聚体粒径分布变化

3.4.4　微塑料和重金属 Cd 对土壤团聚体分布的复合影响

新制 PP 微塑料单一处理时，第 0 天土壤团聚体粒径质量比排序为(0.25~2mm)粒级>(0.053~0.25mm)粒级>(<0.053mm)粒级>(>2mm)粒级。培养第 15 天时，<0.053mm 粒级团聚体百分比大于其他各个粒径团聚体含量。第 30 天时，土壤团聚体粒径分布为(0.25~2mm)粒级>(<0.053mm)粒级>(0.053~0.25mm)粒级>(>2mm)粒级团聚体百分比；小于 0.053mm 粒级团聚体百分比开始下降，此时 0.25~2mm 粒级、<0.053mm 粒级和 0.053~0.25mm 粒级团聚体含量相差不大。培养第 60 天时，土壤团聚体粒径分布为(0.053~0.25mm)粒级>(0.25~2mm)粒级>(<0.053mm)粒级>(>2mm)粒级团聚体百分比，与新制 PP 微塑料在第 60 天的情况相似，随后逐渐趋于稳定。

微塑料和重金属 Cd 共存时，土壤中 0.25~2mm 粒级团聚体质量均随培养时间出现下降趋势，而 0.053~0.25mm 与<0.053mm 粒级团聚体质量则呈增长趋势，且在土壤培养 60 天后趋于稳定(图 3-5)。这与单一微塑料污染和单一 Cd 污染的情况类似，表明 0.25~2mm 粒级团聚体最容易受到外来污染物的扰动。对比单一新制微塑料处理组，重金属 Cd 与新制 PP 微塑料共存时，>0.25mm

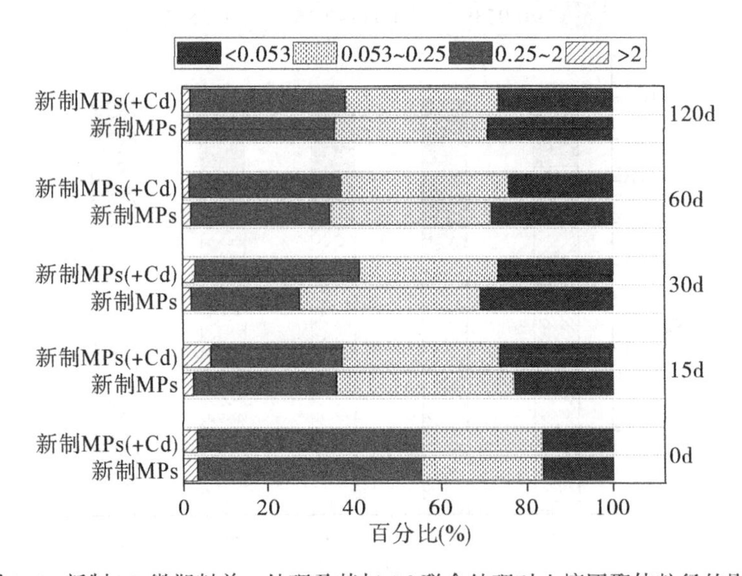

图 3-5　新制 PP 微塑料单一处理及其与 Cd 联合处理对土壤团聚体粒径的影响

(包括 0.25~2mm 和>2mm)的团聚体含量更高，表明微塑料和 Cd 复合污染对该粒径团聚体表现出拮抗效应。此外，新制 PP 微塑料处理组<0.053mm 粒级团聚体的含量占比略高于复合污染组，分析认为，一方面试验选用的微塑料粒径与该粒径团聚体相近，另一方面也表明微塑料和 Cd 复合污染时，对<0.053mm 粒级团聚体可能存在拮抗效应。

老化 PP 微塑料单一处理以及老化 PP 微塑料与 Cd 共存环境中，土壤团聚体粒径变化仍遵循大粒径团聚体(>0.25mm)含量占比减少，小粒径团聚体(<0.25mm)含量占比增加的趋势(图 3-6)。与新制 PP 微塑料不同的是，除了第 30 天，其他采样时间，老化 PP 微塑料对大粒径团聚体的影响均小于老化 PP 微塑料与 Cd 复合污染。此外，老化 PP 微塑料促使<0.053mm 粒级团聚体含量占比增加。

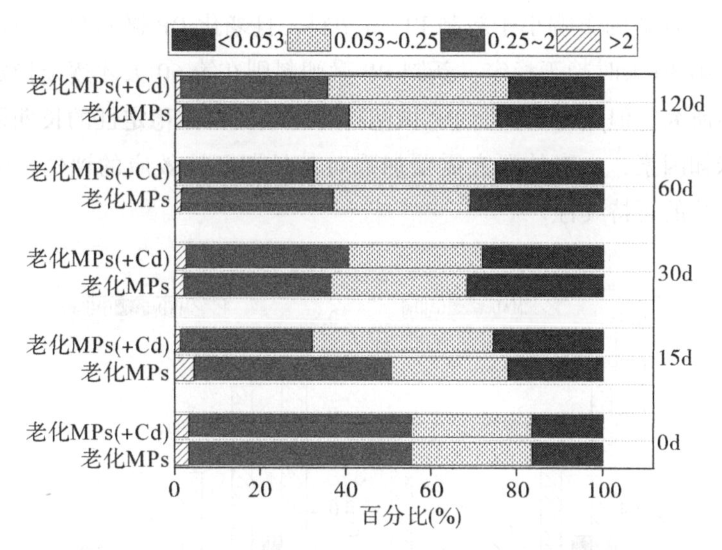

图 3-6　老化 PP 微塑料单一处理及其与 Cd 联合处理对土壤团聚体粒径的影响

综上，新制 PP 微塑料对土壤团聚体粒径分布的影响最为显著，其次为新制/老化 PP 微塑料与 Cd 复合污染，影响相对较小的是老化 PP 微塑料。这可能是由于老化 PP 微塑料表面熔融，发生团聚，使得塑料粒径和粗糙度增加，当其进入土壤后，通过土壤孔隙与土壤中有机质和矿物质的结合相对缓慢。

3.5 微塑料对土壤团聚体稳定性的影响

3.5.1 新制和老化PP微塑料对MWD和GMD的影响

新制和老化PP微塑料添加进土壤后，土壤团聚体MWD和GMD随时间的变化情况如图3-7。可以看出，MWD和GMD的变化具有较高的一致性，均呈现先减小后增大的变化趋势；且谷值均出现在第30天。研究表明，新制和老化PP微塑料对土壤团聚体稳定性的影响具有相似性。在土壤培养初期阶段(前30天)，它们对土壤团聚体的破坏作用较为显著；但随着培养时间的延长，这种破坏效应逐渐减弱，并在60天后趋于稳定。这表明微塑料对土壤团聚体具有短期的显著破坏效应。不同的是，老化PP微塑料对土壤团聚体的MWD和GMD值的影响小于新制PP微塑料，且老化PP微塑料对土壤团聚体的影响在第30天时趋于稳定，新制PP微塑料则在第60天才逐渐稳定。尽管已有初步研究，但老化和新制PP微塑料对土壤团聚体稳定性的长期影响仍存在许多未知因素，未来的研究需要加强对其长期环境效应的评估，以确保土壤生态系统的可持续性。

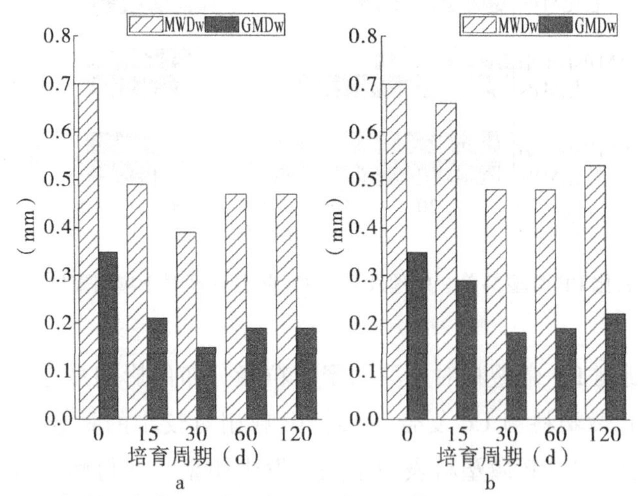

图3-7 新制和老化PP微塑料对土壤团聚体MWD和GMD的影响(a为新制PP微塑料，b为老化PP微塑料)

3.5.2 新制和老化 PP 微塑料对 PAD 的影响

新制和老化 PP 微塑料进入土壤后，其对土壤团聚体稳定性的破坏作用表现出显著的时间依赖性。研究表明，土壤中新制和老化 PP 微塑料的引入均导致土壤团聚体破坏率(PAD)值迅速上升，并在第 40～50 天达到峰值；此后，在培养第 60 天之后，PAD 值逐渐下降并趋于稳定(图 3-8)。其中，在新制 PP 微塑料处理组中，土壤团聚体的 PAD 值在第 15 天达到 29%。随后，破坏率持续上升，在第 30 天时增加至 62%。到了第 40 天左右，PAD 值达到峰值后开始下降，到第 60 天时降至 53%，并在第 120 天稳定在 55%。老化 PP 微塑料处理组土壤团聚体的 PAD 值第 15 天为 12%，第 30 天增大到 54%。其 PAD 峰值出现时间与新制 PP 微塑料相近，第 120 天时对土壤团聚体破坏率降到 47%(图 3-8)。可见，老化 PP 微塑料对土壤团聚体的破坏程度小于新制 PP 微塑料，这与土壤团聚体粒径变化，以及 MWDw 和 GMDw 值的变化趋势一致；但无论老化还是新制 PP 微塑料，当添加量为 10%时，均会导致 PAD 值显著增加，对土壤团聚体的稳定性造成较大的影响。这可能与微塑料的老化、形态变化以及与土壤成分的相互作用有关。此外，微塑料的类型、形状及老化程度等因素也对其破坏效果产生重要影响。

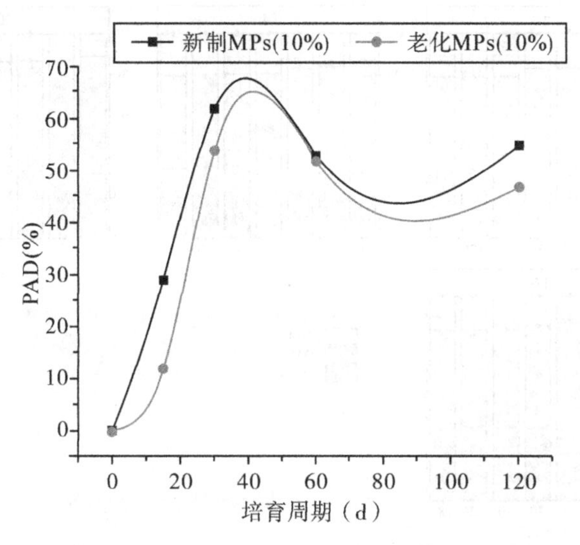

图 3-8 新制/老化 PP 微塑料处理组土壤团聚体 PAD 值的变化情况

3.6　微塑料对土壤固体组分质量的影响

在对照组中，POM、OMC 和矿物的质量比例分别为土壤总质量的 10.1%、60.8%和 29.1%。经过 180 天的培养，这些固体组分的质量变化均小于 5%，表明，单一的 Cd 污染不会对土壤固体组分的质量产生显著影响(图 3-9)。然而，微塑料处理组的土壤组分比例发生了明显变化，表现为单一微塑料处理组和微塑料+Cd 处理组中，OMC 组分质量显著下降，降幅为 10.88%(T3)~23.10%(T1)，POM 组分质量显著上升，增幅为 38.73%(T4)~71.94%(T2)，矿物组分质量也轻微增加，变化幅度为 4.86%(T4)~21.20%(T1))(图 3-9)。其中，10%新制 PP 微塑料处理组(T2)对土壤组分质量的影响最为

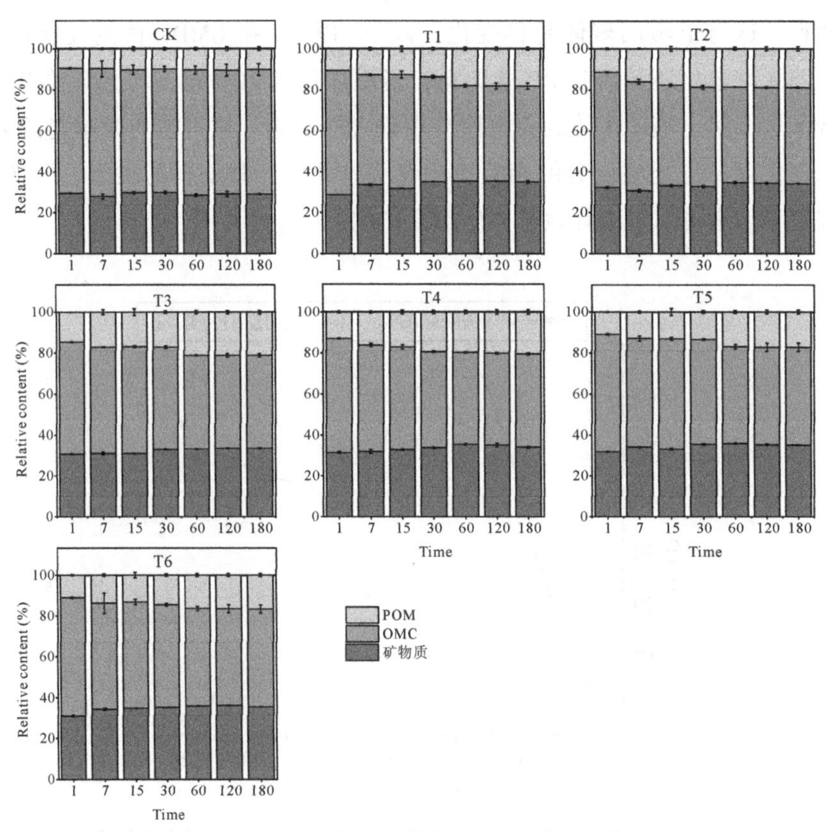

图 3-9　不同处理组的土壤组分分布(以土壤质量百分比表示/%)

显著，其次是2%老化PP微塑料(T3)和10%的老化PP微塑料(T4)处理组。考虑到本研究使用的微塑料尺寸及其密度小于水的特点，原始微塑料(50μm)和老化PP微塑料(50~150μm)可能在土壤密度筛分过程中进入POM组分中。此外，微塑料的疏水性可能促使它们在老化过程中与POM发生相互作用，被POM组分包裹或粘附，进而成为POM组分的一部分。土壤中矿物、有机质和微生物之间的相互作用是形成OMC的关键过程。在这些过程中，阳离子桥接和氢键，尤其是带负电荷的硅酸盐粘土矿物表面与有机化合物之间的范德华力，起着至关重要的作用。有机质可以通过物理吸附或化学键合直接与矿物表面结合，形成稳定的矿物有机复合物，或通过共沉淀作用形成存在于土壤中的复合体。本研究中，土壤矿物的主要成分是硅，微塑料的添加可能改变了硅酸盐与有机物的结合机制，这可能导致了吸附的有机矿物复合体分解，释放出更多的DOC，与土壤中DOC含量的增加现象相吻合。

3.7　微塑料对土壤性质的影响

本节重点探讨微塑料对土壤老化过程中pH值、DOC、HS和SOM的影响。可以看出，随着老化时间的增加，外源Cd促进了土壤pH值、HS和SOM的升高，降低了土壤DOC含量(图3-10)，而微塑料的添加减弱了pH值、

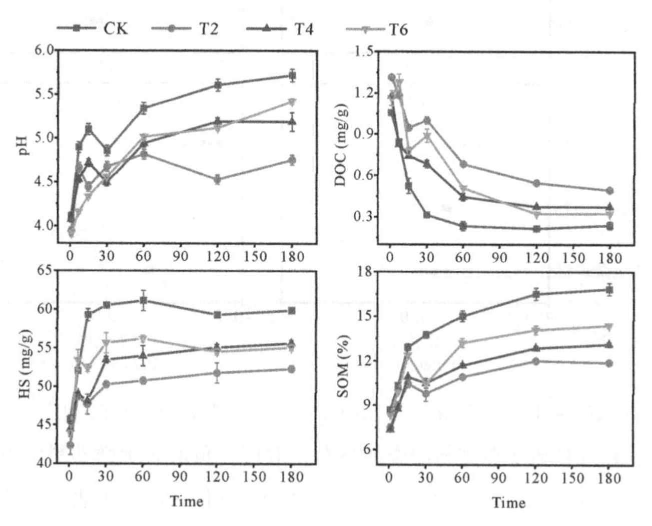

图3-10　土壤老化过程中pH值、DOC、HS和OM的变化

HS 和 SOM 的升高趋势。培养结束时，对照组土壤 pH 值、HS 和 SOM 的增长率分别为 39.35%、31.24%和 94.06%，而 T2 处理的 pH 值、HS 和 SOM 的增长率分别为 20.71%、23.53%和 8.85%。另外，微塑料的存在促进了 DOC 释放量增加，180 天时 T2 处理组 DOC 含量是对照的 2.07 倍。老化 PP 微塑料对上述参数的影响与原始微塑料相似，但较弱。

3.8　土壤性质对微塑料添加的响应

土壤 pH 值、溶解性有机碳(DOC)、腐殖质(HS)和有机质(OM)对微塑料的添加均表现出响应，其中 DOC 含量对微塑料的添加呈现正向响应，而 pH 值、HS 和 OM 含量则表现为负向响应。这种响应趋势在不同类型的微塑料处理中表现出不同程度的影响。具体来说，土壤对新制 PP 微塑料的响应更为显著，相比之下，对老化 PP 微塑料的响应较弱，且这种响应程度与微塑料的添加量成正相关(图 3-11)。

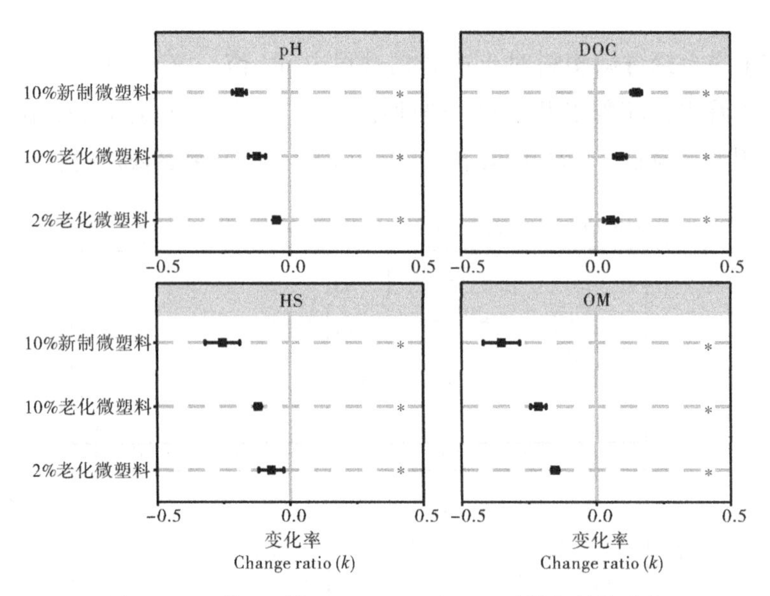

图 3-11　土壤 pH 值、DOC、HS 和 OM 对微塑料的响应

注：1)正值表示微塑料的添加具有正效应，负值表示微塑料的添加具有负效应。2)误差棒表示平均值的 95%置信区间。* 表示微塑料对土壤性质具有显著影响，否则没有显著影响($P<0.05$)

向土壤中添加微塑料可显著改变土壤 pH 值，尤其是新制 PP 微塑料的影响最为显著。相较于对照组，新制和老化 PP 微塑料处理的土壤 pH 值分别降低了 18.7%和 12.1%。此外，有研究也报道了微塑料引起土壤 pH 值下降的趋势。例如，Wang 等人发现，添加 10%的聚乙烯微塑料显著降低了土壤 pH 值和阳离子交换容量(CEC)，并增加了土壤中 Cd 的生物有效性和植物中 Cd 的浓度。

在经过 180 天的老化处理后，向土壤中添加微塑料显著增强了土壤 DOC 的含量。具体而言，相较于对照组，实验组中 10%的新制 PP 微塑料、10%的老化 PP 微塑料以及 2%的老化 PP 微塑料的添加量分别使得土壤 DOC 含量增加了 15.0%、9.0%和 5.3%。此发现与 Liu 等人关于微塑料通过激活土壤酶活性而促进有机碳、氮和磷库的释放，进而增加 DOC 含量的研究结果相吻合，且进一步证实了微塑料浓度的增加与 DOC 水平提升之间的正相关关系。此外，Wang 等人的研究揭示了 10%聚乙烯微塑料的添加不仅显著提升了土壤 DOC 含量，还对植物生长产生了负面影响，表明长期累积的微塑料在土壤环境中可能通过刺激 DOC 的释放来影响土壤生态系统的健康。

此外，3 组不同处理的微塑料组对土壤有机质产生了显著影响。其中，10%的新制 PP 微塑料和 10%的老化 PP 微塑料分别导致土壤 OM 减少了 35.1%和 21.4%。这一结果与 Qian 等报道一致，他们发现土壤中残留的塑料薄膜能使土壤中的 OM 含量显著降低 48.6%。同时，微塑料处理还显著降低了土壤 HS 水平，10%新制 PP 微塑料、10%老化 PP 微塑料和 2%老化 PP 微塑料分别导致土壤 HS 含量下降了 25.3%、12.0%和 7.1%。

3.9 小　结

(1)添加微塑料导致土壤团聚体的粒径分布从以大团聚体为主转变为以微团聚体为主，微塑料显著降低了 0.25~2mm 粒级的团聚体含量，并使 0.25~2mm、0.053~0.25mm 和<0.053mm 粒级的团聚体质量比趋于一致。此外，新制 PP 微塑料对大团聚体的破坏作用强于老化 PP 微塑料。

(2)外源重金属 Cd 通过促使 0.25~2mm 粒级大团聚体分解，增加微团聚体的含量，显著改变土壤团聚体的粒级分布。重金属污染后土壤中有机质含量和微生物活性较低，尤其是真菌含量相对较少，从而导致小粒径团聚体颗粒胶结物质缺乏，阻碍了微团聚体通过生物和有机物质胶结作用形成大团聚体的可能。

(3)重金属 Cd 与新制或老化 PP 微塑料联合污染下，大团聚体(包括 0.25~2mm 和>2mm)含量比单纯的 Cd 处理组或新制 PP 微塑料处理组高，但低于老化 PP 微塑料组。表明新制 PP 微塑料对土壤团聚体粒径的影响最为显著，其次为新制或老化 PP 微塑料与 Cd 联合污染，影响相对较小的是老化微塑料。

(4)新制与老化 PP 微塑料污染下，土壤团聚体 MWDw 和 GMDw 的变化趋势基本相同，均呈先减小后增大的规律。添加新制与老化 PP 微塑料后，土壤 PAD 值快速升高，于土壤培养第 40 天达到峰值，随后缓慢下降，并维持在 50%左右。可见，10% PP 微塑料对土壤团聚体稳定性存在强烈的破坏效应和长期影响。

(5)微塑料显著改土壤中 3 个土壤固体组分的质量百分比。与未添加微塑料的对照组相比，添加微塑料后，POM 组分质量百分比显著提高，增幅为 38.73%(T4)~71.94%(T2)；矿物组分质量百分比小幅增加了 4.86%(T4)~21.20%(T1)；OMC 组分质量百分比则降低了 10.88%(T3)~23.10%(T1)。

(6)随着老化时间的延长，所有试验组中土壤性质总体变化趋势较为一致，表现为 pH 值、HS 和 OM 含量增加，DOC 含量减少。老化 180 天，土壤 pH 值、DOC、HS 和 OM 均对微塑料的添加产生响应，其中 DOC 含量对微塑料的添加表现为正响应，而 pH 值、HS 和 OM 含量则表现为负响应。然而，不同微塑料处理对土壤性质的影响程度存在差异。新制 PP 微塑料对土壤性质的影响更为显著，且这种响应与微塑料的投加量呈正相关。

第 4 章　不同粒径塑料对土壤性质的影响

4.1 引　　言

塑料的理想属性，如可塑性、轻质性和灵活性，导致不同行业对其需求和利用率持续增加。然而，塑料在给人们的生产生活提供便利的同时，也产生了大量的塑料废弃物。据统计，1950—2015 年间全球的塑料垃圾约为 63 亿吨。其中，约 32%的塑料废弃物进入土壤环境。研究指出，我国每年通过有机肥向农田土壤中投入 52. 4~26400 吨塑料废弃物，同时有 18. 6%的农膜残留在农田土壤中。聚集在土壤中的塑料废弃物经过紫外线、风化及微生物作用，逐渐破碎形成大塑料（Macroplastic，≥5mm）和微塑料（Microplastic，<5mm）。近年来，随着废弃物资源化利用的提高，堆肥或发酵秸秆、畜禽粪便、污泥等有机肥被农民广泛施用于农业土壤，将宏观和微塑料带入农业土壤。在德国波恩的有机肥料产品中发现的大塑料和微塑料含量为 2. 4~180mg/kg，在斯洛文尼亚甚至高达 1200mg/kg。在欧洲，施用污泥作为有机肥后的土壤微塑料总量可达 $6.3\times10^4 \sim 43\times10^4$ 吨/年，北美每年为 4.4×10^4 吨至 30×10^4 吨，澳大利亚每年 2.8×10^3 吨至 1.9×10^4 吨。近年来，世界各地农田土壤中普遍存在大塑料和微塑料污染，其含量差异较大，如巴基斯坦某地的一项土壤调查显示，微塑料的含量从 1750 片/kg 到 12200 片/kg；韩国某地农田土壤中微塑料的浓度约为 10~7630 片/kg；西班牙农田的微塑料水平高达 5190 个/kg。相比之下，加拿大和德国农业用地的微塑料污染程度较小，在加拿大安大略省的农田中，微塑料的丰度在 4~541 片/kg 之间，德国农业用地的微塑料平均值仅为 0. 34 个/kg。我国的塑料残留调查显示，地膜覆盖农田土壤中塑料残留量平均值为 34. 0 kg/ha，农田中大塑料和微塑料的丰度范围分别为 0. 1~411. 2kg/ha 和 1. 6~690000 片/kg。微塑料一旦进入土壤，就会对土壤生态安

全产生一系列的有害影响，例如，微塑料可以与有机物和矿物质结合，成为土壤的一部分，从而改变土壤的物理性质，包括容重、团聚体稳定性和保水能力等。另外，Gao等发现，0.1%、0.5%、1%、3%、6%和18%的PE微塑料不同程度地改变了土壤微生物生物量和活性，进而影响土壤CO_2排放和DOC含量。已有研究表明，大塑料和/或微塑料的积累会改变土壤结构和理化性质，如土壤团聚性、容重、孔隙度、含水率、土壤碳、氮、磷含量，以及土壤pH值、有机质含量和酶活性等，对土壤生物和植物产生不利影响。

目前，由于微塑料粒径小、数量多、不易降解，容易在水体、土壤、沉积物等环境介质中积累，并通过食物链富集，从而对人类造成危害，因此受到研究者们的广泛关注。然而，有报道称，在连续覆膜5~30年的农田中，5~10mm的塑料碎片残留量远高于微塑料。而且，有研究者根据现有数据估算出大塑料对土壤健康的平均影响为-5.4%~-23.8%，这一影响程度超过了微塑料对应的-12.8%~-4.0%。在自然环境中，微塑料主要来自大塑料的分解、老化和风化。然而，迄今为止，研究者们主要关注了微塑料对土壤性质的影响。考虑到大塑料和微塑料对土壤系统的影响存在差异，本研究通过土壤培养试验将不同剂量(0.1%、1%和7%)的聚丙烯(PP)大塑料(5~10mm)和微塑料(50μm)暴露于农田土壤中，考察大塑料和微塑料对农田土壤基本性质的影响。

4.2 材料与方法

4.2.1 试验材料

供试土壤取自湖北省某地Cd污染农田表层土(0~20cm)，自然风干除去植物残体和碎石等杂物后，过10目筛储存备用。土壤pH值为5.78，DOC为0.43mg/g，阳离子交换量(CEC)为25.24cmol/kg，颗粒有机质(POM)：有机矿物复合体(OMC)：矿物组分比为4.22：93.03：2.75。供试大塑料为粒径约5~10mm形状不规则的PP碎片，供试微塑料为粒径约50μm的粉末状PP微塑料，供试塑料均未检测出Cd。塑料用超纯水清洗后，在50℃烘箱中烘干备用。

4.2.2 试验方法

据报道，全球土壤中大塑料和微塑料的最大浓度分别为 411.2kg/ha 和 67500mg/kg。考虑到多数实验室研究常采用 0.1%和 1%的微塑料污染浓度，本研究将微塑料和大塑料的添加剂量分别设置为 0.1%、1%和 7%。试验共设 7 个处理，各处理均重复 3 次，分别为对照组(未添加塑料，CK)，添加 0.1%的微塑料(T1)，添加 1%的微塑料(T2)，添加 7%的微塑料(T3)，添加 0.1%的大塑料(T4)，添加 1%的大塑料(T5)和添加 7%的大塑料(T6)。每个处理用土样 800g，样品混合均匀后装于花盆中于室内进行常温培养，培养期间维持湿度在土壤最大持水能力的 60%。在培养的第 1 天，15 天，30 天，60 天和 120 天取样冷冻保存，用于后续分析。

4.2.3 分析方法

(1)土壤组分分离 根据 Labanowski 等、Zhou 等和 Ma 等的实验方案，采用密度筛分法将土壤分离成 3 个固体组分：POM、矿物质和 OMC。土壤样品以 1∶5 比例加入去离子水，于(25±1)℃振荡 24 小时(240r/min)后，用 53μm 的不锈钢筛对悬浮液进行过滤，得到 0.053～2mm 和<0.053mm 两个粒度组分。接着，根据 POM 与矿物的比重差异，采用去离子水反复悬浮法分离 POM 和矿物组分，OMC 组分通过离心获得。分离得到的 POM、矿物和 OMC 样品，于 45℃烘干备用。

(2)土壤性质分析 参考《土壤农业化学分析方法》，使用 pH 计(Mettler Toledo FE20，瑞士)测定土壤 pH 值(土水比 1∶2.5)；CEC 采用三氯化六氨合钴浸提-分光光度法提取，用可见光分光光度计(V-5100)测定；DOC 用 0.01mol/L $CaCl_2$(土壤—溶液比 1∶10，振荡 2 小时)提取后，用总有机碳 TOC 检测仪(Multi N/C 3100，耶拿，德国)分析；采用苯酚钠-次氯酸钠比色法测定土壤脲酶活性，高锰酸钾滴定法测定过氧化氢酶活性。

(3)数据处理与分析

运用 Excel 2019、Origin 2021 和 R 4.2.2 进行数据统计处理及可视化分析作图，结果以平均值±标准差表示。采用皮尔逊法进行相关性分析，用"plspm"包进行偏最小二乘路径模型分析。运用 SigmaStat 4.0 进行单因素方差分析(One-way-ANOVA)和 Tukey HSD 检验来判断不同处理之间的显著性差异。

4.3 结果与讨论

4.3.1 大塑料和微塑料对土壤 pH 值的影响

土壤 pH 值是土壤重要的化学性质，pH 值的变化对土壤性质和土壤内部生物具有重要影响，如矿物质与土壤有机碳的结合能力、营养元素的生物有效性、污染物的吸附能力、土壤微生物群落的组成和活性等。经过 120 天的培养，所有处理组的土壤 pH 值均呈下降趋势。其中，CK 组土壤 pH 值下降 0. 16 单位，大塑料组 pH 值下降 0. 09~0. 26 单位；微塑料组 pH 值下降 0. 16~0. 52 单位(图 4-1)。单因素方差分析结果显示，微塑料剂量对土壤 pH 值的影响具有显著差异($P<0.05$)(表 4-1)。有研究显示，微塑料进入土壤环境后，其化合物在分解过程中释放出来，可能影响土壤 pH；微塑料还可能通过改变微生物群落结构间接影响土壤 pH 值。一般来说，不同聚合物类型组成和不同形态的微塑料对土壤 pH 的影响不同。如 LDPE 显著提高了土壤 pH 值；在土壤中添加 HDPE 则降低了土壤 pH 值。本研究中，加入 PP 塑料后，

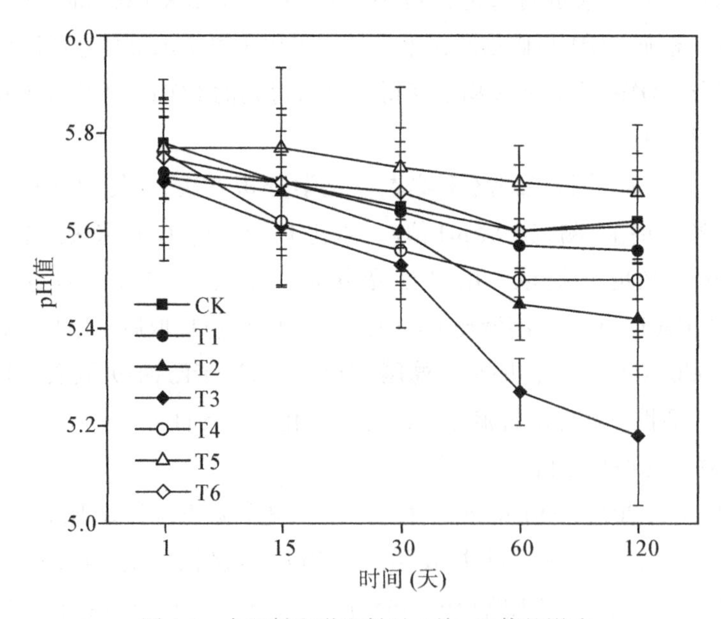

图 4-1　大塑料和微塑料对土壤 pH 值的影响

土壤 pH 值呈现下降，且下降程度与微塑料剂量呈正相关，这与 Dong 等人的研究结果一致，他们认为微塑料表面的羟基能够通过去质子化作用消耗土壤中的 OH^-，促使土壤 pH 值降低。此外，微塑料可能通过水解或微生物降解，如改变氨氧化细菌的丰度和硝化过程来释放 H^+ 离子，使土壤 pH 值下降。然而，由于土壤环境的高度异质性，微塑料污染可能不是土壤 pH 变化的唯一原因，微塑料污染对土壤 pH 的影响取决于微塑料的特性和土壤环境因子及其相互作用。

表 4-1 **塑料粒径、剂量影响土壤性质的单因素方差分析结果**

		pH 值	DOC	CEC	过氧化氢酶活性	脲酶活性
粒径	微塑料	6.7158*	15.4869**	30.8674***	45.9648***	41.0416***
	大塑料	1.0804ns	36.4280***	100.2147***	7.8024**	37.3545***
剂量	0.1%	0.2646ns	32.3946**	12.2746*	3.0186ns	5.4136ns
	1%	6.3183ns	84.8486***	9.3904*	0.7426ns	126.0930***
	7%	12.9881*	64.6661**	34.1196**	48.2236**	108.5272***

注：显著性水平：ns 为不显著；* $P<0.05$；** $P<0.01$；*** $P<0.001$。

4.3.2 大塑料和微塑料对土壤 DOC 含量的影响

土壤有机碳是评估土壤质量和全球碳循环的关键指标，其中 DOC 被广泛认为是土壤微生物能量和养分的来源。此前的研究发现，大塑料和微塑料可以通过减少 DOC 的淋失和刺激土壤中相关酶活性的增强来增加土壤 DOC 含量。然而，本研究中所有处理组的土壤 DOC 含量在培养期间表现出下降趋势，从 0.40(T6)~0.51g/kg(T3)降低至 0.31(T3)~0.41g/kg(T5)(图 4-2)。大塑料组土壤 DOC 含量下降幅度为 7.72%(T6)~15.65%(T5)，小于 CK 组(22.10%)；1%和 7%的微塑料则显著降低土壤 DOC 含量，降幅分别为 27.00%和 39.20%。单因素方差分析结果显示，塑料剂量($P<0.01$)和粒径($P<0.01$)对土壤 DOC 含量的影响具有显著性差异(表 4-1)。添加微塑料使土壤 DOC 含量降低，这与 Yu 等人和 Zhang 等人的研究结果一致；一项荟萃研

究也发现添加塑料残留物和微塑料使土壤 DOC 含量降低了 9%。这可能是由于难降解微塑料通过改变微生物群落结构和活性，间接改变有机质的分解和转化。本研究中 PP 微塑料可能抑制了微生物对土壤有机质的分解，或促使微生物将 DOC 矿化成无机物，从而降低土壤 DOC 含量；大塑料则可能通过改善土壤的通气性，促进微生物分解土壤有机质。

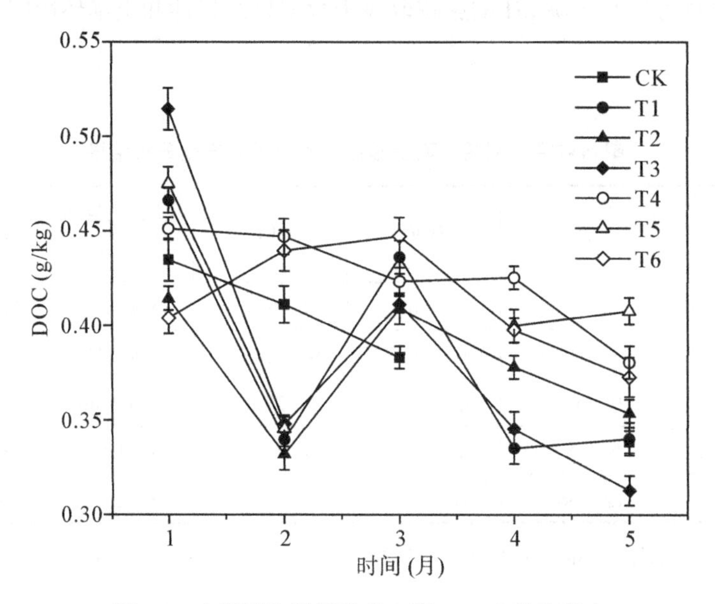

图 4-2 大塑料和微塑料对土壤 DOC 含量的影响

4.3.3 大塑料和微塑料对土壤 CEC 的影响

土壤阳离子交换容量(CEC)是指土壤胶体所能吸附各种阳离子的总量。土壤阳离子交换量能够影响土壤缓冲能力，也是评价土壤保肥能力、肥力水平和合理施肥的重要依据。培养过程中，土壤 CEC 含量表现出较大的波动。其中，CK 组土壤 CEC 随培养时间延长而下降，降幅为 25.53%；微塑料组的土壤 CEC 在培养初期的前 30 天内显著下降，但在第 60 天后开始大幅上升，并在第 120 天时，T2 和 T3 组的土壤 CEC 分别下降了 4.11%和 5.67%；大塑料组土壤 CEC 略有增加，增幅最高为 3.67%(T4)(图 4-3)。由表 4-1 可知，塑料剂量对土壤 CEC 的影响具有显著性差异($P<0.001$)，并且土壤 CEC 与塑料剂量之间存在正相关关系。此外，塑料粒径也是影响土壤 CEC 变化的一个

关键因素($P<0.01$)。分析认为，微塑料由于其较大的比表面积和带负电荷的特性，可作为胶体颗粒从土壤环境中吸收阳离子，或者通过表面官能团与土壤中的各种阴、阳离子反应，直接影响土壤 CEC。除了这些因素，土壤 CEC 的变化还受土壤粒度、有机质和 pH 值的影响。有研究表明，土壤 pH 值的变化会产生可变电荷使土壤 CEC 发生改变。

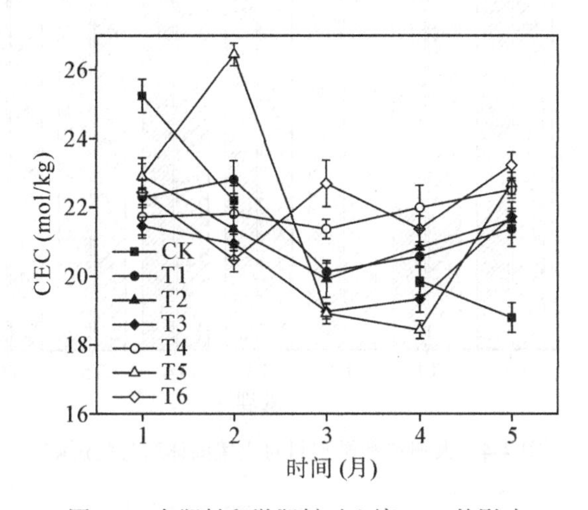

图 4-3　大塑料和微塑料对土壤 CEC 的影响

4.3.4　大塑料和微塑料对土壤固体组分的影响

连续培养 120 天后，CK 组和微塑料组土壤固体组分总质量均出现下降，降幅为 0.97%~2.22%；大塑料组土壤固体组分出现小幅增加，增幅最高为 3.16%(T5)(图 4-4)。

可以看出，微塑料组固体组分总质量的变化主要受 OMC 组分质量的影响。分析认为，微塑料的强疏水性使其易于与土壤中的有机物结合，可能导致 OMC 组分的分解。相反地，大塑料在培养过程中可能老化破碎为更小的塑料碎片，通过筛分进入土壤固体组分，促使其质量增加。

4.3.5　大塑料和微塑料对土壤酶活性的影响

多项研究表明，土壤中的脲酶和过氧化氢酶可以作为评估土壤肥力、土壤养分循环以及土壤环境健康的重要指标。有研究显示，不同类型和剂量的

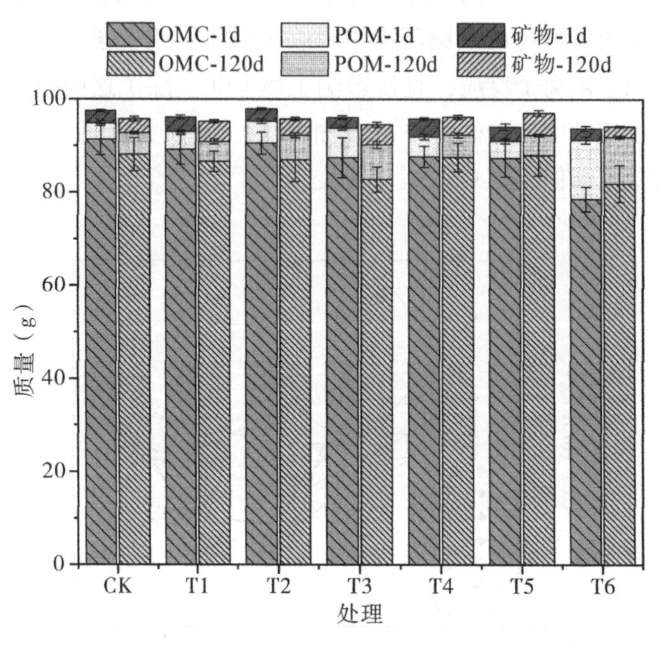

图 4-4　大塑料和微塑料对土壤固体组分的影响

塑料对土壤酶活性的影响存在差异。如聚乙烯微塑料在一定条件下可以提高土壤中碱性磷酸酶的活性；而聚丙烯微塑料则显示出对土壤脱氢酶和蔗糖酶活性的抑制趋势。此外，较低剂量的微塑料可能通过促进微生物群落的多样性来增加某些酶的活性；高剂量的微塑料可能会抑制土壤酶活性。土壤酶活性的变化情况在不同培养阶段表现出显著差异，如图 4-5 和图 4-6 所示。在培养第 1 天，中剂量和低剂量塑料显著促进了过氧化氢酶活性，高剂量微塑料则抑制了过氧化氢酶活性。CK 组过氧化氢酶活性在培养前 30 天内显著增加，之后逐渐下降，到第 120 天时，酶活性较第 1 天增加了 6. 34%。塑料组酶活性也呈现出先增加后降低的趋势，其中峰值出现在第 60 天，此时，中剂量和低剂量塑料组酶活性均高于 CK 组。然而，培养结束时，所有塑料处理组过氧化氢酶活性均低于 CK 组。相比大塑料组，微塑料组酶活性变化更剧烈，这表明微塑料在短期内可能会增加土壤过氧化氢酶活性，长期培养可能出现抑制效应。大量研究表明，塑料对土壤酶活性产生的影响取决于塑料性质、酶种类和暴露条件。过氧化氢酶可用于表征土壤的总生物活性和肥力，其活性与好氧微生物丰度和土壤有机质的含量密切相关。先前的研究表明，塑料可以

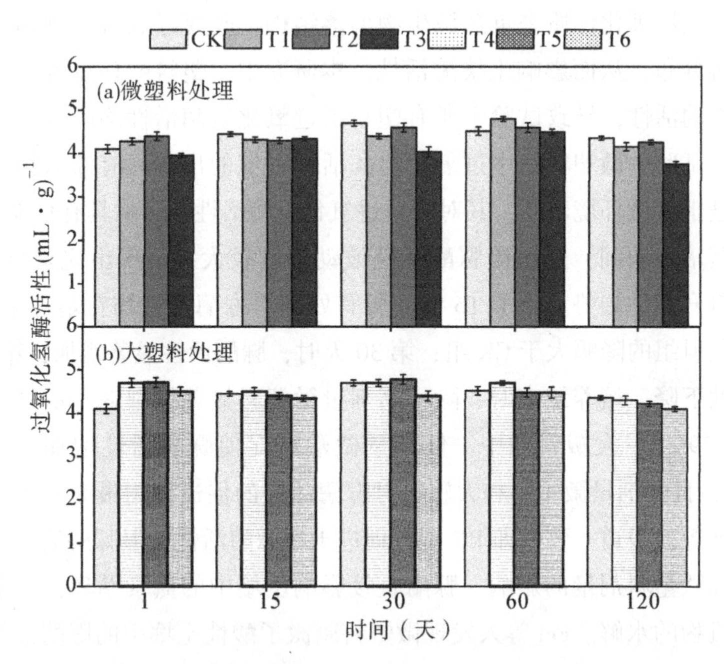

图 4-5　大塑料和微塑料对土壤过氧化氢酶活性的影响

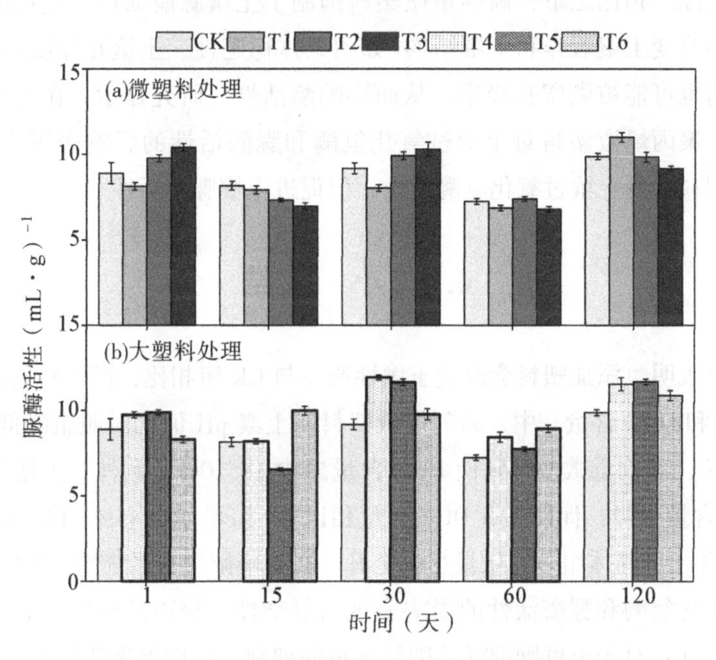

图 4-6　人塑料和微塑料对土壤脲酶活性的影响

通过改变土壤理化性质来重塑微生物群落结构，改变好氧微生物和厌氧微生物的相对分布，从而影响土壤酶活性。本研究中，塑料的存在可能降低了好氧微生物的活性，导致试验中所有塑料组过氧化氢酶活性均降低。值得注意的是，本试验中微塑料组中过氧化氢酶活性峰值的出现具有滞后性，表明微塑料促进土壤微环境改变，其对土壤过氧化氢酶活性的影响具有长期效应。

土壤培养期间，塑料组脲酶活性波动幅度较大，呈现出先降低后升高、再降低再升高的趋势。除了T6组，所有处理组脲酶活性均在培养第15天下降，且塑料组的降幅大于CK组；第30天时，脲酶活性显著增加，第60天时脲酶活性下降。培养结束时，除了高剂量微塑料显著抑制脲酶活性(T3组降幅为11.79%)，大塑料和中、低剂量微塑料促使脲酶活性增加了0.72%~35.36%，且低剂量微塑料和大塑料对脲酶活性的促进作用最为显著。研究结果与马云等的报道一致，即PP塑料促进土壤脲酶活性，但脲酶活性同时受塑料尺寸和微塑料剂量的影响。脲酶直接影响土壤中的氮素循环，特别促进了含氮有机物的水解。Fei等人发现微塑料刺激了酸性土壤中的脲酶活性，他们认为由于脲酶对土壤含水量敏感，微塑料可通过增加土壤的持水能力间接影响脲酶活性。相比之下，高剂量微塑料抑制了土壤脲酶活性，这可能与高剂量微塑料改变土壤营养和土壤结构(如团聚体稳定性、土壤孔隙度)有关。此外，脲酶也可能被微塑料吸附，从而影响酶活性。研究显示，在土壤微生态系统中，聚丙烯微塑料对土壤过氧化氢酶和脲酶活性的影响表现出复杂性。聚丙烯塑料抑制土壤过氧化氢酶活性，但促进土壤脲酶活性。

4.4　小　　结

结果表明，添加塑料会改变土壤性质。与CK组相比，微塑料显著降低土壤pH值和DOC含量，中、高剂量微塑料使土壤pH值比对照组降低0.13和0.36单位，高剂量微塑料则使DOC含量减少17.10%。此外，大塑料抑制土壤DOC含量下降，促使土壤DOC含量相比CK组增加6.45%~14.38%，并促使CEC和土壤固体组分总质量小幅上升。在土壤微生态系统中，PP微塑料对土壤过氧化氢酶和脲酶活性的影响表现出复杂性。聚丙烯塑料抑制土壤过氧化氢酶活性；对于土壤脲酶活性则呈现短期抑制、长期促进的作用。

单因素方差分析结果显示，塑料粒径和塑料剂量对不同的土壤性质指标均有影响。其中，大塑料对土壤 DOC、CEC 和脲酶活性影响极为显著($p<0.001$)，微塑料对 CEC、过氧化氢酶和脲酶活性影响极为显著($p<0.001$)；塑料剂量显著影响土壤 DOC、CEC 和脲酶活性。

第5章 微塑料对土壤及固体组分吸附镉的影响

5.1 引　　言

土壤重金属污染是一个全球性的环境问题，其来源包括风化母质、矿产资源开发活动、农业活动、工业活动、污水灌溉和交通排放等。据估计，在全球范围内，有500万处土壤受到不同重金属的污染。其中，欧盟约有350万个场地可能受到污染；德国、英国、丹麦、西班牙、意大利、荷兰、芬兰等欧洲国家共有40万个污染场地；瑞典、法国、匈牙利、斯洛伐克和奥地利的金属污染场地约20万个；希腊和波兰报告了1万个受污染的场地，而爱尔兰和葡萄牙报告的污染地点不到1万个；在美国，大约60万公顷的棕色农田被重金属污染。

土壤重金属不仅破坏土壤质量，降低作物产量，还危害水和大气环境，威胁人类健康，加剧全球气候变化，影响社会的可持续发展。在我国，耕地土壤重金属污染的概率约为16.67%，其中镉(Cd)的污染概率最高，达到25.20%。Cd是一种剧毒金属，能在土壤中长期存在，人体通过摄入受Cd污染的食物，如大米、蔬菜等，Cd会在体内积累，并通过食物链影响人类健康；此外，长期暴露于高浓度Cd环境中可能导致呼吸系统、肾损伤等多种疾病。许多研究者提出重金属的吸附行为受土壤组分和土壤性质的影响。不同类型的土壤对重金属的吸附特性不同，如棕壤、黑土、黄棕壤和褐土在吸附Cu(Ⅱ)、Pb(Ⅱ)和Cd(Ⅱ)时表现出不同的吸附量和吸附动力学。土壤的固相活性组分，包括有机质、土壤黏粒矿物、氧化物等的含量及组成决定着土壤的孔隙结构等物化特性，同时也控制着重金属的环境行为。其中，土壤有机质(POM)、矿物与有机质复合体(OMC)和土壤矿物(mineral)等都是土壤中改变重金属分配状况的重要组成部分。土壤矿物/有机物复合体固定重金属的表面络合模型研究揭示了土壤中不同固相组分之间的相互作用对重金属赋存状态的重要影响。例如，蒙脱石—细菌复合体系中，Cu(Ⅱ)的吸附量受到pH值的影响，低pH条件下位点掩蔽导致吸附量降低，而在高pH条件下则增加。这表明土壤中固相组分之间的相互作用可以通过改变重金属的化学形态来影响其环境行为。此外，重金属与细菌—土壤活性颗粒微界面互作的研究进一步阐明了土壤中各种固相组分对重金属离子的吸附、络合、氧化还原等相互作用机制。这些相互作用不仅决定了重金属在土壤中的分布和迁移行为，还影响了其生物有效性和生态风险。有研究者指出，土壤POM组分拥有典型的多孔异质结构，可通过形成外层络合物对Cd进行吸附，在轻度重金属污染的耕地土壤中，土壤POM组分富集的Cd浓度是全土相应富集的5~11倍。同时，土壤OMC组分通过非均相化学吸附，将Cd(Ⅱ)稳定在土壤中，OMC组分所包含的—OH，—C=O等重要官能团也增强了Cd的稳定性；OMC组分中的硅酸盐等在还原条件下通过螯合作用也能将Cd固定在土壤矿物组分中。土壤的矿物组分如黏土矿物和腐殖酸，也在重金属的吸附中起着关键作用，例如，蒙脱石和高岭石在与腐殖酸和微生物共同存在时，对Cd(Ⅱ)和Cu(Ⅱ)的吸附表现出加和性和拮抗作用。此外，土壤各个固相组分之间也能发生络合、晶格取代等反应，彼此影响着各自的表面活性和反应活性点位等，使重金属在环境中的分布和迁移行为更加复杂。

目前，微塑料已在各种环境介质(如水体、沉积物、土壤及大气)中被广泛检出，根据现有的研究，微塑料在土壤中的主要成分包括聚乙烯(PE)、聚丙烯(PP)和聚苯乙烯(PS)，其中PE和PP是最常见的类型。目前已报道了许多微塑料在土壤环境中的潜在不利影响，除了直接影响土壤性质，促使土壤的结构和功能发生改变以外，微塑料通常还具有非常显著的结合能力，可以在其表面吸附有机和金属污染物，从而作为这些污染物的载体，影响土壤中污染物的迁移能力。微塑料通过吸附污染物，不仅改变了土壤中污染物的分布和浓度，还可能影响污染物在土壤中的迁移和转化过程。例如，微塑料通过增加或减少土壤对某些污染物的吸附量，从而改变这些污染物在土壤中的移动和扩散。同时，微塑料表面吸附的污染物可能会随着微塑料在土壤中的移动而重新分散，从而影响污染物在更广泛区域内的生态风险。近年来，多项研究指出重金属和微塑料广泛共存于土壤中。微塑料与金属之间的动态相互作用对金属在环境系统中的运输、命运和生物可利用性具有深远的影响，金属离子在微塑料表面的吸附可导致微塑料—金属配合物的形成，从而影响金属在水、沉积物和土壤环境中的行为和迁移。在土壤环境中，微塑料与重金属共存不仅对土壤环境造成复合污染，它们之间的相互作用还极有可能通过改变土壤各个组分的性质以及土壤的整体化学环境来影响土壤对重金属的富集行为。为了验证上述假设，试验以PP微塑料和重金属Cd为研究对象，开展了一系列吸附实验，通过将土壤分离成POM、OMC和矿物3个组分，探明了微塑料对土壤组分吸附Cd的影响。

5.2 材料与方法

5.2.1 试验材料

5.2.1.1 微塑料

本试验使用的微塑料为粒径50μm的PP颗粒。首先使用0.1M盐酸溶液清洗PP微塑料，随后用自来水和纯水依次进行清洗，以去除表面可能存在的重金属污染物。于50℃烘箱中低温干燥备用。

老化PP微塑料制备方法具体如下：将微塑料置于40cm×40cm×20cm的有机玻璃箱中，白天(8:00~20:00)利用自然光照进行暴露，夜晚(20:00~8:00)则采用波长范围为365~400nm的紫外灯进行照射。经过连续3个月的老化处理后，取出样品并采用超纯水清洗数次，于50℃烘箱中烘干备用。

5.2.1.2 土壤POM、OMC和矿物组分分离

供试土壤取自武汉市某林地10~30cm的表层土。将采集到的土壤样品置于室内风干，剔除碎石、草根等杂质后碾碎过2mm孔径的不锈钢筛，备用。土壤POM、OMC和矿物组分制备方法具体如下：首先将300g土样分散到800mL纯水中，加入若干玻璃珠后，使用振荡器在25±2℃下振荡24小时(240r/min)，取悬浮液用孔径53μm筛网进行过滤，以获得0.053~2mm和<0.053mm两个粒度组分；对获得的<0.053mm粒度组分进行离心浓缩得到土壤OMC组分；通过用纯水反复悬浮方法将0.053~2mm粒度组分分离为土壤

POM和矿物组分；最后将分离得到的土壤POM、OMC和矿物组分在低于45℃烘干后分别称量和保存。土壤样品中POM、矿物和OMC组分分别占全土重的81.9g/kg、550.5g/kg、289.9g/kg，土壤POM、OMC与矿物组分的含量比值为1∶6.7∶3.5。

5.2.2 试验方法

5.2.2.1 吸附动力学实验

分别以原土和OMC、POM、矿物组分作为供试土样，采用一系列批量实验考察PP微塑料存在时，土壤以及土壤固体组分POM、OMC和矿物组分对Cd^{2+}的吸附动力学，并以未投加微塑料的土壤样品作为空白对照。称取25g土壤样品以及对应比例的OMC、POM和矿物组分于500mL酸洗锥形瓶中，投加2.5g(w/w，10%)PP微塑料，并以未投加微塑料的土壤样品作为空白对照，最后加入500mL 20mg/L的$Cd(NO_3)_2$溶液，以0.005mol/L的KNO_3为背景电解质，土液比为1∶20。所有实验设置3个重复。在反应开始后的第5分钟、30分钟、60分钟、120分钟、210分钟、330分钟、510分钟和1440分钟分别取出2mL悬浮液，并使用0.45μm滤膜进行过滤。使用pH计测定溶液pH值，采用总有机碳(TOC)测定仪用测定溶液中的TOC含量，采用火焰原子吸收光谱法对Cd^{2+}进行定量分析。通过计算吸附前后Cd^{2+}浓度差异，确定土壤样品对Cd^{2+}的吸附量。

5.2.2.2 等温吸附实验

配制初始Cd^{2+}浓度分别为5.00mg/L、10.00mg/L、20.00mg/L、30.00mg/L和50.00mg/L的系列溶液。在500mL酸洗锥形瓶中加入25g土壤样品或相应比例的POM、OMC和矿物组分，随后加入10%(w/w) PP微塑料和不同体积的硝酸镉($Cd(NO_3)_2$)溶液，以0.005mol/L的硝酸钾(KNO_3)作为背景电解质。最终使样品溶液体积达到500mL。同时，设置未添加微塑料的土壤样品作为对照组。在25℃恒温摇床上以240r/min的速度持续振荡24小时。所有实验设置3个重复。吸附完成后，取上清液并通过0.45μm的滤膜过滤，以测定Cd^{2+}的浓度。土壤样品对Cd^{2+}的吸附量按照与动力学实验相同的方法进行计算。

为测定不同浓度条件下微塑料对 Cd^{2+} 的吸附量以计算土壤分配系数 K_d，取上述振荡后并烘干的微塑料样品和其他土样，将其转移至瓶盖带有聚四氟乙烯垫片的 8mL 螺口实验室玻璃瓶中，加入 5mL 30%饱和 KOH 及 NaClO 混合溶液，在50℃下消解48小时，每2小时人工摇动土壤溶液和消解混合物30秒。充分去除有机质后，将样品转移至100mL烧杯中并加满蒸馏水，静置约3个小时后，将过滤后的微塑料冲入锡纸壳中，于50℃下烘干并称重。最后，称取0.1g微塑料于 8mL 螺口实验室玻璃瓶中，加入 5mL20%王水溶液消解，于25℃、150rpm/min 下振荡24小时，并用原子吸收光谱仪测定 Cd^{2+} 的浓度。

5.2.2.3　影响因素实验

称取2g土壤样品以及对应比例的各土壤组分于50mL 离心管中，并分别加入不同投加量和种类的微塑料，以0.005mol/L 的 KNO_3 为背景电解质，分别加入40mL 20mg/L 的不同 pH 的 $Cd(NO_3)_2$ 溶液，土液比为1∶20。于25±2℃下连续振荡24小时，取上清液并过滤，用原子吸收光谱仪测定 Cd 的浓度，根据差减法计算不同条件下土壤各组分对 Cd^{2+} 的吸附量。

5.2.2.4　样品的表征

采用扫描透射电子显微镜(SEM，TALOS F200X，Thermo Scientific，USA)对新制和老化 PP 微塑料进行微观形貌分析；采用傅立叶变换红外吸收光谱仪(FTIR，Nexus470 型，Thermo Nicolet，USA)分析新制、老化 PP 微塑料以及吸附反应后微塑料表面的官能团；采用 X 射线衍射仪(XRD，D8 ADVANCE，Bruker，Germany)对吸附重金属后的新制 PP 微塑料颗粒进行晶体组成分析。

5.2.3　数据分析与处理

(1)镉的吸附容量

对于吸附过程，某一时刻土壤样品所吸附的 Cd^{2+} 的量用公式(5-1)表示：

$$Q=\frac{(C_0-C)\times V_0}{m} \tag{5-1}$$

式中，Q 为某一时刻土壤样品所吸附的 Cd^{2+} 的量，mg/g；C_0、C 分别为初始投加以及任一时刻的 Cd^{2+} 的浓度，mg/L；V_0 为溶液体积，L；m 为土壤样品质量，g。

(2)土壤固液分配系数

吸附平衡时，土壤固液分配系数 K_d的计算公式见公式(5-2)：

$$K_d=\frac{C_s}{C_e}=\frac{\frac{M_s\text{-}M_m}{m}}{C_e} \tag{5-2}$$

式中，C_e吸附平衡时液相中的 Cd^{2+}浓度，mg/L；Cs 为吸附平衡时土壤样品对 Cd^{2+}的吸附量，mg/g；M_s为吸附平衡时固相的吸附含量，mg；M_m为吸附平衡时微塑料的吸附含量，mg；m 为土壤样品质量，g。

(3)吸附动力学模型

吸附动力学模型反映了吸附反应速率与反应物浓度关系曲线。吸附动力学模型主要包括准一级动力学模型(公式(5-3))、准二级动力学模型(公式(5-4))和 Elovich 动力学模型(公式(5-5))：

$$\ln(q_e-q_t)=\ln q_e-k_1t \tag{5-3}$$

式中，q_t和 q_e分别表示 t 时刻和平衡时的吸附量，mg/g；k_1表示准一级反应速率常数，min^{-1}。

$$\frac{t}{q_t}=\frac{1}{q_e^2K_2}+\frac{t}{q_e} \tag{5-4}$$

式中，q_t和 q_e分别表示 t 时刻和平衡时的吸附量，mg/g；k_2表示准二级反应速率常数，g/(mg · min)。

$$Q_t=\frac{1}{\beta}\ln(1+\alpha\beta t)=A+K_t\ln t \tag{5-5}$$

式中，Q_t 为 t 时刻固相对 Cd^{2+} 的吸附量，mg/g；t 为反应时间，min；A 为扩散速率常数，mg/g；K_t 为反应速率常数，mg · g/$min^{0.5}$；α 和 β 为 Elovich 模型特征参数。

(4)吸附等温线模型

等温吸附模型反映了在一定温度条件下，单位质量吸附剂吸附的吸附质与剩余在溶液中的吸附质浓度之间处于平衡状态的关系。通常用 Langmuir 吸附等温线模型(公式(5-6))、Freundlich 吸附等温线模型(公式(5-7))和 Henry 吸附等温线模型(公式(5-8))来描述吸附等温过程。

$$q_e=\frac{q_mK_LC_e}{1+K_LC_e} \tag{5-6}$$

$$q_e = K_f C_e^{\frac{1}{n}} \tag{5-7}$$

$$q_e = K_d \times C_e = \frac{M_{total} - M_{MPs}}{m} \tag{5-8}$$

式中，q_e为吸附平衡时固相中 Cd^{2+} 吸附量，mg/g；q_m为固相的最大吸附量，mg/g；C_e为吸附平衡时液相中 Cd^{2+} 的浓度，mg/L；K_L为 Langmuir 吸附模型特征参数；K_f为 Freundlich 吸附模型特征参数；n 表示吸附能力强弱，无量纲；K_d 为固相和液相中 Cd^{2+} 的线性分配系数，L/g；M_{total}为吸附平衡时固相中 Cd^{2+} 总吸附量，mg；M_{MPs}为吸附平衡时微塑料对 Cd^{2+} 的吸附量，mg；m 为土壤样品的质量，g。

(5)质量控制与数据处理

为了保证数据的质量和准确性，每批实验都设置了空白试验及平行样。采用 IBM SPSS 22.0 软件对实验数据进行统计分析；使用 Excel 2016 和 Origin 2021 对实验数据、吸附动力学和吸附等温线模型拟合。

5.3　结果与讨论

5.3.1　土壤及土壤固体组分对镉的吸附动力学

(1)土壤及土壤固体组分对镉的吸附过程

土壤样品对镉的吸附特征曲线见图 5-1。可以看出，所有土壤样品对 Cd^{2+} 的吸附量在反应开始阶段均迅速增加；随后溶液镉浓度趋于稳定，吸附趋于平衡。故将土壤样品吸附镉的过程分为快速吸附阶段和慢速吸附阶段。在 0~0.5 小时，土壤样品对镉的吸附率达到了平衡吸附容量的 80%左右。30 分钟以后，Cd^{2+} 浓度下降趋势有所减缓，120 分钟后趋于平稳；330 分钟以后所有样品溶液中 Cd^{2+} 浓度均无明显变化，达到了吸附平衡。

土壤固体组分以及全土与微塑料的复合体对重金属 Cd^{2+} 的吸附容量曲线如图 5-2 所示。可以看出，全土及各土壤组分在不存在/存在微塑料的情况下的 Cd^{2+} 浓度变化趋于一致，但达到吸附平衡后，存在微塑料组 Cd^{2+} 浓度均高于不存在微塑料组(矿物组除外)。添加微塑料后，不仅全土在反应的快速和慢速吸附阶段的反应速率降低，对 Cd^{2+} 的吸附量和吸附容量也降低。尽管土

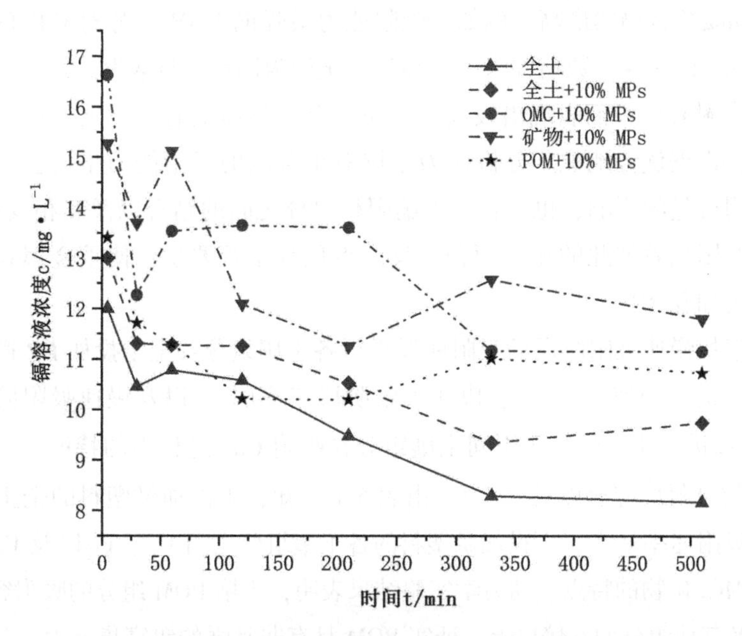

图 5-1 全土、OMC、POM 和矿物对 Cd^{2+} 的吸附曲线

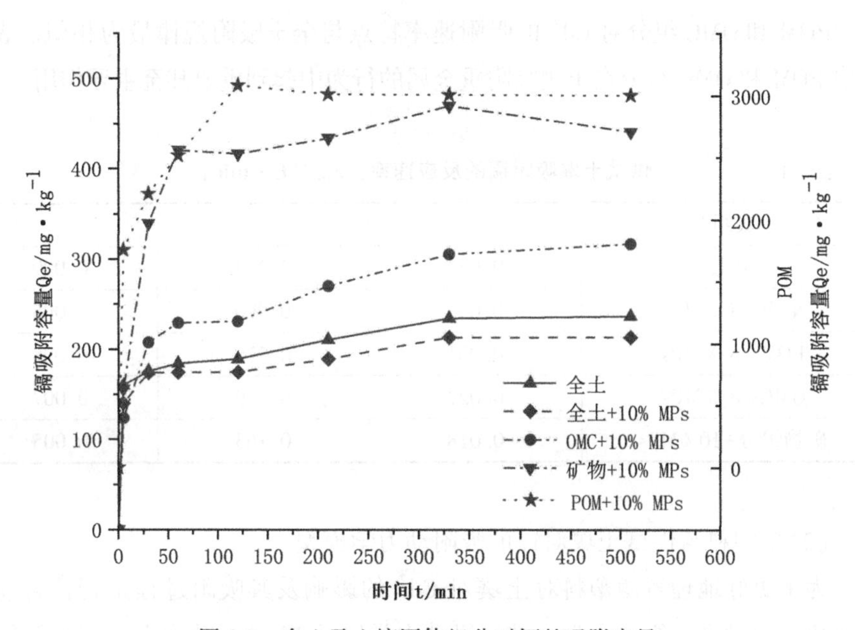

图 5-2 全土及土壤固体组分对镉的吸附容量

壤中的各个固体组分对 Cd^{2+} 的吸附能力普遍优于全土，但全土对 Cd^{2+} 的吸附量(5. 33mg/kg)仍然最高。例如，吸附能力最强的 POM 组分对 Cd^{2+} 的吸附量为 4. 96mg/kg，这一数值并未一直超过全土的吸附量。这表明，虽然特定土壤组分在吸附 Cd^{2+} 方面表现出较高的效率，但从整体上看，全土环境对于 Cd^{2+} 的吸附仍占据优势地位。分析认为土壤对重金属的吸附能力不仅会受到土壤组分吸附容量的影响，也与各个土壤固相组分之间的结合以及互相反应有关，它们相互影响着彼此的比表面积、反应点位数量等要素，使重金属在环境中的分布更加复杂化。

基于快慢速吸附阶段的吸附曲线求得各土壤组分及全土投加 PP 微塑料后吸附 Cd^{2+} 的平均速率($V_{平}$)、快速吸附阶段速率($V_{快}$)以及慢速吸附阶段速率($V_{慢}$)，以进一步比较分析不同土壤组分在吸附 Cd^{2+} 过程中的特征。土壤样品对 Cd^{2+} 的吸附反应速度见表 5-1。由表 5-1 可知，未添加微塑料的全土对 Cd^{2+} 的平均吸附速率最高，而投加微塑料的各土壤组分之间 $V_{平}$、$V_{快}$ 以及 $V_{慢}$ 均呈现 POM>OMC>矿物的特点。动力学实验结果表明，土壤 POM 组分的吸附容量达到了全土及其他组分的 6 倍以上，证实 POM 具有非常强的镉富集能力，分析认为土壤 POM 组分对 Cd^{2+} 的高亲和力与其表面吸附点位多、比表面积大有关。此外，POM 和 OMC 组分对 Cd^{2+} 的吸附速率特点与全土吸附规律最为相似。表明土壤 POM 和 OMC 组分在土壤吸附重金属的行为中起到重要甚至主导作用。

表 5-1　　**供试土壤吸附镉的反应速率，mg/(L · min)**

土壤组分	$V_{平}$	$V_{快}$	$V_{慢}$
全土	0. 032	0. 293	0. 009
全土+10%MPs	0. 029	0. 290	0. 006
POM+10%MPs	0. 031	0. 276	0. 008
OMC+10%MPs	0. 022	0. 189	0. 007
矿物组分+10%MPs	0. 018	0. 163	0. 005

(2)微塑料与供试土壤对镉的吸附动力学模型

为了更好地理解微塑料对土壤对 Cd^{2+} 的影响及其吸附过程是否符合动力学定律，通过准一级动力学、准二级动力学以及 Elovich 动力学方程对微塑料与供试土壤样品吸附 Cd^{2+} 的过程进行模拟。拟合结果显示，准一级动力学和准二级动力学模型均不能很好地模拟 Cd^{2+} 的吸附动力学过程，准一级动力学拟合后的相关系数 R^2 均小于 0.6，拟合效果一般；而准二级动力学方程拟合后的结果中出现了负值。因此，采用 Elovich 动力学模型对试验数据进行拟合，结果见表 5-2。可以看出，土壤对 Cd^{2+} 的吸附可以被 Elovich 动力学模型充分描述($R^2>0.848$)，表明未添加微塑料的全土以及添加了微塑料后的全土、各土壤组分对 Cd^{2+} 的吸附过程均能用 Elovich 方程较好地描述。模型中，特征参数 α、β 分别与初始吸附速率、表面覆盖度和化学吸附能有关；A 为扩散速率常数，反映了反应的初始速率；而 K_t 为反应速率常数，与反应速度呈正相关关系。拟合结果显示，土样样品对 Cd^{2+} 吸附的初始速率依次为：POM>POM+MPs>矿物+MPs> 矿物>全土>全土+MPs> OMC> OMC+MPs，反应速率依次为：POM> POM+MPs> OMC> OMC+MPs>矿物+MPs>矿物>全土>全土+MPs。拟合结果表明微塑料的存在降低了全土及土壤固体组分对 Cd^{2+} 的初始反应速率和整体吸附速率(土壤矿物组分除外)。土壤矿物组分表现出的差异可能与其对微塑料的吸附有关，土壤矿物组分对微塑料的吸附主要通过物理吸附和孔隙填充，微塑料可以增强矿物表面的电负性，这可能会增强土壤矿物组分对 Cd^{2+} 的吸附。另一方面，微塑料的存在使全土及各土壤固体组分表面的吸附活化能和吸附位点分别产生明显变化。土壤 POM 组分表现出吸附 Cd^{2+} 的最高初始速率和反应速率，而全土的反应速率常数与土壤 OMC 组分最为相似，初始吸附速率与土壤矿物组分最为接近，表明不同土壤固体组分共同影响着全土对 Cd^{2+} 的吸附速率，并在不同阶段发挥着不同的作用。

表 5-2 **土壤及各土壤固体组分对 Cd^{2+} 的 Elovich 动力学模型拟合参数**

参数	全土		POM		OMC		矿物	
	−	+	−	+	−	+	−	+
α	27.31	10.05	7.12	6.42	0.31	0.05	8.80	10.45
β	70.85	75.33	2.89	4.15	29.08	40.02	48.87	42.61
A	0.107	0.088	1.047	0.791	0.075	0.020	0.124	0.143
K_t	0.014	0.013	0.346	0.241	0.034	0.025	0.020	0.023
R^2	0.923	0.910	0.867	0.886	0.848	0.866	0.863	0.941

注：−：不存在 MPs；+：存在 MPs。

5.3.2 土壤及土壤固体组分对镉的等温吸附行为

(1)土壤及土壤固体组分对镉的等温吸附

土壤及其各组分在未加或添加微塑料的条件下对 Cd^{2+} 的吸附等温线如图5-3和图5-4所示。土壤对于镉的吸附等温线都是非线性的，且全土及土壤固体组分对 Cd^{2+} 的吸附容量随着溶液平衡浓度(Ce)的升高而增大，并渐趋平衡。当镉溶液的初始浓度在20mg/L以下时，土壤及土壤固体组分能够提供充足的吸附点位，对 Cd^{2+} 的平衡吸附量迅速升高；而当吸附点位接近饱和后，吸附曲线也逐渐趋于平缓。能够为金属提供充足的吸附点位，因此供试土样对金属的平衡吸附量也随之迅速增加；而当吸附点位趋于饱和后，各组分的平衡吸附量也逐渐趋于平缓。实验结果表明，添加微塑料前，土壤样品对 Cd^{2+} 的吸附容量大小依次为POM> OMC>全土>矿物；添加微塑料后，土壤样品对镉的吸附容量大小变化为POM> OMC>矿物>全土。同时，微塑料的存在明显降低了全土、土壤POM和OMC组分的吸附容量，提高了土壤矿物组分的吸附容量。土壤不存在/存在微塑料的情况下，Cd^{2+} 初始浓度低于20mg/L时，全土和土壤OMC组分的吸附容量曲线相似，表明OMC在土壤吸附 Cd^{2+} 的过程中起着重要的作用。分析认为土壤OMC组分吸附结果与全土相似的主要原因是在本实验中土壤OMC组分在土样中的质量比例达到了55.1%，在含量上远远超过了其他组分，是土壤的主要组成部分。因此推测微塑料对土壤的影响受到各土壤固体组分含量比重的控制，田雨等的研究表明土壤OMC组分是红壤吸附Cu(Ⅱ)的关键组分，在他们的研究中，土壤POM和OMC组分的含量比重分别为4.39%和95.6%。

土壤POM和OMC组分对 Cd^{2+} 的吸附能力在微塑料的影响下显著降低，从而在一定程度上影响全土对 Cd^{2+} 的吸附能力，提高 Cd^{2+} 在土壤中的迁移率。因此，当微塑料和Cd被同时释放到土壤环境中时，Cd可能在植物和土壤生物群中表现出更强的交换性和毒性，增加生物积累重金属和污染环境的风险。

虽然全土及各土壤固体组分对于 Cd^{2+} 的吸附容量大小依次为全土> POM> OMC>矿物，但微塑料对各组分吸附 Cd^{2+} 反应的影响程度表现为OMC> POM>矿物>全土。微塑料对土壤POM和OMC组分单独吸附 Cd^{2+} 的影响程度要显著大于其对全土吸附 Cd^{2+} 的影响，分析认为这与吸附反应所处不同的吸附环境有关，全土中各土壤组分的相互作用使彼此的比表面积反应活性点位发生改

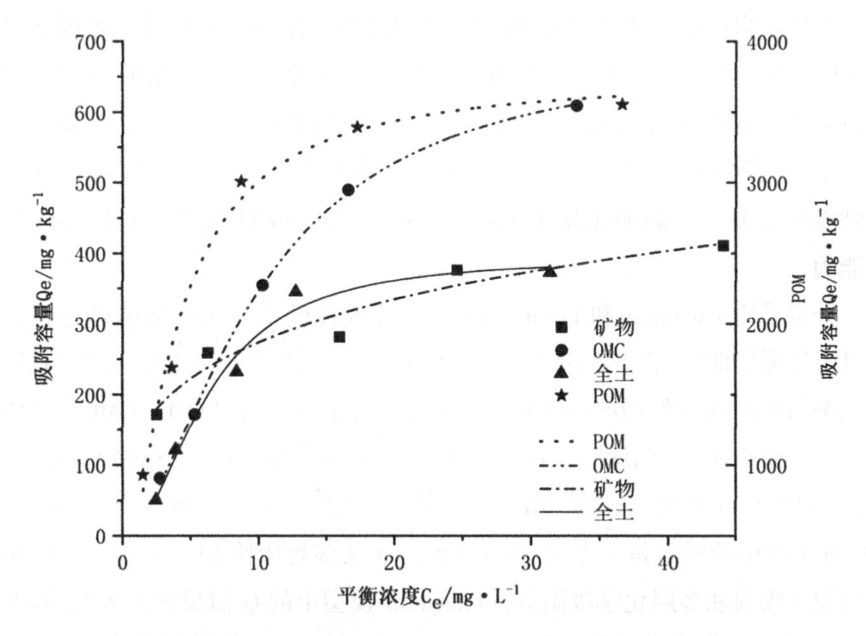

图 5-3　不存在微塑料情况下土壤及 POM、OMC 和矿物矿物组分对 Cd^{2+} 的吸附等温线

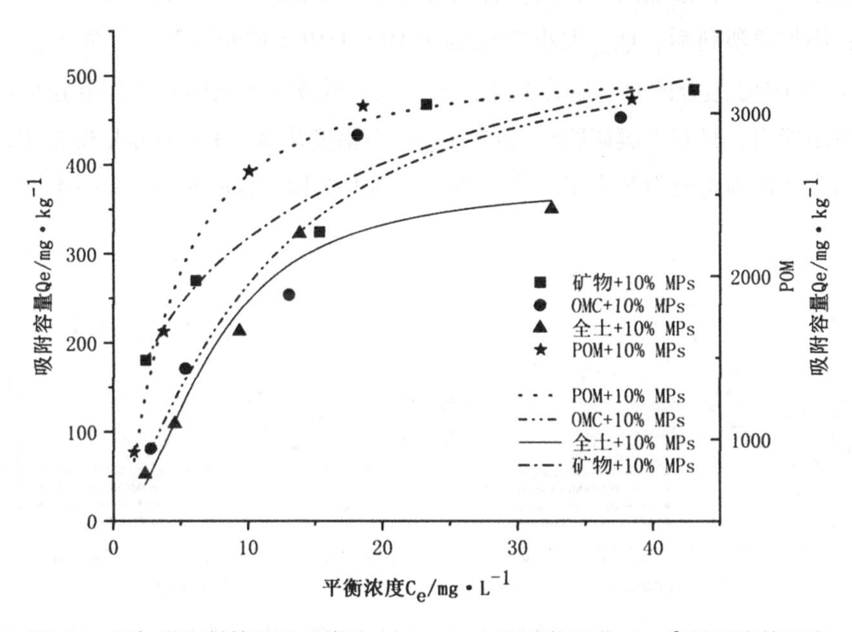

图 5-4　添加微塑料情况下土壤及 POM、OMC 和矿物组分对 Cd^{2+} 的吸附等温线

变，进而降低各组分在全土中的对重金属的吸附能力，但全土也因此具有更加稳定的吸附体系，更不易受到微塑料的影响。此外，虽然等温吸附实验结果表明微塑料的存在可能反向增加了土壤矿物组分对 Cd^{2+} 的吸附容量，但微塑料对土壤矿物组分吸附 Cd^{2+} 反应的影响程度低于对其他土壤组分，考虑到在全土吸附 Cd^{2+} 的过程中，土壤矿物组分所起的作用相对较小，分析认为微塑料主要通过影响土壤 POM 和 OMC 组分，进而降低全土对 Cd^{2+} 的吸附能力。

分别采用 Langmuir 和 Freundlich 吸附等温线模型对实验数据进行拟合后获得了等温线曲线(图 5-5)和拟合参数(表 5-3)，用于进一步阐明微塑料影响下土壤与 Cd^{2+} 相互作用的吸附特性。对于全土以及土壤 POM、OMC、矿物组分，无论是否添加微塑料，Langmuir 模型的拟合效果($R^2>0.859$)总比 Freundlich 模型更好(矿物、矿物+MPs 组除外)，吸附等温线模型拟合结果证明了 Cd^{2+} 在土壤中的吸附是一个复杂的过程，涉及多种吸附相互作用，包括单层均匀物理吸附和多层化学吸附等。Langmuir 模型中的 Q 值反映最大吸附能力，POM 的最大吸附能力总是最高，表明土壤 POM 组分在土壤吸附 Cd^{2+} 的过程中发挥主要作用；添加微塑料前，各组分 Q_{max} 大小依次为 POM> OMC>全土>矿物；添加微塑料后，Q_{max} 大小变化为 POM> OMC>矿物>全土，全土、土壤 POM 和 OMC 组分的 Q_{max} 显著下降，表明微塑料减弱了土壤及其各组分对 Cd^{2+} 的吸附能力，只有土壤矿物组分的 Q_{max} 有小幅度增加。Freundlich 模型中的 n 值通常被认为是吸附剂吸附重金属离子的强度指标，1/n 越小，表明土壤对重

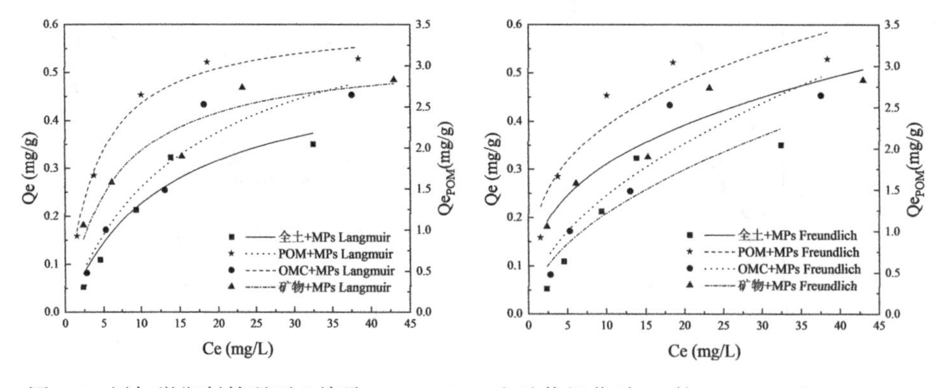

图 5-5 添加微塑料情况下土壤及 POM、OMC 和矿物组分对 Cd 的 Langmuir 和 Freundlich 吸附等温拟合曲线

金属离子的吸附性能和亲和力越强，不存在/存在微塑料的情况下，土壤及各组分的吸附强度大小为 POM>矿物>全土>OMC。全土和土壤 OMC 组分的 1/n 值非常相似，说明 OMC 组分在土壤吸附镉反应中发挥着重要作用。吸附实验结果表明，微塑料对各组分的 Q_{max} 影响程度不一，受到各土壤固体组分含量占比的影响，从总体上微塑料减弱了全土对 Cd^{2+} 的吸附强度，并降低了全土对 Cd 的吸附性能和亲和力。

表 5-3　**土壤及 POM、OMC 和矿物组分对 Cd^{2+} 的等温吸附模型拟合参数**

土壤组分	Langmuir			Freundlich		
	Q_{max}/(mg/kg)	B	R^2	K_F	1/n	R^2
全土	544.95	0.0870	0.916	72.56	0.5031	0.8256
全土+MPs	526.78	0.0749	0.927	62.27	0.5232	0.8502
POM	4189.33	0.2166	0.973	1212.63	0.3259	0.8525
POM+MPs	3565.23	0.2461	0.986	1137.48	0.3009	0.8690
OMC	1040.15	0.0461	0.975	74.61	0.6165	0.9337
OMC+MPs	680.23	0.0617	0.917	72.88	0.5264	0.8686
矿物	427.96	0.2259	0.859	139.28	0.2897	0.9433
矿物+MPs	545.83	0.1603	0.907	142.41	0.3376	0.9271

微塑料影响下，土壤矿物组分吸附镉反应的变化与其他土壤组分不同，我们认为可能与土壤矿物组分的组成有关。有关土壤矿物组分的镉吸附行为更适合 Freundlich 模型，说明吸附过程中化学吸附起主要作用。土壤矿物组分的主要构成有硅酸盐、铝酸盐等，或经风化后形成的次生黏土矿物，土壤矿物组分中的盐或氧化物经过氧化还原反应与 Cd^{2+} 共沉淀，从而提高 Cd^{2+} 的吸附能力，之前的研究表明，铁氧体化合物会影响土壤黏土中 Cd 的行为，硫酸盐还原形成的硫化亚铁矿物可作为绝缘剂，保护 Cd-S 化合物不被氧化和释放，从而提高 Cd 的吸附能力。

(2)镉的土壤分配系数

Henry 模型中的 K_d 反映土壤吸附滞留重金属离子的能力，K_d 越大表明重金属离子对土壤固相的亲和力越大，吸附能力越强。在整个固相中，排除微塑料自身所吸附的 Cd 含量，全土及 POM、OMC 和矿物组分在投加微塑料前后对 Cd^{2+}的分配系数如表 5-4 所示。微塑料的存在显著降低了所有处理组全土、土壤 POM 和 OMC 组分对 Cd^{2+}的吸附分配系数，表明微塑料确实降低了土壤及各土壤组分对 Cd^{2+}的吸附能力，与前述结论一致。此外，随着 Cd^{2+}初始浓度的升高，全土和土壤 OMC 组分的 K_d值的变化范围较小，推测在一定液固比、温度等条件下，在一定重金属初始浓度范围内，K_d值的大小与重金属浓度无关。Henry 模型的拟合结果也证明土壤 POM 组分极强的吸附能力以及土壤 OMC 组分与全土相似的对 Cd^{2+}的吸附滞留能力。

表 5-4　**不同初始浓度下镉的吸附分配系数 K_d，L/g**

Cd^{2+}初始浓度（mg/L）	全土		POM		OMC		矿物	
	−	+	−	+	−	+	−	+
5	0. 021	0. 017	0. 616	0. 512	0. 029	0. 017	0. 068	0. 048
10	0. 031	0. 022	0. 462	0. 413	0. 032	0. 030	0. 041	0. 033
20	0. 028	0. 021	0. 345	0. 248	0. 034	0. 015	0. 018	0. 017
30	0. 027	0. 022	0. 197	0. 160	0. 030	0. 023	0. 015	0. 019
50	0. 012	0. 010	0. 097	0. 076	0. 018	0. 012	0. 009	0. 011

注：−：不存在 MPs；+：存在 MPs。

此外，在初始浓度为 20mg/L 的金属溶液中，投加 10%新制 PP 微塑料(2. 5g)以及未加微塑料的全土及其各个组分对 Cd^{2+}的吸附情况如图 5-6 所示。由图可知微塑料的加入显著降低了 OMC 和 POM 对 Cd 的吸附，从而在一定程度上影响了全土对 Cd^{2+}的吸附能力，增加了 Cd 在土壤中的迁移率。因此，当微塑料和 Cd 释放到土壤环境中时，Cd 可能在植物和土壤生物群中变得更具有交换性和毒性，增加生物积累重金属和污染环境的风险。

尽管土壤及其各组分对于 Cd^{2+}的吸附总量的规律为全土>POM>OMC>矿物，但微塑料对各组分吸附 Cd^{2+}的影响程度表现为 OMC>POM>全土，这可能与 OMC 组分含量远高于其他组分有关。POM 占土壤质量的 8. 2%，因其具有

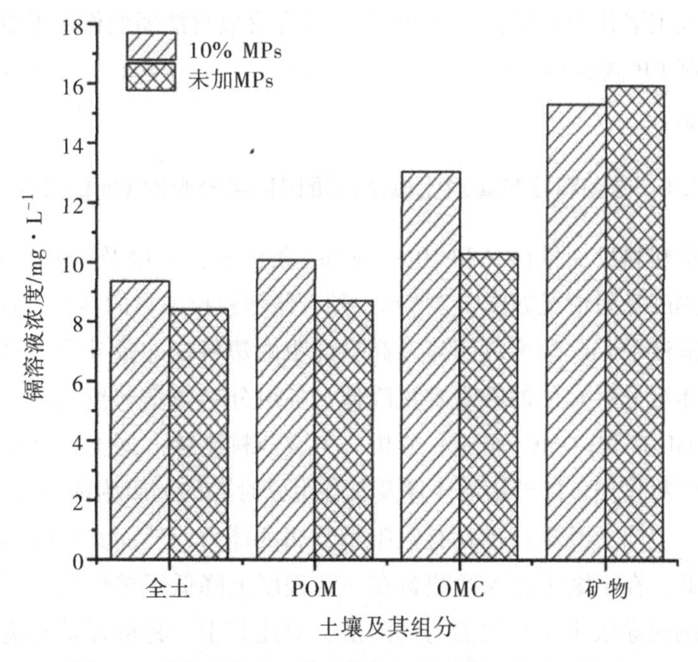

图 5-6 微塑料影响土壤及其各组分吸附 Cd^{2+} 含量情况

极强的吸附能力和吸附容量，微塑料共存降低了 POM 对 Cd^{2+} 的吸附。微塑料对 OMC 和 POM 组分吸附 Cd^{2+} 单独的影响作用要显著大于其对于全土的影响，这可能与其吸附环境有关。土壤中固体组分共存时影响了单一固体组分的比表面积和反应位点，导致全土对 Cd^{2+} 的吸附能力减弱。此外，尽管矿物组分的数据反映了微塑料可能反向增加了其对 Cd^{2+} 的吸附含量，但微塑料对矿物组分吸持 Cd^{2+} 的影响相对很小；且在全土吸附 Cd^{2+} 的过程当中，矿物组分所起的作用也非常小，因而认为微塑料主要改变 OMC 和 POM 组分对镉的吸附，从而减弱全土对 Cd^{2+} 的吸附。

5.3.3 微塑料对土壤及土壤固体组分吸附镉的影响

由于土壤环境的复杂性，土壤对镉的吸附行为受各种因素的影响，而微塑料本身的特性也是影响其吸附反应的重要因素，本节探讨了在全土及各土壤固体组分吸附 Cd^{2+} 的反应中，微塑料的添加对土壤性质的影响。本节将讲述各种微塑料特性，如微塑料投加量，微塑料老化程度等对土壤及各组分吸附镉的行为的影响。实验结果证明，微塑料投入量越高土壤对 Cd 的吸附量越低，经过人工老化处理后，老化 PP 微塑料在含氧官能团的作用下对 Cd^{2+} 吸附量高于新制 PP 微塑料；3 个土壤固体组分中，土壤 POM 组分对微塑料的添加最为敏感。

5.3.3.1　微塑料投加量对土壤及土壤固体组分吸附 Cd 的影响

不同微塑料投加量（2% 和 10%，w/w）条件下，土壤及 POM、OMC 和矿物组分对镉的吸附情况如图 5-7 所示，随着微塑料投加量的增加，各实验组吸附平衡时溶液中 Cd^{2+} 浓度均明显升高，说明微塑料投加量升高将导致全土及各土壤固体组分对 Cd^{2+} 的吸附容量降低，各组分对微塑料投加量的敏感程度大小为 POM>矿物>OMC>全土。分析认为微塑料能够占据土壤对 Cd^{2+} 的吸附位点是微塑料投加量能够影响土壤及其各组分对 Cd^{2+} 的吸附能力的主要原因。之前的研究表明，微塑料也具有吸附重金属的能力，然而其吸附容量相对于土壤非常低，在土壤中加入微塑料在一定程度上降低了单位质量下土壤的相对质量比例而导致土壤吸附能力的降低，对此其中一种解释是土壤颗粒能比

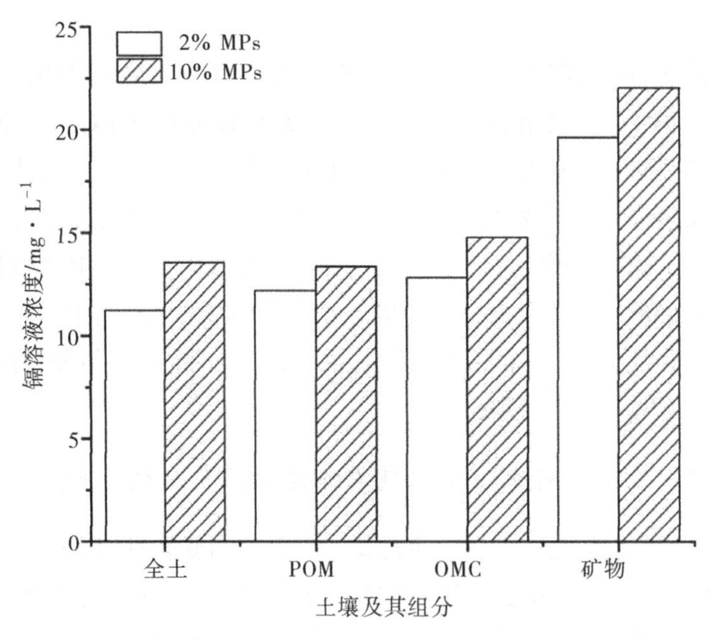

图 5-7　不同微塑料投加量对全土及 POM、OMC 和矿物组分吸附 Cd^{2+} 的影响

微塑料颗粒提供更大的比表面积；另一种可能的解释是土壤中含有多种含水氧化矿物和有机质，这些物质具有表面羟基，能够促进土壤对重金属的吸附；同时有研究表明，微塑料具有相对简单的结构和表面性质，其高疏水性也会限制水溶液中微塑料对重金属的吸附；微塑料的积累也可能引起团聚，从而抑制金属离子的扩散。

5.3.3.2 微塑料老化程度对土壤及土壤固体组分吸附 Cd 的影响

当微塑料投加量为 10%(w/w)时，新制和老化 PP 微塑料对土壤及 POM、OMC 和矿物组分吸附 Cd^{2+} 的情况如图 5-8 所示。可以看出，新制 PP 微塑料和老化 PP 微塑料均显著降低了土壤对 Cd 的吸附能力，增加了 Cd 的流动性，各组分对微塑料存在的敏感程度大小为 POM>OMC>矿物>全土。同时老化 PP 微塑料对土壤吸附能力的影响程度弱于新制 PP 微塑料，新制 PP 微塑料和老化 PP 微塑料使土壤 POM 组分对 Cd^{2+} 的吸附容量分别降低了 1.44mg/g 和 0.36mg/g。

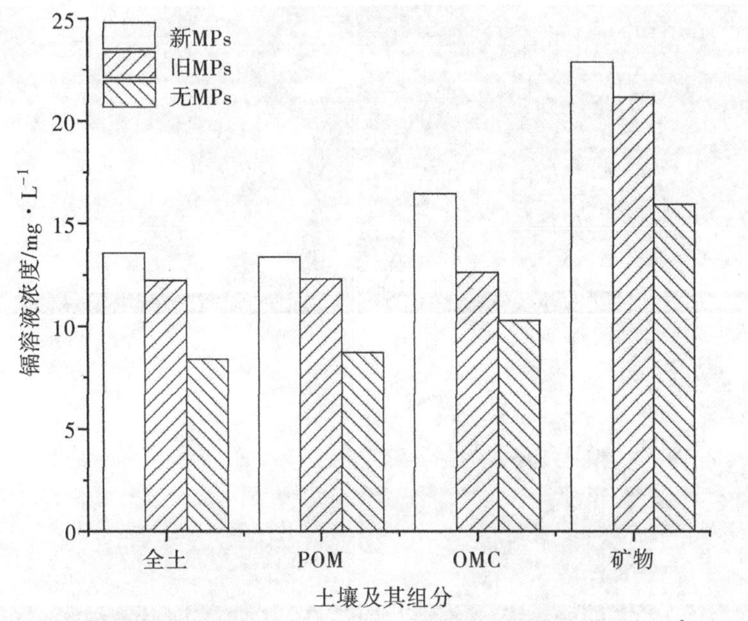

图 5-8 不同老化程度微塑料对全土及 POM、OMC 和矿物组分吸附 Cd^{2+} 的影响

为了解释不同老化程度微塑料影响土壤及各组分吸附 Cd 能力的变化，本研究将新制和老化 PP 微塑料的扫描电子显微镜(SEM)检测结果进行了对比

(图 5-9)。新制 PP 微塑料颗粒均匀，表面相对光滑，而老化 PP 微塑料颗粒之间发生粘连和团聚，形状结构不规则，粒径大小发生了改变，表面也产生了大量的凸起和纹路，说明微塑料的老化极大地改变了本身的比表面积和孔隙率。为分析新制 PP 微塑料在吸附反应中的变化，获得了新制 PP 微塑料在全土及各土壤固体组分吸附镉前后的 XRD 光谱(图 5-10)。XRD 结果表明，土壤 POM 和矿物组分吸附镉反应前后微塑料的 XRD 图谱没有发生显著变化，峰值主要在 $2\theta=14.06°\sim21.94°$之间，表明其在反应前后具有相似的结晶度，说明微塑料与土壤 POM 和矿物组分不会在水溶液中产生明显的反应。而 POM 实验组中微塑料的结晶度下降，推测无定形区产生了含氧官能团，但微塑料可能通过影响 Cd^{2+} 在溶液中的扩散来降低土壤 POM 组分对 Cd 的吸附容量。全土和 OMC 实验组中微塑料在 $2\theta=21.94°\sim23.84°$ 处的峰值属于石蜡 [$(CH_2)_x$]，且峰强高于新制 PP 微塑料，说明土壤 OMC 组分的有机质成分附着在微塑料表面，阻碍其对 Cd 的吸附。

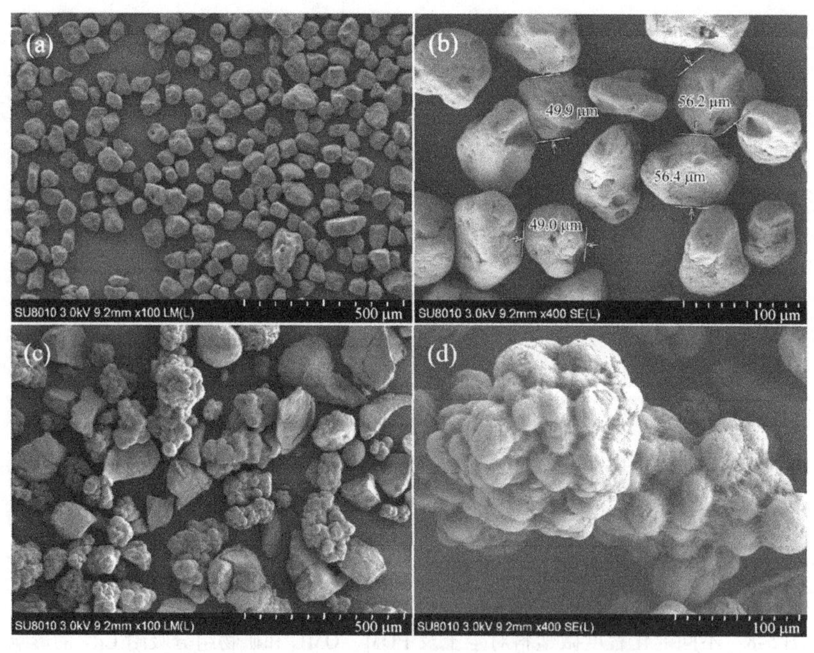

图 5-9　新制 PP 微塑料和老化 PP 微塑料的 SEM 图(注：新制 PP 微塑料：(a)放大倍数 100×，(b)放大倍数 400×；老化 PP 微塑料：(c)放大倍数 100×，(d)放大倍数 400×。)

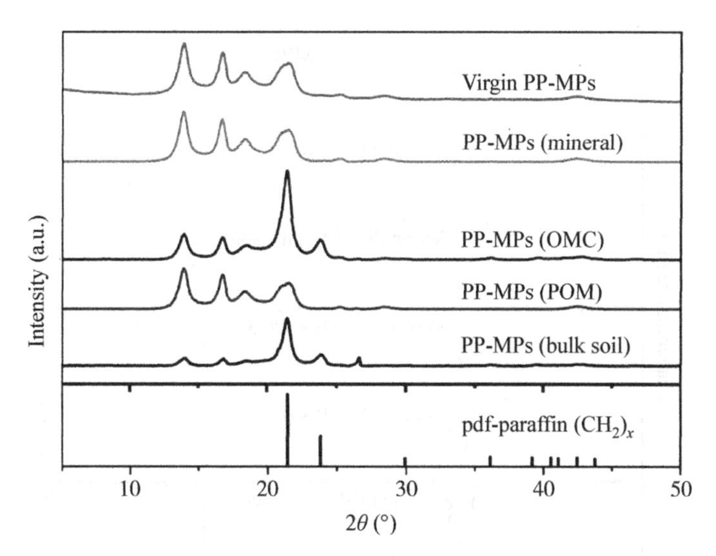

图 5-10 全土及 POM、OMC 和矿物组分吸附镉反应前后新制 PP 微塑料的 XRD 图

为了进一步探究新旧程度对微塑料影响土壤及其各组分吸附 Cd^{2+} 反应中的作用，采用傅立叶变换红外吸收光谱（FTIR）技术对新制和老化 PP 微塑料进行检测分析（图 5-11）。通过将图谱与谱图数据库对比，解析出微塑料样品中的部分红外吸收峰。由于—CH_2 和—CH_3 基团的弯曲吸附，在 1460cm^{-1} 和 1376cm^{-1} 附近出现强吸收带，这是聚丙烯微塑料的重要特征。新制和老化 PP 微塑料具有相似的红外光谱和丰富的官能团，而微塑料在老化后的化学变化可以通过在 1850~1654cm^{-1}（—C=O）、3250~3750cm^{-1}（—OH/—OOH）范围内观察到特征峰的显著变化来证实，老化 PP 微塑料表面的官能团发生氧化，使颗粒表面的极性显著增强，之前的研究表明，金属在吸附剂上的吸附反应主要是通过将金属与表面官能团（如羧基）络合来实现的，因此金属离子可以与含氧基团反应形成络合物。老化 PP 微塑料表面的含氧官能团与 Cd^{2+} 产生更紧密的作用力，使吸附的 Cd^{2+} 难以解吸。分析认为老化 PP 微塑料表面所具有的大比表面积、多含氧官能团以及阴离子活性中心等特性能够提高其对重金属的吸附能力。老化后的微塑料在土壤体系中不仅增强了自身对于 Cd 的吸附，同时也可能在更大程度上影响了土壤的性质，改变了土壤对 Cd 的吸附能力。

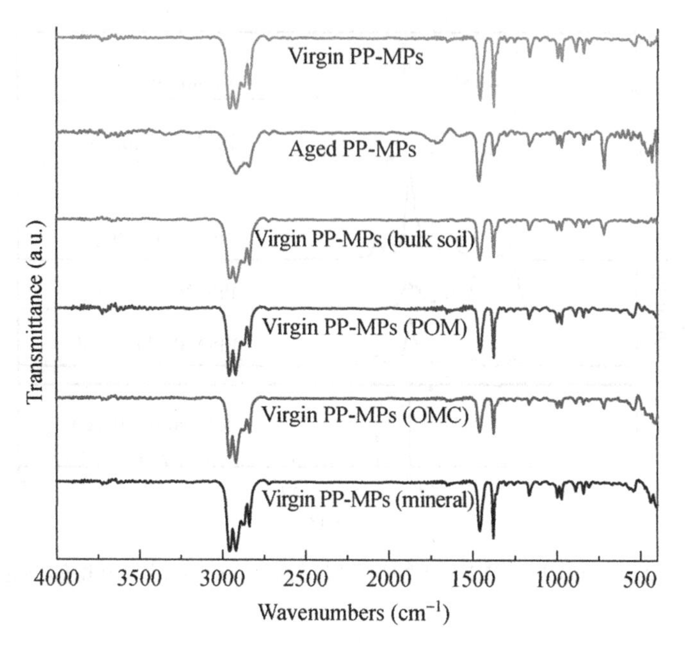

图 5-11　新制和老化 PP 微塑料的红外光谱

5.4　小　　结

本章研究了不添加/添加微塑料条件下，土壤样品对 Cd^{2+} 的吸附能力。研究显示，PP 微塑料的存在显著降低了全土对 Cd^{2+} 的吸附能力和吸附速率，对土壤吸附重金属起到抑制作用。3 个土壤固体组分对 Cd^{2+} 的吸附速率大小依次为 POM>矿物>OMC，其中土壤 POM 组分对 Cd^{2+} 表现出极强的吸附能力和较大的吸附容量，OMC 组分对 Cd^{2+} 的吸附曲线与吸附规律与全土最为相似，表明土壤 POM 和 OMC 组分是土壤吸附 Cd^{2+} 过程中非常重要的吸附相。Elovich 动力学能较好地拟合土壤样品对镉的吸附数据，拟合结果表明微塑料的存在降低了全土及土壤固体组分对 Cd^{2+} 的初始反应速率和整体吸附速率（土壤矿物组分除外）。

等温吸附曲线显示，全土对 Cd^{2+} 的吸附曲线与 OMC 组分的吸附曲线最为一致，表明 OMC 组分在全土吸附 Cd^{2+} 过程中具有不可忽视的作用。其次，

Langmuir 和 Freundlich 等温吸附方程拟合后的各项参数揭示新制 PP 微塑料的加入降低了全土、POM 和 OMC 对 Cd^{2+} 的理论最大吸附量，同时全土、POM 和矿物对 Cd^{2+} 的吸附性能显著下降，表明 PP 微塑料对土壤吸附重金属具有抑制作用。土壤分配系数 K_d 的结果显示新制 PP 微塑料降低了全土以及 POM、OMC 对 Cd^{2+} 的吸附能力，且微塑料对各组分的影响要大于全土，影响程度为 OMC>POM>全土。

微塑料的影响因素实验结果显示，微塑料添加量的增加会降低土壤对 Cd^{2+} 的吸附容量，影响程度表现为 POM>矿物>OMC>全土。老化 PP 微塑料会降低全土及土壤固体组分对镉的吸附容量，其影响程度大小依次为 POM>矿物>OMC>全土；但其对全土及土壤固体组分吸附 Cd^{2+} 的抑制作用弱于新制 PP 微塑料。

第6章 微塑料对土壤镉形态分布与转化的影响

6.1 引　言

在全球范围内，陆地土壤是微塑料最大的聚集点，陆地生态系统中的微塑料污染日益成为研究热点。通常情况下，微塑料并非单独作为污染物存在，而是与其他污染物共同存在污染农田中。根据2022年中国生态环境状况公报，我国农用地土壤环境状况总体呈稳定趋势，主要影响农用地土壤环境质量的污染物是重金属，其中Cd为首要污染物。以往的研究表明，重金属的生物有效性与土壤理化指标(如pH值和DOC)以及影响土壤中重金属形态的土壤微环境密切相关。较低的土壤pH值会降低重金属的吸附，增加其在土壤中的迁移率。溶解性有机碳(DOC)可以减少土壤对金属的吸附，并且高浓度的DOC可能会提高增加重金属的溶解度和生物有效性。

由于微塑料和重金属在土壤中广泛共存，它们可能相互作用，形成复合污染，从而改变单一污染物的环境行为和毒性效应。当土壤中同时存在微塑料和重金属污染时，微塑料可以作为重金属的运输载体。在土壤中，微塑料通过其表面特性吸附或解吸重金属。微塑料与土壤颗粒具有不同的性质，土壤中微塑料的存在还可以通过改变或嵌入土壤团聚体的结构来改变土壤结构及其理化性质，如微塑料可与土壤中有机质和微生物分泌物结合形成团聚体，成为土壤微结构的一部分；或通过刺激酶活性，促进土壤碳库中DOC的释放等。微塑料与重金属的直接和间接作用可能改变重金属在土壤中的环境行为、生物有效性和毒性，从而为土壤生态系统带来多种风险。已有研究关注的是受重金属污染土壤中微塑料对重金属形态的改变。然而，除了地形地貌和成土母质等导致的内源性污染，通过污水灌溉、农药化肥施用、大气沉降等外源因素输入的外源性污染是农业土壤重金属污染的主要类型。目前还不能完全杜绝土壤中外源重金属的输入，微塑料是否会影响重金属的稳定过程，尚不明确。

一般情况下，外源重金属，特别是可溶态重金属排放到土壤中后，通常伴随着重金属离子在土壤颗粒表面的络合、吸附、沉淀反应或扩散到土壤的孔隙中等一系列作用，这些反应可发生在土壤颗粒表面或扩散到土壤孔隙内部，重金属离子会形成有效性不同的各种化学形态，并随着时间推移最终趋于稳定。Lock 和 Alexander 认为重金属与土壤的短期作用主要是吸附作用，而在长期作用条件下可能的反应机制包括：(1)金属扩散进入土壤矿物或有机质的表面微孔；(2)金属通过慢的固态扩散作用进入土壤矿物晶格内；(3)某些条件下，土壤的氧化还原反应引起了铁锰氧化物的沉淀和溶解，这一过程可将部分重金属包裹在沉淀内；(4)高浓度重金属和高浓度的阴离子生成新的固相沉淀；(5)重金属离子扩散进入有机质分子内部或者通过有机质分子的包裹作用从而使重金属与有机质紧密结合。

外源重金属在土壤中的老化过程对降低土壤重金属的环境风险具有重要意义。微塑料对土壤中外源重金属的稳定过程的影响是多方面的，包括改变土壤物理化学性质、影响重金属的形态分布和生物有效性、改变土壤微生物群落结构和功能以及通过食物链影响植物生长等。因此，深入研究微塑料在土壤过程中对土壤中 Cd 再分配的影响将有助于了解相关的环境风险，对于理解和预测微塑料对环境和生态系统的长期影响具有重要意义。

Cd 是我国农田土壤中最常见的金属污染物，是环境中毒性最强、流动性最强的重金属之一。因此，本研究选取了环境中广泛存在的聚丙烯(PP)微塑料和重金属 Cd 作为研究对象，研究 PP 微塑料对土壤中 Cd 老化过程的影响，以期为微塑料和重金属复合污染土壤中重金属的迁移转化以及潜在环境风险评价提供理论依据。研究内容包括：(1)采用动力学方程对土壤中不同形态 Cd 随时间的变化进行拟合；(2)通过分析土壤中 Cd 的相对结合强度和分配系数，明确塑料剂量和老化程度对 Cd 稳定过程的影响；(3)探究在不同老化时间下，土壤中 Cd 形态对微塑料的响应情况。

6.2　材料与方法

6.2.1　试验材料

6.2.1.1　微塑料

微塑料的制备方法同第 5.2.1.1 节。

6.2.1.2　供试土壤

供试土壤取自武汉市某林地 10~30cm 的表层土。土壤样品的基本理化性质见表 6-1。将采集到的土壤样品置于室内风干，剔除碎石、草根等杂质后将土壤磨碎，在室温下风干后通过 2mm 筛。其中，土壤 pH 值使用 pH 计(Mettler Toledo FE20，瑞士)测定，土壤与水的比例为 1∶25。土壤 DOC 采用 0.01 M $CaCl_2$(土液比为 1∶10，振荡 2 小时)提取后，用 TOC 分析仪(Multi N/C 3100，耶拿)测定。土壤有机质(DOM)用 $K_2Cr_2O_7$ 氧化比色法测定。土壤腐殖质(HS)采用 0.1M $Na_4P_2O_7$ 和 0.1 M NaOH 调整 pH 为 13，固液比 1∶20，在 70℃下振荡 1 小时，3500rpm 离心 15 分钟后，取上清液采用 $K_2Cr_2O_7$ 氧化比色法测定 HS 含量。

表 6-1　　试验用土的物理化学性质

土壤理化参数	数值(单位)
土壤水分	15(%)
pH	4.12±0.1
DOC 含量	1.2±0.05(mg/g)
HS 含量	45±0.5(mg/g)
土壤有机质占比	9.06(%)
土壤 Cd 含量	0.21±0.01(mg/kg)
水溶态 Cd	0.003(mg/kg)

续表

土壤理化参数	数值(单位)
离子交换态 Cd	0.067(mg/kg)
碳酸盐结合态 Cd	0.025(mg/kg)
腐殖质结合态 Cd	0.032(mg/kg)
Fe-Mn 氧化态 Cd	0.033(mg/kg)
强有机结合态 Cd	0.029(mg/kg)
残渣态 Cd	0.038(mg/kg)

6.2.2 土壤培养实验

Fuller 和 Gautam 研究发现，土壤中微塑料含量高达 6.7%。在大多数涉及土壤重金属生物利用度的研究中，微塑料的剂量在 0.1%~10%之间。为了探究微塑料对土壤固体组分的影响，并记录土壤老化过程中的明显变化，本研究采用 2%和 10%的微塑料添加浓度，因为 2%的微塑料会显著影响土壤生物物理环境。因此，实验设置了 1 个对照和 6 个处理，分别为：土壤+5mg/kg Cd(对照，CK)、土壤+10%新制 PP 微塑料(T1)、土壤+5mg/kg Cd+10%新制 PP 微塑料(T2)、土壤+10%老化 PP 微塑料(T3)、土壤+5mg/kg Cd+10%老化 PP 微塑料(T4)、土壤+2%老化 PP 微塑料(T3)、土壤+5mg/kg Cd+2%老化 PP 微塑料(T2)。每个处理均有 3 个重复，共设置 147 组样品。将土壤样品与微塑料充分混合，放入玻璃烧杯中，每个烧杯中加入 200g 土壤混合物，然后用密封锡纸覆盖。在培养过程中，定期向土壤表面喷洒去离子水，以维持土壤水分含量约为最大持水量的 60%。并分别在培养第 1 天、7 天、15 天、30 天、60 天、120 天和 180 天取样。

6.2.3 分析方法

6.2.3.1 土壤重金属总量测定

土壤重金属总量：采用国家环境保护标准 HJ 832-2017 方法测定土壤重金属(Cd)含量，详细操作步骤如下：称取风干、过筛的样品 0.25~0.5g(精确至0.0001g)置于消解罐中，用少量去离子水润湿。在防酸通风橱中，依次加入6 mL硝酸、3 mL盐酸、2 mL氢氟酸使样品和消解液充分混匀。若有剧烈化学反应，待反应结束后再加盖拧紧。将消解罐装入消解罐支架后放入微波消解装置的炉腔中，确认温度传感器和压力传感器工作正常。按照升温程序进行微波消解，程序结束后冷却。待罐内温度降至室温后在防酸通风橱中取出消解罐，缓缓泄压放气，打开消解罐盖。将消解罐中的溶液转移至聚四氟乙烯坩埚中，用少许去离子水洗涤消解罐和盖子后一并倒入坩埚。将坩埚置于温控加热设备上在微沸的状态下进行赶酸。待液体成粘稠状时，取下稍冷，用滴管取少量硝酸冲洗坩埚内壁，利用余温溶解附着在坩埚壁上的残渣，之后转入25 mL容量瓶中，再用滴管吸取少量硝酸重复上述步骤，洗涤液一并转入容量瓶中，然后用硝酸定容至标线，混匀，静置60分钟取上清液用原子吸收光谱法测定。

6.2.3.2 土壤重金属形态测定

考虑到微塑料可能促进土壤腐殖质的积累，研究采用中国地质调查局发布的七步法(DD2005-03，200558)测定了Cd在土壤和土壤组分中的形态分布。试验条件如下(以2.5g土为例)：用蒸馏水(25mL，pH 7.0)提取水溶态(F1)，用$MgCl_2$(1.0M，25mL，pH 7.0)提取离子交换态(F2)，用NaOAc(1.0M，25mL，pH 5.0)浸出碳酸盐结合态(F3)，用$Na_4P_2O_7$(0.1M，50mL，pH 10.0)提取腐殖质结合态(F4)，用$HONH_3Cl$+HCl(0.25M，50mL)提取Fe-Mn氧化结合态(F5)，用3mL 0.02M HNO_3(0.02M，3mL)和H_2O_2(30%，5mL，pH 2.0)在85℃下提取强有机结合态(F6)，残渣态(F7)参照土壤重金属总量的测定方法。

每次提取操作后上清液离心20分钟，经0.45μm滤膜过滤，采用原子吸收光谱法(AAS，ZEEnit-700P，Analytik Jena AG，Germany)测定Cd浓度。

6.2.4 数据处理方法

6.2.4.1 动力学模型

为了描述Cd在不同土壤样品中的老化过程，分别采用Elovich模型(公式(6-1))、双常数模型(公式(6-2))和抛物扩散模型(公式(6-3))对Cd的老化过程进行分析。

Elovich 模型：　$$Q_t=a+b\ln t \tag{6-1}$$

双常数模型：　$$\ln Q_t=a+b\ln t \tag{6-2}$$

抛物扩散模型：　$$Q_t=\mathrm{K}t^{1/2}+c \tag{6-3}$$

式中，Q_t为 Cd 含量随时间 t 的变化，mg/kg，t 为老化时间，d；a 和 b 是常数；K 为抛物扩散速率常数，kg/(mg · $d^{0.5}$)；c 为与扩散层相关的常数，mg/kg。

用来衡量拟合过程质量的统计参数是估计标准误差(SE)和相关系数(R^2)。估计的标准误差计算见公式(6-4)：

$$\mathrm{SE}=\left[\frac{\sum(Q-Q^*)^2}{(n-2)}\right]^{1/2} \tag{6-4}$$

式中，Q 和 Q^*分别为测量的 Cd 含量和预测的 Cd 含量；n 为评价的数据点个数；相对较高的 R^2值和较低的 SE 值被视为最佳拟合。

6.2.4.2　Cd 变化率

不同形态 Cd 变化率 k 的计算方法见式(6-5)：

$$k=(C_x-C_0)/C_0-(C_{x,k}-C_{0,k})/C_{0,k} \tag{6-5}$$

式中，C_x和 C_0分别为处理组不同老化时间和初始阶段重金属化学形态的浓度；$C_{x,k}$和 $C_{0,k}$分别为对照组在不同老化时间和初始阶段重金属化学形态的浓度。

6.2.4.3　结合强度系数

常用于估算土壤中金属稳定性的参数是结合强度系数 I_R(The reduced partition index)。该指数利用顺序萃取金属形态的结果来描述重金属与土壤的结合强度。I_R越高，重金属与土壤的结合越紧密。I_R可由公式(6-6)计算：

$$I_R=\left[\sum_{i=1}^{K}(F_i\times i^n)\right]/K^n \tag{6-6}$$

式中，i 为重金属形态提取次序，1 为水溶态，2 为离子交换态，3 为碳酸盐结合态，4 为腐殖质结合态，5 为铁锰氧化态，6 为强有机结合态，7 为残渣态。F_i为第 i 步提取的重金属形态含量与土壤中重金属总量的比值。K 是提取的总步骤数，n 是整数，通常是 1 或 2。在本研究中，$K=7$，$n=1$。残渣态

F7 金属含量为 100% 时，I_R值达到最大值($I_R=1$)。当可交换组分 F1 和 F2 中金属含量为 100% 时，I_R值最小($I_R=0.04$)。

6.2.4.4　再分配系数

通常用再分配系数 U_{tf}(The redistribution index)衡量污染土壤中重金属形态分布与干净土壤中的相似程度。各总金属形态 U_{tf}的计算如公式(6-7)所示：

$$U_{tf}=F_i/F_{Ci} \tag{6-7}$$

式中，F_i为处理组第 i 步提取的重金属形态含量与重金属总量之比；F_{Ci}为未受污染土壤第 i 步提取的重金属形态含量与重金属总量之比。

给定金属的整体土壤总再分配系数 U_{ts}的计算如公式(6-8)所示：

$$U_{ts}=\sum_{i=1}^{K}(F_i\times U_{tf}) \tag{6-8}$$

根据定义，未受污染的土壤 U_{ts}值为 1。土壤重金属总再分配系数越接近 1，形态分布越接近未受污染的土壤，各形态重金属分布越稳定；反之，重金属的形态分布越不稳定。

6.2.4.5　统计分析

所有数据均为 3 个独立重复组的平均值±SD。采用 Excel 2021 对所得试验数据进行整理，使用 IBM SPSS Statistics 22(IBM Coporation Software Group, Somers, NY)进行统计分析，采用 Origin 2022 作图。采用方差分析(ANOVA)对添加微塑料的处理组和对照组的土壤重金属形态进行比较。

6.3　土壤中 Cd 的形态分布及转化趋势

6.3.1　土壤中 Cd 的形态分布与转化

无论是否存在微塑料，外源 Cd 进入土壤后，在最初的 30 天内，Cd 的 7 种形态均经历了显著的变化；30 天后，变化速度明显减缓，并在 60 天后达到相对稳定状态(图 6-1)。所有处理组中 Cd 的 7 种形态变化趋势一致，均表现为可交换态(包括水溶态 F1 和离子交换态 F2)Cd 含量减少，其余 5 种形态 Cd 含量增加。研究显示，外源 Cd 进入土壤后，会经历形态的再分配过程，其中

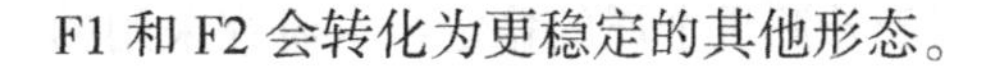
F1 和 F2 会转化为更稳定的其他形态。

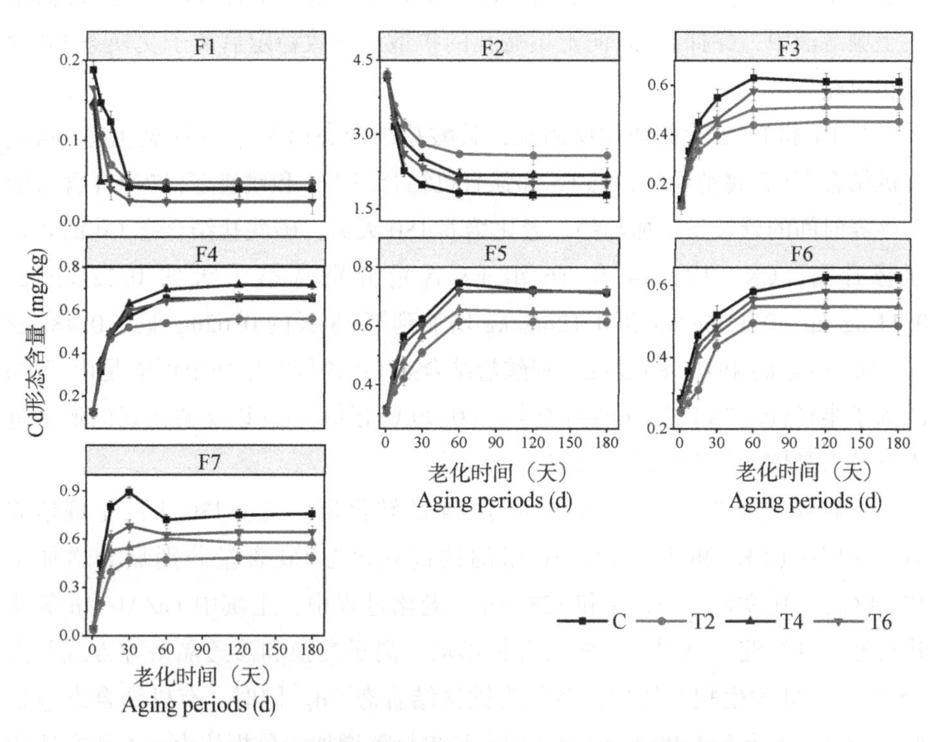

图 6-1　添加微塑料前后外源 Cd 在全土中老化过程的形态转化

老化过程中，4 个试验组土壤可交换态 Cd 含量变化均经历 3 个阶段：快速减少、慢速减少和稳定状态。在土壤培养初期(第 1 天)，Cd 主要以离子交换态(F2)的形式存在。随着培养时间的延长，F2 浓度快速下降；15 天后，F2 的下降速度开始减缓，并逐渐稳定在 1.8mg/kg 左右。这与 Tang 等人研究结果相似，他们观察到当 Cd 添加到土壤中时，其反应非常迅速，水溶性 Cd 在很短的时间内就转化为溶解度相对较低的化合物。土壤培养第 1 天，CK、T2、T4 和 T6 组离子交换态分配系数(某一重金属形态含量除以重金属总量的百分比)分别为 82.76%、84.44%、83. 80%和 83.36%。经过 180 天的老化培养后，CK、T2、T4 和 T6 组离子交换态分配系数分别降低至 35.62%、51.56%、43.70%和 40.32%。可以看出，相比对照组，微塑料的存在在一定程度上抑制了离子交换态 Cd 向其他形态的转化，且显著受微塑料剂量和微塑料老化程度的影响。pH 值和老化时间是影响 Cd 进入土壤后的形态分配的关键因素。有研究指出，低土壤 pH 值不利于外源重金属的稳定。本研究采用的棕壤，土壤 pH 值约为4，属于偏酸性土壤条件，这种酸性环境使得 Cd 溶解在土壤溶液中，并抑制 Cd 向土壤微孔的扩散，导致稳定后离子交换态 Cd 含量相对较高。

与 F1 和 F2 变化趋势相反的是，碳酸盐结合态(F3)、铁锰氧化态(F4)、有机结合态(含腐殖质结合态 F5 和强有机结合态 F6)和残渣态(F7)Cd 含量随着培养时间的延长呈增加趋势。老化培养180天后，碳酸盐结合态 Cd 的含量显著升高。CK、T2、T4 和 T6 组 F3 含量分别从第1天的0.12mg/kg、0.11mg/kg、0.11mg/kg 和0.12mg/kg 增加到第18天的0.62mg/kg、0.48mg/kg、0.51mg/kg 和0.58mg/kg。碳酸盐结合态 Cd 含量的增加很可能是由于 Cd 的离子半径(0.97Å)与 Ca 的离子半径(0.99Å)相似，Cd 以伪装元素的形式进入方解石晶体，与碳酸盐共沉淀。

本研究发现老化的微塑料增加了 F4 的转化量。经过180天的土壤培养后，对照组(CK)和 T2、T4、T6 组的铁锰氧化态 Cd 含量分别显著增加了124.0%、101.9%、108.2%和128.3%。老化过程中，土壤中 Fe/Al/Mn 氧化物可通过共沉淀、吸附、表面络合物形成、离子交换和渗透晶格等方式与离子交换态 Cd 发生相互作用，转化为铁锰结合态 Cd。同时，有机结合态包括腐殖质结合态和强有机结合态 Cd 的含量也显著增加。分析认为，本研究所用土壤有机质含量较高，可通过表面络合、离子交换和表面沉淀等方式固定土壤中的离子交换态 Cd。

对于残渣态 Cd(F7)，其变化趋势与 F3、F5 和 F6 相似。F7 含量从第1天的0.041mg/kg(CK)、0.036mg/kg(T2)、0.038mg/kg(T4)和0.040mg/kg(T6)增加到第180天的0.557mg/kg(CK)、0.482mg/kg(T2)、0.517mg/kg(T4)和0.524mg/kg(T6)。残渣态含量的上升可能是由于部分 Cd 离子通过微孔扩散作用进入矿物晶格内部，或通过共沉淀作用被包裹在沉淀中。

综上，除 F1 外，微塑料的加入显著影响了 Cd 化学形态的转化(图6-1)。老化导致 Cd 形态从水溶性和离子交换形态转变为其他相对稳定的形态。然而，添加微塑料显著提高了 Cd 的生物利用度，F2 含量显著增加，F3、F5、F6 和 F7 含量显著降低。老化180天后，离子交换态 Cd 含量在各试验组中的排序为 T2>T4>T6>CK；铁锰氧化物结合态、有机结合态和残渣态等相对更稳定的形态在各试验组中排序为 CK>T6>T4>T2。结果表明微塑料的添加促使老化后土壤中 Cd 的有效态含量增加，Cd 稳定态含量降低，提高了土壤中 Cd 的流动性，且新制 PP 微塑料的影响大于老化 PP 微塑料，影响程度随微塑料投加量的增加而增大。

6.3.2 土壤中 Cd 形态变化过程的动力学模拟

分别采用 Elovich 方程、双常数方程和抛物线扩散方程 3 种常见的动力学方程拟合土壤中 7 种形态 Cd 随时间的变化过程，拟合结果见表 6-2。表中 R^2 和 SE 反映了不同模型与实验数据的拟合效果。可以看出，最佳拟合模型为 Elovich 方程(R^2 = 0.678～0.968，均值 0.902)，其次分别为双常数方程(R^2 = 0.543～0.962，均值 0.869)、抛物线方程(R^2 = 0.357～0.856，均值 0.682)。拟合结果与林瑞聪的研究结果较为一致。Elovich 方程的拟合效果最佳，说明了 Cd 的老化反应中是由多个反应机制共同控制的非均相扩散作用，这些可能的反应机制包括吸附作用、沉淀作用、扩散作用和包裹作用，它们共同影响了 Cd 在土壤中的稳定化行为。

表 6-2 **3 种模型拟合土壤老化培养过程中 Cd 的形态变化**

形态	处理组	Elovich 方程		双常数方程		抛物线扩散方程	
		R^2	SE	R^2	SE	R^2	SE
水溶态(F1)	CK	0.877	0.025	0.837	0.028	0.702	0.039
	T2	0.879	0.025	0.925	0.011	0.610	0.026
	T4	0.691	0.020	0.879	0.015	0.365	0.034
	T6	0.846	0.021	0.925	0.017	0.550	0.041
离子交换态(F2)	CK	0.906	0.303	0.951	0.218	0.634	0.598
	T2	0.951	0.289	0.966	0.918	0.726	1.067
	T4	0.950	0.939	0.968	0.715	0.720	0.939
	T6	0.942	0.762	0.971	0.608	0.693	0.883
碳酸盐结合态(F3)	CK	0.940	0.048	0.857	0.075	0.703	0.109
	T2	0.961	0.048	0.882	0.216	0.723	0.232
	T4	0.962	0.205	0.882	0.195	0.734	0.216
	T6	0.960	0.181	0.883	0.165	0.748	0.191

续表

形态	处理组	Elovich 方程		双常数方程		抛物线扩散方程	
		R^2	SE	R^2	SE	R^2	SE
腐殖质结合态(F4)	CK	0. 943	0. 052	0. 858	0. 082	0. 715	0. 117
	T2	0. 911	0. 056	0. 810	0. 258	0. 625	0. 281
	T4	0. 958	0. 244	0. 875	0. 215	0. 738	0. 247
	T6	0. 945	0. 191	0. 854	0. 216	0. 703	0. 245
铁锰氧化态(F5)	CK	0. 921	0. 049	0. 890	0. 058	0. 742	0. 090
	T2	0. 926	0. 051	0. 932	0. 035	0. 843	0. 053
	T4	0. 940	0. 038	0. 925	0. 039	0. 796	0. 064
	T6	0. 966	0. 038	0. 940	0. 041	0. 801	0. 075
强有机结合态(F6)	CK	0. 968	0. 025	0. 962	0. 029	0. 856	0. 056
	T2	0. 854	0. 029	0. 867	0. 056	0. 789	0. 063
	T4	0. 927	0. 061	0. 917	0. 035	0. 800	0. 055
	T6	0. 931	0. 036	0. 934	0. 036	0. 840	0. 056
残渣态(F7)	CK	0. 678	0. 181	0. 543	0. 216	0. 357	0. 257
	T2	0. 882	0. 166	0. 757	0. 454	0. 613	0. 473
	T4	0. 840	0. 441	0. 705	0. 408	0. 516	0. 430
	T6	0. 787	0. 396	0. 648	0. 339	0. 461	0. 369

进一步采用 Elovich 方程拟合所得的参数，来表征土壤中 Cd 的稳定化动力学特征(表 6-3)。Elovich 方程的拟合的参数 b 的绝对值能够反映 Cd 形态转化的速率，可以用于比较不同处理组间老化反应的速率差异。根据 Elovich 方程的拟合结果，得到了表 6-2 中列出的各项参数。在 CK 组中，7 种形态 Cd (F1~F7)的 Elovich 方程参数 b 的绝对值分别为 0. 033(F1)、0. 478(F2)、0. 099(F3)、0. 110(F4)、0. 087(F5)、0. 072(F6)和 0. 134(F7)，按照从大到小的顺序排列为 F2> F7>F4>F3 >F5> F6 >F1。其中，离子交换态的 b 值最高，这意味着它向其他更为稳定的形态转化的速度最快。这可能和离子交换态在土壤中的浓度最高、稳定性最低有关。

分析 T2、T4 和 T6 组的数据后发现，微塑料的添加显著影响了土壤中 Cd

的形态分布及其转化速率。除腐殖质结合态外，其他形态的 b 绝对值普遍降低，且各组间 b 绝对值的大小顺序为 CK>T6>T4>T2，这表明微塑料的添加减缓了土壤中 Cd 形态的分布和转化速率，进而影响了外源 Cd 在土壤中的稳定化过程。值得注意的是，2%老化 PP 微塑料对 Cd 形态转化的影响最小，新制 PP 微塑料的影响最大，表明微塑料对土壤 Cd 形态的转化受微塑料剂量和老化程度的显著影响。对于腐殖质结合态 Cd，新制和老化 PP 微塑料的影响趋势相反：新制 PP 微塑料导致其 b 绝对值下降，而老化 PP 微塑料则使其 b 绝对值上升。这可能表明微塑料的存在和老化状态对土壤中 Cd 的稳定化机制有着复杂的影响。

表 6-3　**Elovich 模型拟合土壤老化过程中 Cd 形态变化的参数**

形态	处理组	R^2	a	b
水溶态（F1）	CK	0.877	0.192	−0.033
	T2	0.879	0.135	−0.020
	T4	0.691	0.116	−0.018
	T6	0.846	0.148	−0.028
离子交换态（F2）	CK	0.906	3.930	−0.478
	T2	0.951	4.160	−0.342
	T4	0.950	4.103	−0.416
	T6	0.942	4.025	−0.438
碳酸盐结合态（F3）	CK	0.940	0.163	0.099
	T2	0.961	0.133	0.069
	T4	0.962	0.133	0.082
	T6	0.960	0.133	0.095
腐殖质结合态（F4）	CK	0.943	0.147	0.110
	T2	0.911	0.173	0.086
	T4	0.958	0.153	0.121
	T6	0.945	0.159	0.109

续表

形态	处理组	R^2	a	b
铁锰氧化态（F5）	CK	0.921	0.309	0.087
	T2	0.926	0.275	0.069
	T4	0.940	0.296	0.074
	T6	0.966	0.313	0.084
强有机结合态（F6）	CK	0.968	0.265	0.072
	T2	0.854	0.209	0.057
	T4	0.927	0.237	0.063
	T6	0.931	0.245	0.068
残渣态（F7）	CK	0.678	0.205	0.134
	T2	0.882	0.072	0.092
	T4	0.840	0.148	0.100
	T6	0.787	0.158	0.114

6.4　土壤中 Cd 的相对结合强度和分配系数

6.4.1　结合强度系数

结合强度系数 I_R 是一个定量指标，用于描述金属与土壤之间的相对结合强度。该参数可用于比较不同土壤中金属的结合能力，从而评估金属在土壤中的稳定性和流动性。在金属从较不稳定的形态向更稳定的形态转化过程中，I_R 值会相应增加；I_R 值越大，表明土壤中金属的稳定性越好。

不同处理组土壤中 Cd 的结合强度系数见表 6-4。可以看出，老化第 1 天，CK、T2、T4 和 T6 组的 I_R 值分别为 0.369、0.361、0.364 和 0.368。经过 180 天后，四个试验组的土壤中 Cd 的 I_R 值均有所提高，分别为 0.550、0.521、0.540 和 0.548。可见，老化前后，各试验组的土壤 Cd 的结合强度系数大小顺序均遵循对照组(CK)>T6 组>T4 组>T2 组，即对照组土壤中 Cd 的稳定性最高，添加 10%新制 PP 微塑料的 T2 组土壤中 Cd 的稳定性最低。

土壤中 Cd 的结合强度系数的变化显示，外源 Cd 一旦进入土壤，便会从不稳定形态转变为更稳定的形态；这一过程中土壤中 Cd 的稳定形态比例逐渐上升，而其生物有效性则逐步下降。表明，微塑料的添加对 Cd 与土壤的结合强度产生了负面影响，降低了 Cd 的稳定性。特别是新制 PP 微塑料，其影响更为显著。微塑料投加量越高，其对 Cd 稳定性的负面影响越大，这可能与微塑料改变了土壤的物理化学性质和微生物群落结构有关。

表 6-4　**土壤中 Cd 的结合强度系数(I_R)(n=1, k=7)**

老化时间(d) \ 试验组	CK	T2	T4	T6
1	0.369	0.361	0.364	0.368
7	0.420	0.410	0.415	0.421
15	0.477	0.460	0.471	0.480
30	0.507	0.490	0.503	0.507
60	0.543	0.516	0.530	0.541
120	0.550	0.521	0.539	0.547
180	0.550	0.521	0.540	0.548

6.4.2 再分配系数

再分配系数 U_{ts}是一个以时间为函数的指标，用于估计金属在土壤中达到稳态分布的过程。根据定义，在未受污染的土壤中，金属的 U_{ts}值设定为 1，表示金属分布的初始平衡状态。然而，在金属污染的土壤中，U_{ts}的初始值会显著偏离 1，随着时间的推移，该值会逐渐趋向于 1，反映出金属在土壤中分布趋于稳定的过程。CK、T2、T4 和 T6 组土壤 Cd 的总再分配系数如表 6-5 所示。

由表 6-5 可以看到，老化第 1 天，CK、T2、T4 和 T6 组土壤中 Cd 的 Uts 值分别为 2.43、2.47、2.44 和 2.44，均明显高于 1，可见，污染土壤 Cd 形态分布模式与未污染土壤存在显著差异。随着老化时间的延长，U_{ts}值显著下降。在老化 180 天后，CK 组中 Cd 的形态分布模式(U_{ts}=1.03)与未污染土壤中 Cd 的形态分布模式(U_{ts}=1.0)相似度较高，而 T2、T4 和 T6 组土壤中 Cd 的 U_{ts}值分别为 1.28、1.13 和 1.08。表明微塑料的添加减缓了 Cd 形态的再分配过程，并导致平衡后 Cd 形态的分布与未污染原始土壤中 Cd 的形态分布模式存在差异，且微塑料添加量与老化程度显著影响 Cd 的形态分布。

表 6-5　　**土壤中 Cd 的总再分配系数(U_{ts})**

老化时间(d) \ 试验组	CK	T2	T4	T6
1	2.43	2.47	2.44	2.44
7	1.55	1.86	1.69	1.61
15	1.16	1.57	1.35	1.21
30	1.10	1.35	1.21	1.11
60	1.08	1.29	1.11	1.09
120	1.06	1.28	1.13	1.08
180	1.03	1.28	1.13	1.08

受外源重金属污染后，土壤中金属元素将发生重新分布的现象。在污染初期，这些金属元素很快通过离子交换、络合或沉淀等方式与固相组分结合。随着老化时间的推移，这些金属将从其初始的不稳定形态，逐渐转化为更稳定的形态，如被吸附到土壤矿物质表面或形成难溶性沉淀。因此，老化过程中污染土壤中金属形态分布随时间的变化近似于未污染土壤的分布规律。经过 180 天的老化处理后，CK 组 U_{ts}接近 1。这与 Kabata-Pendias 的研究结果相吻合，他们指出在大多数土壤条件下，源自人类活动的金属相较于自然生成的金属，更容易发生迁移，并且具有较高的生物可利用性。添加微塑料后，土壤中的 Cd 形态分布模式变化结构与结合强度系数和动力学的结果一致，表明微塑料可能通过影响土壤中 Cd 的形态转化，进而影响其生物有效性和环境风险。

6.5 土壤中 Cd 形态对微塑料的响应

本研究对土壤中 Cd 的化学形态在添加不同浓度和老化状态的微塑料后的响应进行了详细分析。具体来说，通过计算在添加 10%新制 PP 微塑料、10%老化 PP 微塑料以及 2%老化 PP 微塑料情况下 Cd 形态的变化率，评估了这些微塑料对土壤中 7 种 Cd 化学形态的影响，结果见图 6-2。

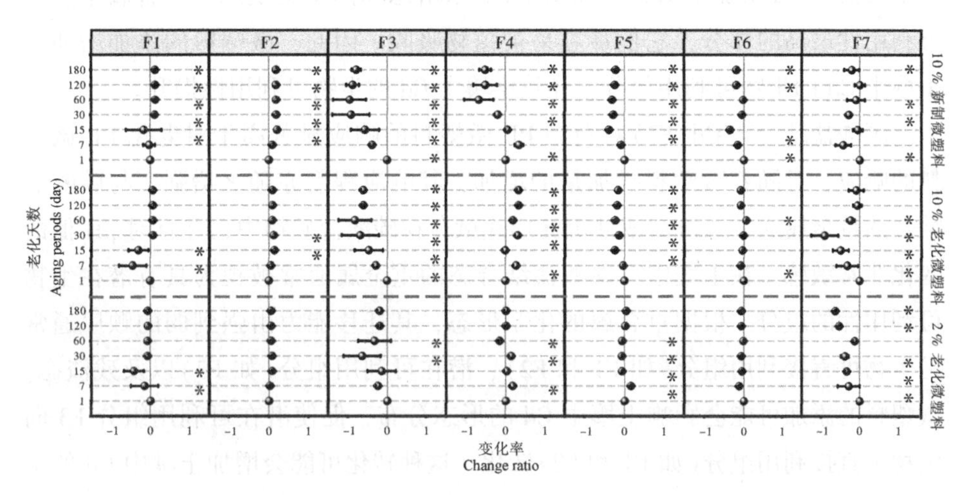

图 6-2 不同老化时期 Cd 化学形态(F1~F7)对微塑料添加的响应

注：1)正值表示微塑料的添加具有正效应，负值表示微塑料的添加具有负效应。2)误差棒表示平均值的 95%置信区间。星号(*)表示微塑料对重金属化学形态具有显著影响，否则没有显著影响($P<0.05$)。

研究表明，除了 2%老化 PP 微塑料对 F2 和 F6 无显著影响之外，微塑料的添加显著影响了 Cd 的其他化学形态，且 Cd 的化学形态对微塑料添加量和老化程度的响应存在差异。其中，10%的新制 PP 微塑料对 F1~F7 均有显著影响，且影响贯穿了整个培养周期。10%的老化 PP 微塑料显著影响 F3、F4、F5 和 F7，但仅在培养初期(前 30 天)显著影响 F1 和 F2。2%的老化 PP 微塑料显著影响 F4、F5 和 F7，对 F1 和 F3 的影响时间较短。

不同的化学形态的 Cd 对微塑料的响应表现出显著差异。其中，水溶态 Cd(F1)对老化 PP 微塑料的响应主要集中在第 7 至 15 天，而对新制 PP 微塑料的响应则贯穿整个培养周期。这种现象可能是因为水溶态Cd本身的含量相对较小，加之微塑料的添加扰乱了土壤溶液的水稳性，从而导致水溶态Cd对微塑料的响应呈现出波动性的变化。

3组微塑料处理均显著增加了土壤中Cd的离子交换态(F2)含量，且这一变化趋势与老化时间呈正相关。离子交换态Cd对新制PP微塑料的响应程度大于老化PP微塑料，且随着微塑料添加量增加，其对F2的影响随之增强。经过180天的老化处理后，新制PP微塑料和老化PP微塑料分别导致土壤中离子交换态Cd增加了18.0%和9.1%。水溶态和离子交换态是重金属中生物可利用性最高的部分，它们最容易被植物吸收。因此，微塑料的添加增加了土壤中Cd的生物可利用部分，导致土壤中Cd的生物可利用性提升。

碳酸盐结合态Cd(F3)对新制PP微塑料的响应显著高于对老化PP微塑料的响应，且随着微塑料投加量的增加，其响应程度亦随之增强。与碳酸盐结合的重金属通常以沉淀或共沉淀形式赋存在碳酸盐矿物中，并且对pH值的变化非常敏感。在土壤中，碳酸盐结合态的重金属通常被视为具有潜在生物可利用性的组分。根据重金属的化学形态，其迁移能力由强到弱的顺序通常是生物可直接利用组分(如F1和F2)、潜在可利用组分(如F3)以及残渣态。微塑料的添加可能会影响土壤中Cd的形态分布，促使潜在可利用组分F3向生物可直接利用组分(如F1和F2)转化。这种转化可能会增加土壤中Cd的生物可利用性。

腐殖质结合态Cd对微塑料的添加表现出复杂的响应趋势。对于新制PP微塑料，腐殖质结合态的Cd表现出负响应，这可能意味着新制PP微塑料的存在抑制了Cd向腐殖质结合态的转化。相反，对于老化PP微塑料，腐殖质结合态的Cd则表现出正响应，表明老化PP微塑料可能促进了Cd与腐殖质的结合。这与其转化率的大小排序T4(b，0.121)>CK(b，0.110)≈T6(b，0.109)>T2(b，0.086)一致。

土壤中Cd的铁锰氧化结合态(F5)和强有机结合态(F6)对微塑料的添加表现出负响应。这两种化学形态通常被认为是重金属中较为稳定且不易被生物利用的部分。然而，微塑料的添加似乎促进了这些稳定形态的Cd向活性更高的形态转化，从而降低了它们在土壤中的含量。具体来说，新制PP微塑料对这两种形态Cd的降低程度更为显著，且随着微塑料投加量的增加，铁锰氧化结合态和强有机结合态Cd含量显著降低。这表明微塑料的添加不仅改变了土壤中 Cd 的化学形态分布，还可能增加了 Cd 的生物可利用性，进而对土壤生态系统和作物安全产生潜在影响。

微塑料的添加降低了土壤中残渣态 Cd(F7)的含量。残渣态 Cd 通常被认为是重金属中稳定性最高的形式，在自然环境下不易被生物利用，也不易释放到环境中，因此它是土壤中 Cd 较为安全的存在形态。然而，微塑料的存在可能通过改变土壤的化学和物理条件，如 pH 值、氧化还原电位或微生物活性，进而影响了残渣态 Cd 的稳定性。微塑料的添加导致这部分 Cd 的释放，降低了全土中 Cd 的整体稳定性，并可能增加了其在土壤中的流动性和生物可利用性。

6.6 小　　结

本章通过在土壤中添加外源性重金属 Cd 和 PP 微塑料，深入分析了土壤中 Cd 的形态转化和分布情况。主要研究结果如下。

(1)外源 Cd 进入土壤后，所有处理组中 Cd 的 7 种形态变化趋势一致，均表现为水溶态 F1 和离子交换态 Cd 含量减少，碳酸盐结合态、腐殖质结合态、铁锰氧化态、有机结合态和残渣态 Cd 含量增加。添加微塑料显著提高了 Cd 的生物利用度，离子交换态 Cd 含量显著增加，碳酸盐结合态、铁锰氧化态、有机结合态和残渣态 Cd 含量显著降低。表明微塑料的添加促使老化后土壤中 Cd 的有效态含量增加，Cd 稳定态含量降低，提高了土壤中 Cd 的流动性，且新制 PP 微塑料的影响大于老化 PP 微塑料，影响程度随微塑料投加量的增加而增大。

(2)动力学模拟结果表明，Elovich 方程的拟合效果最佳(R 均值为 0.902)，表明 Cd 的老化反应是由吸附作用、沉淀作用、扩散作用和包裹作用等多个反应机制共同控制的非均相扩散作用形成的。各形态分布转化速率大小顺序为离子交换态 Cd>残渣态 Cd>腐殖质结合态 Cd>碳酸盐结合态 Cd>铁锰氧化态 Cd>强有机结合态 Cd>水溶态 Cd。结果显示，微塑料的添加减缓了土壤中 Cd 形态的分布和转化速率，进而影响了外源 Cd 在土壤中的稳定化过程。

(3)微塑料的添加对 Cd 与土壤的结合强度产生了负面影响，也减缓了 Cd 形态的再分配过程，并导致平衡后 Cd 形态的分布与未污染原始土壤中 Cd 的形态分布模式存在差异。Cd 与土壤的结合强度和再分配过程受微塑料添加量与老化程度的显著影响。

(4)在老化过程中，与对照组相比，离子交换态Cd对微塑料添加表现出正响应，而铁锰氧化物结合态Cd、有机结合态Cd和残渣态Cd等相对更稳定的形态对微塑料的添加则呈现负响应。此外，微塑料的添加增加了土壤中Cd的有效态部分，提高了Cd的流动性，降低了其稳定性。新制PP微塑料的影响大于老化PP微塑料，并且随着微塑料投加量的增加，影响程度也相应增大。

第7章 微塑料对土壤固体组分中镉分布的影响

7.1 引 言

土壤是一个复杂且庞大的物质体系，土壤化学环境条件的改变会影响和改变土壤中重金属的迁移转化行为。重金属主要存在于土壤的固相及液相中，但外界条件的变化会改变重金属在土壤固相和液相中的分布，进而导致重金属在土壤系统中的迁移以及形态的转化。土壤的固相活性组分决定了土壤整体的孔隙结构，主要由土壤有机质(SOM)、黏粒矿物、金属氧化物等构成，其含量及组成深刻影响着重金属的环境行为。

SOM 和重金属有很强的亲和性，能与重金属发生静电吸附、氧化还原等反应，对重金属在环境中的形态分布起着重要的作用，但同一土壤中不同有机物质组分存在很大的差异。同属于 SOM 的溶解性有机质(DOM)和富里酸/腐殖酸可与金属形成可溶性螯合物，以增加特定土壤条件下的金属流动性、可萃取性和植物有效性。此外，土壤中还存在粒径大于 0.053mm 的颗粒态有机质(POM)，这类有机质是动植物残体向土壤腐殖质转化的活性中间产物，属于腐殖化程度较低但活性较高的有机碳库。研究表明，POM 结构中存在大量的羧基、羟基、酚羟基等多种功能团，具有吸持重金属的作用。POM 的富集能力因土壤的差异有所不同，Balabane 等人研究发现在轻度污染的耕地土壤中，POM 组分中 Cu、Zn、Pb 和 Cd 的浓度分别是普通土壤的3~8、1~7 和5~11 倍。

土壤矿物主要由岩石风化而成，在土壤的固相组分中也占据着较大的质量比例，是土壤的“骨架”。土壤金属氧化物是土壤矿物中的一部分，具有较强的阳离子交换量和较大的比表面积，能够与金属离子发生离子交换、络合反应和静电吸附等物理化学过程。常见的土壤金属氧化物主要有铁氧化物、铝氧化物和锰氧化物等。因而土壤的矿物组分在一定程度上也影响着重金属的形态和分布。

同时，重金属形态和生物利用度还取决于与各种矿物和有机化合物的沉淀和螯合作用。这些矿物和有机物通过一系列物理、化学和生物过程相互作用，形成各种矿物有机络合物或螯合物，即有机矿物复合体(OMC)。OMC通过表面吸附和沉淀控制土壤中重金属的形态、活动性和生物有效性。研究表明，土壤固相组分之间也能够发生表面覆盖、晶格取代、络合等反应，互相影响着各自的比表面积、表面活性和反应点位数量，影响着重金属的迁移转化。

目前土壤中微塑料的研究主要集中在微塑料在土壤环境中的分布状况，而关于微塑料对土壤及固体组分中重金属形态影响的机制研究报道还较少。最新研究表明，重金属和微塑料释放到土壤环境后会发生地球化学过程，微塑料可以吸附土壤中的重金属，相关学者对微塑料与重金属的相互作用也进行了研究。有研究表明，土壤中的微塑料在磨损过程中表面会带电荷，能够吸附金属阳离子，其吸附动力学特征符合非线性吸附方程。此外，微塑料作为载体，显示出增强陆地环境中重金属吸附的潜力。尽管已有研究探讨了微塑料与金属之间的吸附作用，但关于微塑料对土壤介质中重金属稳定化过程影响的研究报道较为有限。

微塑料作为一类不易生物降解的污染物可长期存在于土壤中并在土壤不同组分间迁移。因此，了解重金属在土壤组分复合界面上的行为，理解土壤活性组分与重金属之间的反应机理，对探究微塑料影响土壤老化过程中Cd分布的机制起着重要的作用。

7.2 材料与方法

本章节试验材料与方法同第6章。需要注意的是，在湿筛分离过程中，土壤组分中水溶性Cd更容易被浸出，因此，在分析土壤组分中Cd的形态时，不考虑水溶态Cd。

7.3 土壤固体组分中Cd分布及其对微塑料的响应

7.3.1 土壤固体组分质量变化

对照组(CK)中土壤组分质量比几乎没有变化，表明单一的Cd污染对土壤组分质量无显著影响。微塑料处理组(T1~T6)的土壤组分质量比例均发生了明显变化(图 7-1)。微塑料的添加导致 OMC 组分的质量占比下降了 10.88%(T3)~23.10%(T1)，而 POM 和矿物组分质量占比则分别提高了 38.73%(T4)~71.94%(T2)和 4.85%(T4)~21.20%(T1)。土壤培养 180 天后，T2 组、T4 组和 T6 组 POM 质量分别提高了 7.6%、7.6%和 5.3%，OMC 质量分别下降了 10.0%、10.3%和 8.7%。可见，新制 PP 微塑料和老化 PP 微塑料对土壤组分质量的影响无显著差异，微塑料剂量对土壤组分质量的影响更为显著。

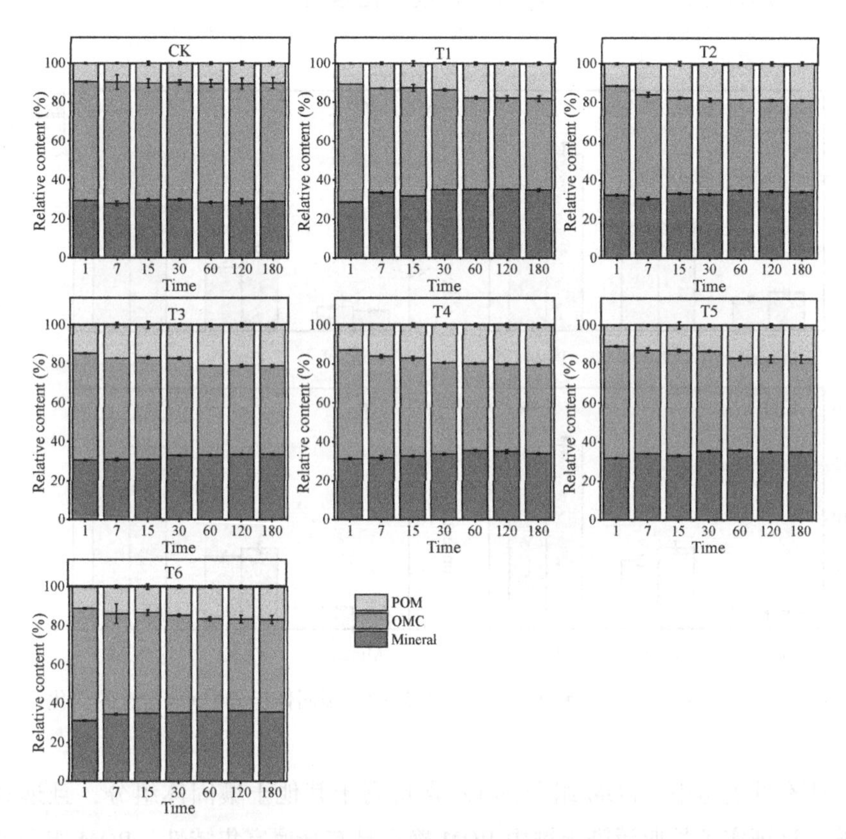

图 7-1　土壤培养 180 天前后不同处理组的土壤固体组分占比的变化

7.3.2　土壤固体组分中 Cd 含量变化

土壤培养 180 天后，所有处理组 POM、OMC 和矿物组分的 Cd 含量均发生了显著变化(图 7-2)。CK 组 OMC 组分中 Cd 含量由 6.25mg/kg 增加到

7. 36mg/kg，POM 和矿物组分 Cd 含量分别下降了 18. 00%和 16. 32%，表明土壤老化促使对照组 POM 和矿物组分中 Cd 向 OMC 组分迁移。添加微塑料改变了土壤组分中 Cd 的迁移方向，促使土壤中 Cd 由 OMC 组分迁移到 POM 和矿物组分。微塑料的存在促使 OMC 组分中的 Cd 含量降低了 9. 97%(T6)～19. 79%(T2)，使 POM 和矿物组分中的 Cd 含量分别提高了 21. 36%(T6)～69. 54%(T2)和 19. 87%(T2)～46. 45%(T4)(图 7-2)。此外，微塑料老化程度对微塑料组土壤组分中镉含量的变化影响不大，但微塑料添加量显著影响土壤组分中镉含量，且剂量越高，Cd 含量变化越大。

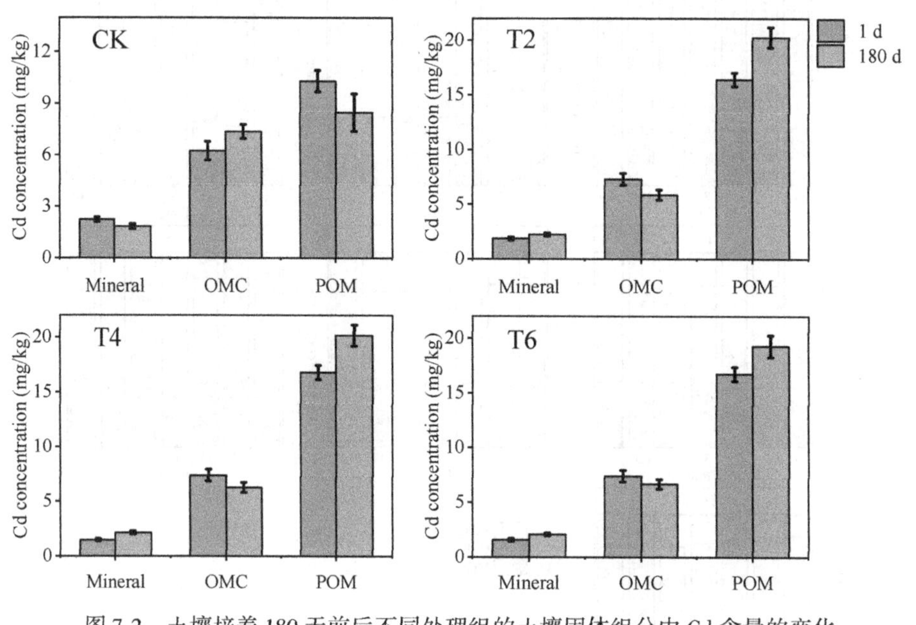

图 7-2　土壤培养 180 天前后不同处理组的土壤固体组分中 Cd 含量的变化

所有处理组中，POM 组分的 Cd 含量高于其他土壤固体组分，且远高于土壤。这证实了长期污染土壤中 POM 确实具有金属富集特性。POM 组分的金属富集特性与 POM 表面金属活性位点(如羧基和酚官能团)的增加有关，这些位点会抑制矿物组分对金属的吸附。形成内球配合物的特异性吸附和形成外球配合物的非特异性吸附被认为是 OM 对金属吸附的主要机制，POM 对 Cd 可能是通过含羧基和羟基的外球络合吸附进行的。有研究发现，有机改良剂改变了金属分布，导致 POM 组分中金属滞留量较大，并增加了污染土壤中 POM

组分的含量。微塑料在矿物上的吸附主要是物理吸附和孔隙填充，微塑料可以增强矿物表面的电负性，可能增强对 Cd 的吸附。

7.3.3　土壤固体组分中 Cd 形态分布对微塑料的响应

微塑料的添加对土壤组分中 Cd 的化学形态产生了显著影响，且微塑料的老化程度和施用量对土壤固体组分中 Cd 的分布具有不同的影响效果(图 7-3)。添加微塑料后，矿物组分中的离子交换态 Cd(F2)含量普遍提高，同时残渣态

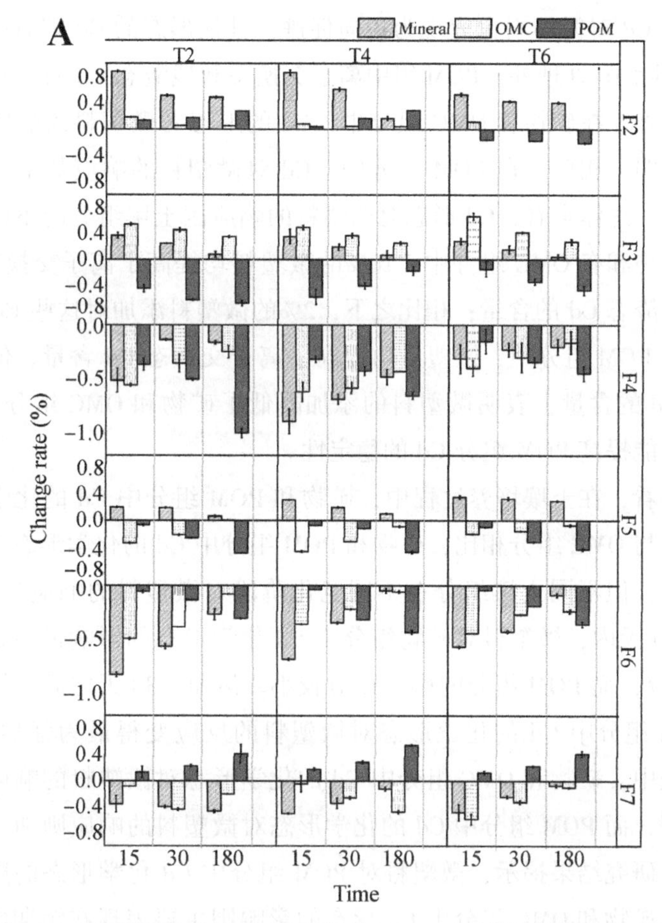

图 7-3　土壤固体组分中 Cd 化学形态(F2~F7)对微塑料添加的响应

注：1)正值表示微塑料对 Cd 形态具有正效应，负值表示负效应；2)误差棒表示 95%置信区间。

Cd 的比例相应减少。在 OMC 组分中，无论是 10%的新制 PP 微塑料还是老化 PP 微塑料，都显著提高了离子交换态 Cd 含量，并降低了残渣态 Cd 含量。相比之下，2%的老化 PP 微塑料对这些 Cd 形态的影响则不显著。在 POM 组分中，10%新制 PP 微塑料和老化 PP 微塑料均提高了离子交换态 Cd 含量。然而，2%的老化 PP 微塑料却表现出相反的效果，降低了有效态 Cd 含量。此外，所有浓度的微塑料均增加了 POM 组分中残渣态 Cd 的含量。

微塑料对矿物组分中离子交换态 Cd、碳酸盐结合态 Cd 和铁锰氧化结合态 Cd 均产生了积极的促进作用。同时，在 OMC 组分中，离子交换态 Cd 和碳酸盐结合态 Cd 对微塑料也表现为正向促进，其他形态的 Cd 则对微塑料表现为负响应。除 T6 处理外，POM 组中离子交换态和残渣态 Cd 对微塑料表现为正响应。此外，在矿物和 OMC 组分中，Cd 的形态对微塑料的响应随着时间的推移而减弱；相反，在 POM 组分中，Cd 对微塑料的响应却呈现出随时间增加的趋势。总体来看，Cd 形态对微塑料的响应因土壤组分的不同而表现出差异。在矿物和有 OMC 组分中，10%的微塑料均提高了离子交换态 Cd 的含量，降低残渣态 Cd 的含量；相比之下，2%的微塑料添加对这些 Cd 形态的影响较小。在 POM 组分中，微塑料均提高了离子交换态 Cd 含量，但同时也增加残渣态 Cd 的含量，表明微塑料的添加降低了矿物和 OMC 组分 Cd 的稳定性，但有可能提高 POM 组分 Cd 的稳定性。

总体来看，在土壤培养过程中，矿物和 POM 组分中 Cd 的化学形态变化更为显著；与 OMC 组分相比，矿物和 POM 组分中 Cd 的化学形态对微塑料的响应更强烈，但不同土壤组分在不同老化阶段对微塑料的响应具有差异性。在最初的 30 天内，微塑料对矿物组分中 Cd 化学形态的影响最为显著，其次是 OMC 组分，而 POM 组分的影响相对较小。然而，30 天之后，情况发生了变化，POM 组分中 Cd 的化学形态对微塑料的反应变得最为强烈。这表明，在老化过程中，矿物和 OMC 组分中 Cd 的化学形态对微塑料的响应随培养时间逐渐减弱，而 POM 组分中 Cd 的化学形态对微塑料的响应则随着时间的推移而增强。研究结果揭示，微塑料对 POM 组分中 Cd 化学形态的影响具有持久性，而对矿物和 OMC 组分中 Cd 形态的影响则主要表现在短期内。分析认为 POM 组分对金属的吸附作用主要依赖于其内部配位复合物中的羧基和羟基等官能团的化学吸附作用，而与溶液中的离子强度关系不大。随着 POM 组分与重金属的相互作用时间延长，重金属在 POM 中的富集程度逐渐增加，微塑料对 POM 组分中 Cd 形态的影响也显示出长期效应。与 POM 组分不同，矿物组分对金属的吸附主要通过离子交换和物理吸附等机制实现，这些过程与溶液的离子强度密切相关，因此矿物对 Cd 的吸附能力可能会随着溶液离子强度的波动而快速调整。随着土壤老化，土壤溶液中的 Cd 离子强度逐渐降低，这可能导致矿物对 Cd 的吸附能力减弱。

7.4 土壤固体组分中 Cd 的相对结合强度和再分配系数

7.4.1 土壤固体组分中 Cd 的结合强度系数

CK、T2、T4 和 T6 组 3 个土壤固体组分中 Cd 的结合强度系数均随培养时间的延长显著提高，并在 30 天后趋于稳定(表 7-1)。达到平衡后，所有处理组中，OMC 组分与 Cd 的结合强度系数最高(0.44~0.60)，矿物组分的结合强度系数次之(0.33~0.54)，POM 组分的结合强度系数最低，为 0.33~0.40。结果显示，在土壤培养过程中，Cd 在 OMC 组分中的稳定性最高，在 POM 组分中稳定性最弱；微塑料的添加对 Cd 与土壤固体组分的结合产生了显著的抑制效应，这可能影响土壤中 Cd 的生物有效性和迁移性。相比 CK 组，T2、T4 和 T6 组中的 POM、OMC 和矿物组分与 Cd 的结合强度均有所下降。这种下降的程度与微塑料的剂量和老化程度密切相关，表明微塑料的存在可能对土壤中 Cd 的稳定性构成不利影响。

表 7-1 **土壤固体组分中 Cd 的结合强度系数(I_R)($n=1$，$k=6$)**

组分	老化天数，d	I_R			
		CK	T2	T4	T6
POM	1	0.24	0.22	0.23	0.23
	7	0.26	0.26	0.21	0.27
	15	0.36	0.30	0.32	0.36
	30	0.40	0.35	0.32	0.39
	60	0.41	0.34	0.35	0.39
	120	0.41	0.33	0.35	0.38
	180	0.40	0.33	0.35	0.38

续表

组分	老化天数，d	I_R			
		CK	T2	T4	T6
OMC	1	0.26	0.26	0.25	0.25
	7	0.34	0.27	0.45	0.31
	15	0.48	0.37	0.42	0.46
	30	0.53	0.47	0.43	0.48
	60	0.59	0.40	0.43	0.45
	120	0.60	0.44	0.44	0.48
	180	0.60	0.44	0.44	0.48
矿物	1	0.22	0.22	0.25	0.24
	7	0.26	0.20	0.18	0.23
	15	0.48	0.35	0.27	0.30
	30	0.52	0.36	0.25	0.36
	60	0.55	0.41	0.30	0.35
	120	0.55	0.41	0.33	0.38
	180	0.54	0.41	0.33	0.38

此外，不同处理组 POM 组分和 OMC 组分中 Cd 结合强度系数大小排序较为一致，即 CK>T6>T4≥T2；但矿物组分中 Cd 结合强度系数大小排序为 CK>T2>T6>T4。这种差异表明，不同土壤组分对微塑料添加的反应具有特异性，且微塑料添加量和老化程度对土壤中 Cd 的稳定化作用具有显著影响。

7.4.2　土壤固体组分中 Cd 的分配系数

所有处理组 3 个土壤固体组分中 Cd 的初始分配系数均明显高于 1，其中 POM 组分的初始再分配系数最高(3.19～3.34)，其次为 OMC 组分(2.31～2.47)，矿物组分最低(1.33～1.13)(表 7-2)。土壤培养 60 天后，OMC 组分 Cd 的分配系数趋于稳定，而 POM 和矿物组分 Cd 的分配系数在 120 天趋于稳定。结果表明 POM 和 OMC 组分对 Cd 响应显著，但 Cd 在 OMC 组分中能够较快地转化为较稳定形态，而在 POM 和矿物组分中稳定速度较慢。

表 7-2 **土壤固体组分中 Cd 的分配系数(U_{ts})(n=1, k=6)**

组分	老化天数, d	I_R			
		CK	T2	T4	T6
POM	1	3.19	3.22	3.30	3.34
	7	1.75	1.42	1.39	1.07
	15	1.18	2.04	1.71	1.46
	30	1.06	1.60	1.52	1.30
	60	1.12	1.58	1.44	1.13
	120	1.10	1.49	1.38	1.24
	180	1.10	1.49	1.41	1.24
OMC	1	2.37	2.43	2.31	2.47
	7	1.39	1.43	1.56	1.21
	15	1.06	1.18	1.06	1.11
	30	1.01	1.11	1.05	1.06
	60	1.02	1.19	1.12	1.09
	120	1.01	1.19	1.12	1.08
	180	1.01	1.19	1.12	1.08
矿物	1	1.33	1.43	1.42	1.33
	7	1.68	1.72	1.52	2.10
	15	1.15	1.72	1.08	1.21
	30	1.08	1.50	1.10	1.16
	60	1.06	1.69	1.15	1.13
	120	1.01	1.69	1.26	1.11
	180	1.01	1.66	1.26	1.11

土壤培养 180 天后，在 CK 组中，OMC 和矿物组分中 Cd 分配系数均为 1.01，而 POM 组分中 Cd 分配系数稍高，为 1.10。表明在 OMC 和矿物组分中，Cd 的稳定性较高，而在 POM 组分中的稳定性则相对较低。不同处理组 3 个土壤固体组分中 Cd 的分配系数大小依次为 T2>T4>T6>CK，这一趋势表明微塑料的添加会降低土壤中 Cd 的稳定性，并且这种影响显著受到微塑料的老

化程度和添加量的影响。这进一步说明，微塑料的存在和特性可能对土壤中重金属的固定和迁移行为产生重要影响。

综上，随着土壤培养时间的延长，Cd 在土壤中经历了从不稳定的形态到更稳定形态的再分配过程，这一过程中 Cd 的结合强度系数增加，Cd 的分配系数逐渐收敛于 1，反映出 Cd 在土壤中的稳定性得到提高。微塑料的添加对土壤中 Cd 的形态分布产生了显著影响。相比 CK 组，添加微塑料的处理组在土壤固体组分中的 Cd 形态分布模式出现了较大差异。具体来说，微塑料的添加降低了 Cd 的结合强度系数，同时提高了 Cd 的分配系数，表明微塑料的存在减弱了 Cd 与土壤的结合能力，且这种影响的程度受到微塑料的添加量和表面特性的调控。

7.5 小　　结

本章采用土壤培养试验，研究不同剂量的新制和老化 PP 微塑料对土壤固体组分质量、土壤组分中 Cd 含量以及土壤组分中 Cd 形态的变化，并分析了微塑料对土壤固体组分中 Cd 的结合强度系数和分配系数的影响。主要结果如下。

(1)单一的 Cd 污染对土壤组分质量无显著影响。微塑料的添加导致 OMC 组分的质量占比下降了 10.88%(T3)~23.10%(T1)，而 POM 和矿物组分质量占比则分别提高了 38.73%(T4)~71.94%(T2)和 4.85%(T4)~21.20%(T1)，且新制 PP 微塑料和老化 PP 微塑料对土壤组分质量的影响无显著差异，微塑料剂量对土壤组分质量的影响更为显著。

(2)土壤老化促使对照组 POM 和矿物组分中 Cd 向 OMC 组分迁移。添加微塑料改变了土壤组分中 Cd 的迁移方向，促使土壤中 Cd 由 OMC 组分迁移到 POM 和矿物组分。所有处理组土壤样品中 Cd 含量遵循 POM>OMC>全土>矿物的规律。

(3)微塑料的添加对土壤组分中 Cd 的化学形态产生了显著影响，且微塑料的老化程度和施用量对土壤固体组分中 Cd 的分布具有不同的影响效果。矿物和 POM 组分中 Cd 的化学形态对微塑料的响应比 OMC 组分中更强烈，不同土壤组分在不同老化阶段对微塑料的响应具有差异性。在老化过程中，矿物和 OMC 组分中 Cd 的化学形态对微塑料的响应随培养时间逐渐减弱，而 POM

组分中 Cd 的化学形态对微塑料的响应则随着时间的推移而增强。

(4)Cd 的结合强度系数和再分配系数分析结果显示，随着土壤培养时间的延长，Cd 在土壤中经历了从不稳定的形态到更稳定形态的再分配过程，这一过程中 Cd 的结合强度系数增加，分配系数逐渐收敛于 1。微塑料的添加对土壤中 Cd 的形态分布产生了显著影响。相比 CK 组，微塑料的添加降低了 Cd 的结合强度系数，同时提高了 Cd 的分配系数，表明微塑料的存在减弱了 Cd 与土壤的结合能力，这种影响的程度受到微塑料的添加量和表面特性的调控。

第8章　微塑料影响土壤镉分布的作用机制

8.1　引　言

长期以来，土壤可能是陆地生态系统中微塑料的主要汇聚地，世界各地的土壤中检测到不同丰度、大小和类型的微塑料。聚乙烯(PE)、聚丙烯(PP)和聚苯乙烯(PS)等常见微塑料可以引发土壤物理结构和土壤理化性质的变化，包括土壤容重、水稳定团聚体、土壤结构、持水能力和pH值。此外，微塑料可能会以各种方式影响土壤生物地球化学，并对土壤生物区系和作物植物造成未知影响，对食品安全构成风险。

目前，全球有超过500万个地点受到多种重金属(包括As、Cd、Cr、Hg、Pb、Co、Cu、Ni、Zn和Se)的污染，这些污染物影响了约2000万公顷的陆地面积。土壤中的重金属污染主要通过食物链传递和吸入含重金属的灰尘对人类健康构成严重威胁。重金属的这些不良影响在很大程度上取决于土壤溶液中重金属的化学形态和浓度，而这些化学形态和浓度主要受吸附—解吸控制，并与土壤理化性质(如pH、离子强度、指数、其他重金属阳离子、无机阴离子、有机配体和重金属负载率)和土壤固体成分(主要是有机物和矿物质)密切相关。土壤中的有机物质往往与土壤矿物组分形成结合或包裹关系，特别是那些粒径超过53μm的颗粒状有机质(POM)，它们因轻质而易于积累重金属。同时，土壤矿物质对土壤中重金属的迁移也起着关键作用。此外，据报道，有机质与矿物质结合形成的有机矿物复合体(OMC)也会影响土壤中重金属的流动性和生物有效性。然而，POM、OMC和矿物质如何影响土壤重金属Cd形态分布，尚不清楚。

目前关于微塑料对土壤重金属稳定性的研究一致认为，微塑料与重金属的共存可以改变土壤中重金属的生物有效性，但不同类型微塑料对重金属的影响并不一致。目前的研究普遍认为，微塑料的存在能够改变土壤中重金属的生物有效性，但不同类型微塑料对重金属的具体影响存在显著差异。大多数研究表明，微塑料会增加共暴露土壤中重金属(如Cd、Cu、Ni、As)的有效性；然而也有研究表明了相反的观点，即微塑料降低了土壤中重金属(如Zn、Cu、Cr、Ni、Cd、As、Pb)的生物利用度。例如，聚乙烯(PE)微塑料通过增强吸附作用可能增加土壤中镉(Cd)的生物有效性，而聚苯乙烯(PS)微塑料在特定条件下可能降低土壤中铅的酸可提取态。迄今为止，研究人员将微塑料引起的重金属形态转变和生物有效性的变化归结为土壤理化性质和土壤微环境的变化。特别是，pH、溶解有机碳(DOC)和阳离子交换容量(CEC)的变化受到极大关注，因为它们与重金属的形态密切相关。然而，微塑料对土壤理化参数的影响机制尚不清楚。考虑到重金属的生物有效性受土壤固体组分吸附控制，讨论微塑料对固体组分的影响，进一步说明其对重金属形态的影响是非常有必要的。

8.2 分析方法

8.2.1 微塑料和土壤组分的表征

采用傅里叶变换红外光谱(FTIR，Nexus470，美国)对土壤组分和微塑料的官能团进行表征，光谱信号范围为4000~400cm^{-1}，分辨率为4cm^{-1}。采用扫描电子显微镜(SEM)(S-4800，日本)结合能谱仪(EDS)测定土壤固体组分POM、OMC和矿物组分的形态特征和元素分布。样品用Oxford Quorum SC7620镀金进行SEM-EDS分析后，使用TESCAN MIRA LMS在15 kV加速电压和15mm工作距离下拍摄。采用单色Al-Kα源(Kα(Al)= 1486.6 eV和15 kW)，用X射线光电子能谱(XPS，Thermo ESCALAB 250XI)测定10% PP微塑料在土壤中培养180天前后POM和OMC的元素结合状态。采用Elementar Vario EL cube(Elementar，Germany)对POM和OMC中的碳、氢、氧、氮、硫元素含量进行分析。

8.2.2 统计分析

所有数据均为3个独立重复组的平均值±SD。采用Excel 2021对所得试验数据进行整理，使用 IBM SPSS Statistics 22(IBM Coporation Software Group，Somers，NY)进行统计分析，采用 Origin 2022 作图。为了确定环境变量与 Cd 化学形态变化之间的关系，进行了冗余分析(RDA)，并通过蒙特卡罗排列检验检验了单个项的显著性。通过相关性分析确定整个土壤培养期间重金属形态与土壤理化因子和组分之间的关系，统计结果在 $p<0.05$ 水平上具有显著性。

8.3　土壤 Cd 形态和土壤组分 Cd 形态的相关性

对照组(CK，Cd)、T2 组(10%新制 PP 微塑料+Cd)、T4 组(10%老化 PP 微塑料+Cd)土壤 Cd 形态与各 POM、OMC 和矿物组分 Cd 形态之间的 Pearson 相关性分析如图 8-1 所示。可以看出，无论微塑料是否存在，OMC 和 POM 组分中的 Cd 形态都与土壤中的 Cd 形态表现出极强的相关性。除 T6 处理的 F6 外，OMC 组分中 F2~F6 与土壤 F2~F6 均呈显著正相关。POM 组分中 Cd 形态与土壤中 Cd 形态的相关性更可能受到剂量以及老化引起的微塑料表面特征和尺寸的影响。

对于 CK 组，土壤离子交换态 Cd(F2)与矿物组分和 OMC 组分 F2 呈极显著正相关，土壤碳酸盐结合态 Cd(F3)、铁锰氧化结合态 Cd(F5)和强有机结合态 Cd(F6)与 POM 和 OMC 组分的 F3、F5 和 F6 呈极显著正相关。微塑料的添加改变了土壤 Cd 形态与各组分 Cd 形态的相关性。其中，添加 10%的新制 PP 微塑料(T2)显著增强了 POM 组分 F2 与土壤 F2，以及 POM 和 OMC 组分腐殖酸结合态 Cd(F4)和土壤 F4 的的相关性。10%的老化 PP 微塑料减弱了 POM 组分 F6 与土壤 F6 的相关性。需要注意的是，10%的新制和老化 PP 微塑料均促使 OMC 组分残渣态(F7)与土壤 F7 由较弱的正相关转化为较弱的负相关，表明高剂量微塑料不利于其他形态 Cd 转化为稳定的残渣态 Cd。2%的老化 PP 微塑料促使 POM 组分中 F2 与土壤 F2 呈极显著正相关，但减弱了 POM 中 F3、F6 与土壤 F3、F6 之间的关联，使 POM 中 F4 与土壤 F4 的关系由显著正相关转化为较弱的负相关。表明低剂量老化 PP 微塑料对土壤组分及土壤中 Cd 形态转化的影响较为复杂。

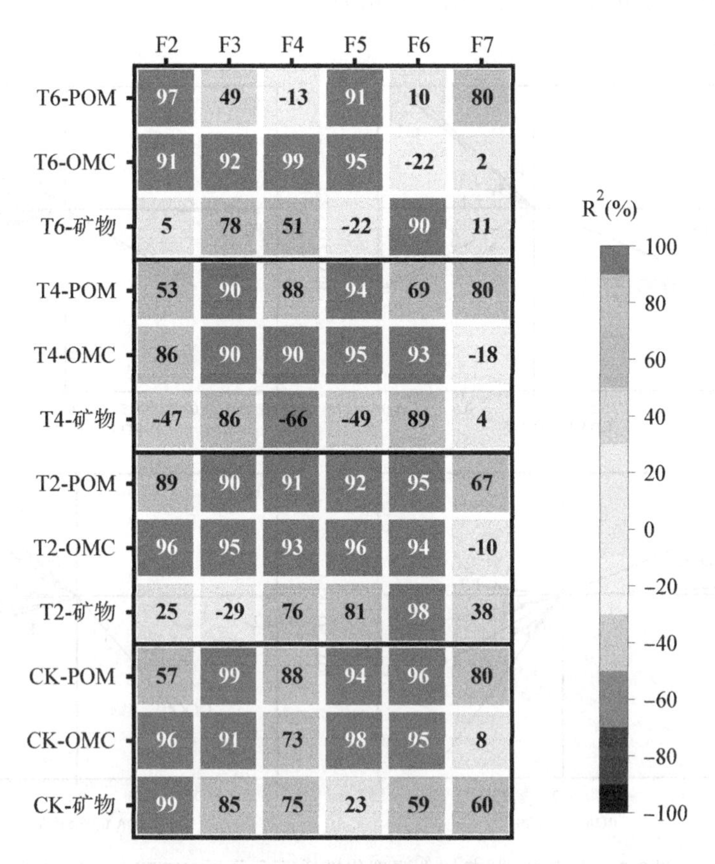

图 8-1 土壤组分中 Cd 形态与土壤 Cd 形态之间的 Pearson 相关系数(R^2)

注：正值和负值分别表示正相关和负相关($p< 0.05$)

8.4 土壤 Cd 化学形态和土壤物理化学性质的相关性

在土壤中，重金属的转化过程受到多种理化参数的影响。通过冗余分析(RDA)方法，本研究探讨了土壤性质(作为解释变量)与 Cd 形态含量(作为响应变量)之间的关系，结果如图 8-2 所示。可以看出，在所有分析组中，X 轴对响应变量的累积解释量均超过 98%，表明在由两个排序轴形成的二维线性关系中，X 轴主导了土壤 Cd 形态与土壤性质之间的响应关系。此外，环境因子箭头的夹角能够反映环境因子与土壤有机碳含量及密度的相关性，其中夹角小于 90°表示正相关，反之则为负相关。

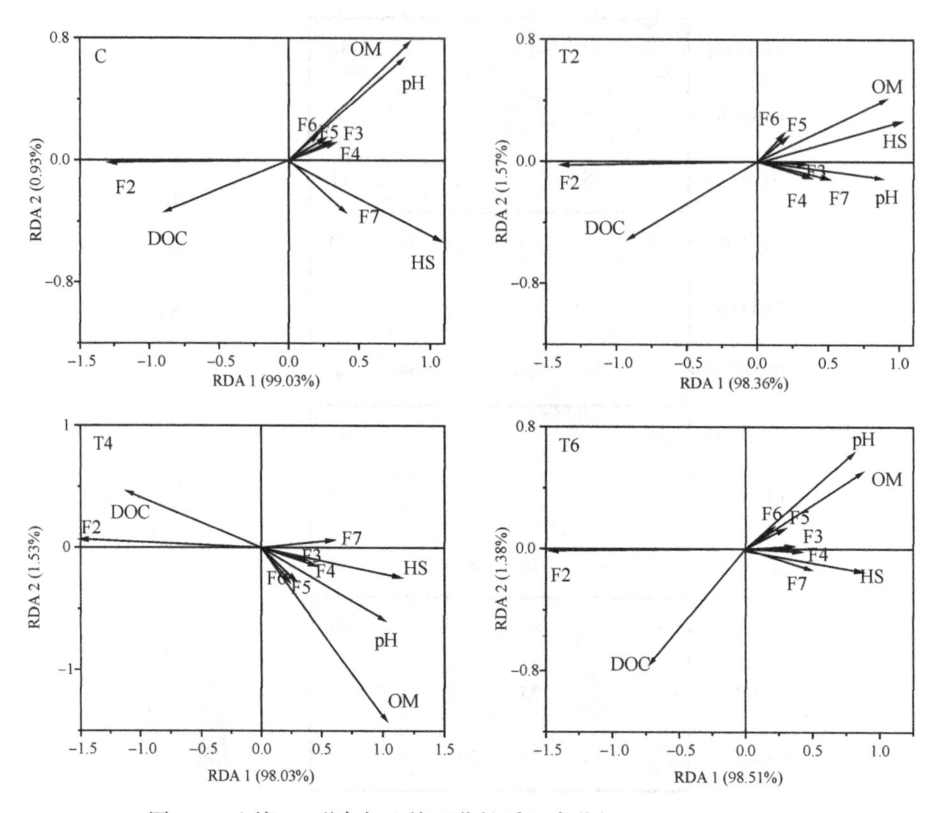

图 8-2　土壤 Cd 形态与土壤理化性质冗余分析(RDA)(p<0. 05)

研究结果表明，在所有处理组中，离子交换态 Cd(F2)与溶解有机碳(DOC)含量呈现显著正相关，而与腐殖酸(HS)、土壤有机质(OM)和 pH 值则表现出显著的负相关关系(p<0. 05)。相比之下，其他较为稳定的 Cd 形态(F3～F6)则显示出与 HS、OM 和 pH 值的正相关性，同时与 DOC 含量呈现负相关性。残渣态 Cd(F7)在不同处理组之间的响应规律存在显著差异。在未添加微塑料的对照组(CK)中，F7 与 HS 之间呈正相关关系，而与 DOC、OM 和 pH 值之间的相关性不显著。而在添加了微塑料的实验组(T2、T4 和 T6)中，F7 与 HS、OM 和 pH 均表现出正相关，但与 DOC 的关系则表现为负相关，且这种相关性的强弱顺序为 T2>T4>T6。这表明微塑料的添加增强了土壤性质对 F7 转化的影响。

本研究中，微塑料的添加能够提高 DOC 含量，同时降低土壤 pH 值、OM 和 HS 含量。DOC 含量的增加可能会提高土壤中可交换态 Cd 的含量。这是因为 DOC 含量的增加可能会降低 Cd 在土壤表面的吸附能力，从而提高 Cd 的溶解度和生物可利用性。土壤的 pH 值、OM 和 HS 含量的降低可能会减少 Cd 与土壤有机质的络合作用，进而影响 Cd 的稳定性和迁移性。这些土壤性质的变化可能会使 Cd 更容易从土壤中释放出来，增加了其在环境中的移动性和生物可利用性。表明微塑料的存在通过改变土壤性质，间接影响土壤 Cd 形态转化。

土壤中的腐殖质对金属阳离子具有显著的吸附作用。Shuman 等人的研究表明，通过添加腐植酸，可以将重金属转化为植物难以吸收的形态，从而降低这些金属的潜在可用性。土壤中腐殖质有机碳含量的增加意味着含有更多的含氧官能团，如—COOH、—OH 等，这些官能团为重金属提供更多的结合点位，导致更多的 Cd 与腐殖质结合。对土壤中 HS 与 F4 进行了 Pearson 相关分析(图 8-3)。结果显示，在 CK、T2、T4 和 T6 处理组中，HS 与 F4 呈显著正相关。

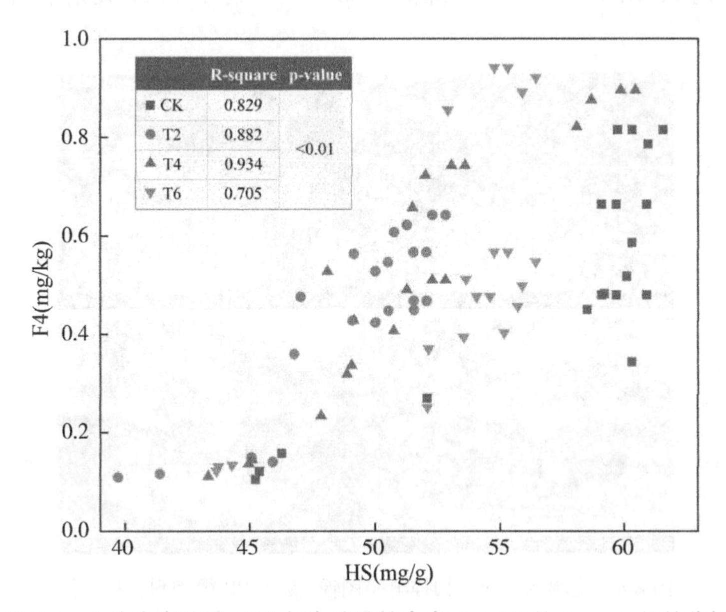

图 8-3 土壤中腐殖酸(HS)与腐殖酸结合态 Cd(F4)的 Pearson 相关分析

8.5 微塑料和土壤组分的表征

8.5.1 微塑料的表征

8.5.1.1 扫描电镜-能谱分析

通过电子扫描显微镜(SEM)结合能量色散X射线光谱(EDS)技术对新制和老化PP微塑料的表面进行了表征(图8-4)。结果显示，新制PP微塑料的颗粒尺寸较为均匀，在50μm左右，其表面相对光滑。相比之下，老化PP微塑料表面形态发生了显著变化，形成了不规则的球团或团块状结构。塑料颗粒在老化过程中发生熔融，熔化的小颗粒之间再次发生粘接和团聚，导致颗粒凹凸不平，多间隙。此外，图8-5中能谱结果显示，C是新制PP微塑料表面唯一的优势元素(>99%)。老化PP微塑料表面除含有C元素外，还含有O和P元素，说明老化PP微塑料中可能存在含氧官能团。与土壤Cd共存后，新制和老化PP微塑料中C含量降低，Cd、O、Al、P和Fe元素增加。

图8-4 土壤老化前后扫描电镜图像(新制PP微塑料：(A)倍数100×，(B)倍数400×；老化PP微塑料：(C)倍数100×，(D)倍数400×)

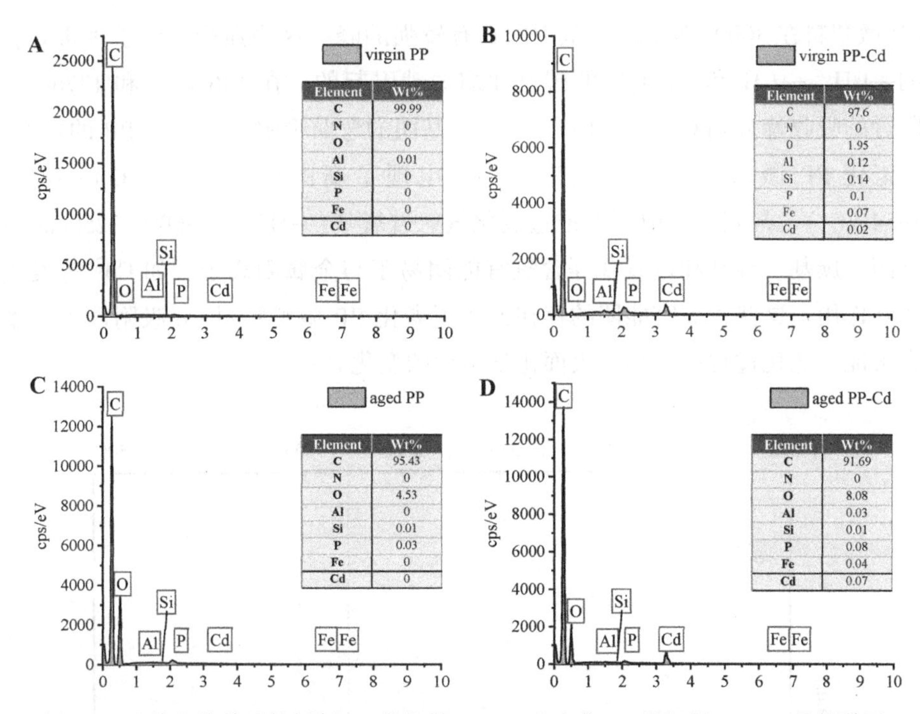

图 8-5　土壤老化前后的新制 PP 微塑料(A, B)和老化 PP 微塑料(C, D)的能谱图

在本研究中，微塑料的添加降低了土壤中 Cd 的稳定性，增强了其在土壤中的流动性，且新制 PP 微塑料对土壤 Cd 稳定性的负面影响显著大于老化 PP 微塑料。通过对扫描电镜(SEM)结果的分析，推测老化 PP 微塑料与新制 PP 微塑料在减少土壤中 Cd 稳定性方面的作用差异可能源于它们对重金属的吸附能力不同。SEM 图像揭示，老化 PP 微塑料颗粒经历了熔融和再团聚的过程，在其表面形成了大量凸起，这一变化显著提升了其表面粗糙度，并大幅增加了老化 PP 微塑料的比表面积及孔隙率。EDS 数据(图 8-5)证实老化 PP 微塑料表面的 Cd 含量高于新制 PP 微塑料，表明老化 PP 微塑料相较新制 PP 微塑料具有更强的 Cd 吸附能力，因此，在土壤—老化 PP 微塑料体系中 Cd 的流动性更小。Guo 等人的研究发现老化 PP 微塑料对 Cd、Pb、Cu、Zn 离子的最大吸附量是新制 PP 微塑料的 15 倍。Turner 等的研究也发现，相比于新制 PP 微塑料，老化 PP 微塑料具有更强的固定重金属的能力。

8.5.1.2　红外光谱分析

研究对新制和老化 PP 微塑料进行了红外光谱分析，结果如图 8-6 所示。

PP 微塑料在 3000~2840cm^{-1}范围内具有较强的峰，这些强峰是由于多重叠合的—CH、—CH_2和—CH_3中的碳氢伸缩振动引起的，在 1460cm^{-1}和 1376cm^{-1}附近的吸收峰分别对应于—CH_2和—CH_3基团的弯曲吸附，这是纯 PP 的特性。在老化 PP 微塑料的红外光谱图中，出现了新的羰基(—C = O)(185 ~ 1654cm^{-1})、羟基(—OH)和/或过氧化氢、过氧基(—OOH)(3600~3250cm^{-1})基团。羰基、羟基和过氧基等含氧官能团易于与金属阳离子，如 Cd^{2+}等发生相互作用。这些含氧官能团的存在证实了老化 PP 微塑料对 Cd 吸附能力的增强可能与老化过程中微塑料表面化学结构的变化有关。

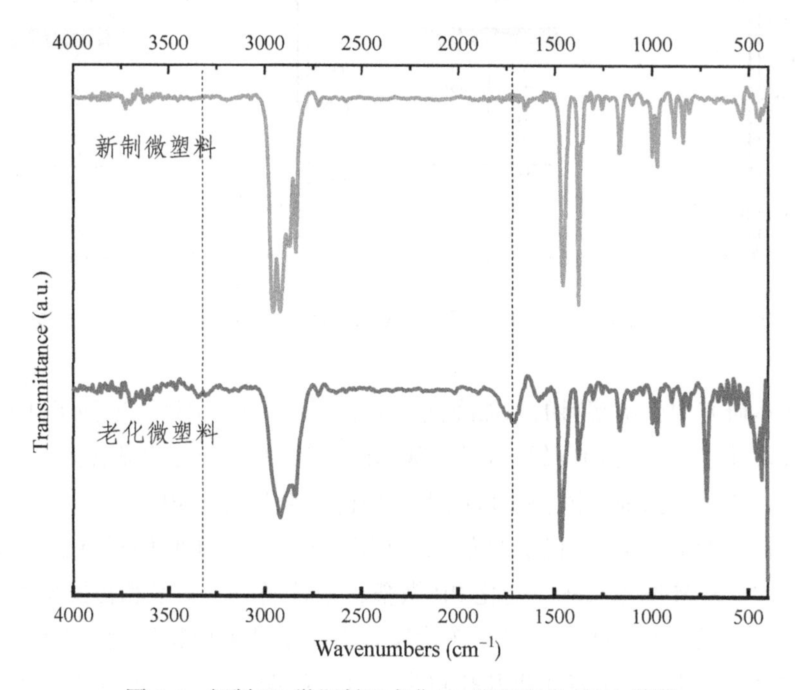

图 8-6 新制 PP 微塑料和老化 PP 微塑料的 FTIR 谱图

8.5.2 土壤固体组分的表征

8.5.2.1 SEM-EDS 分析

(1)POM 组分

POM 主要由可识别的动植物残留物、根碎片、真菌菌丝和粪便颗粒组成，具有分解植物残基的特征，比与矿物成分相关的有机质周转更快。通过扫描电镜观察，POM 具有明显的多孔结构，并可见到植物残基和根碎片的存在(见图 8-7，A 和 B)。与原土(CK 组)相比，T2 和 T4 组的 POM 结构出现了破裂现象，表面明显更粗糙多孔。此外，在 T2 组的 POM 扫描电镜图像中观察到光滑球形的颗粒物质和少量的成团葡萄串形颗粒(图 8-7C 中椭圆部分)，在 T4 组的 POM 中观察到大量的成团葡萄串形颗粒(图 8-7E 中椭圆部分)。经比对，这些颗粒分别为微塑料(光滑球形)和塑料团块(成团葡萄串形颗粒)，证实新制 PP 微塑料和老化 PP 微塑料都倾向于在 POM 组分中聚集，这可能与其强疏水性有关。

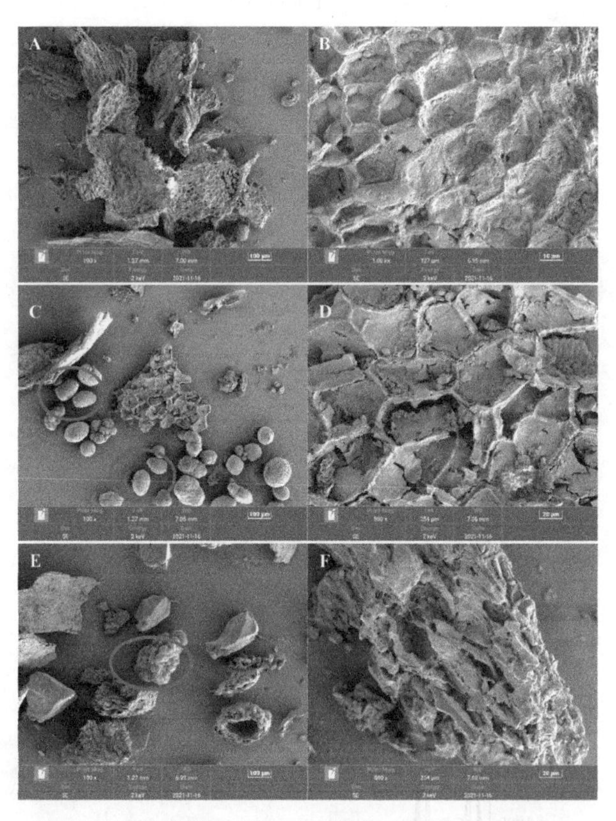

图 8-7　不同微塑料处理下土壤中 POM 的 SEM 图(A、B：CK 组；C、D：T2 组；E、F：T4 组)

CK、T2 和 T4 组中 POM 的能谱和元素含量分别见图 8-8 和表 8-1。元素分布图显示，原土中 POM 主要由碳(C)和氧(O)组成，其相对含量分别大丁

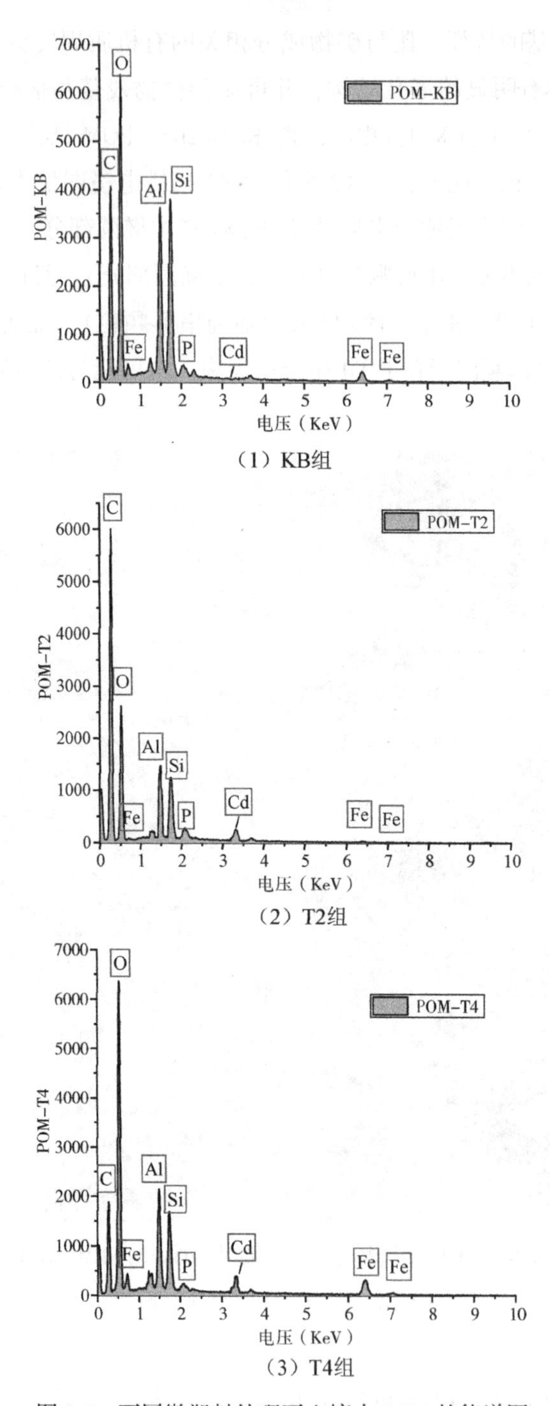

图 8-8　不同微塑料处理下土壤中 POM 的能谱图

50%和30%(表8-1)。除C和O外，EDS图像还检测到氮(N)、铝(Al)、硅(Si)、磷(P)和铁(Fe)的存在。与原土相比，添加微塑料显著降低了T2和T4组POM表面的C、Si和P含量，同时提高了O、Al和Fe的相对含量。尤其是，在T2组和T4组POM表面均检测到Cd元素。Liu等人的研究发现，Fe和Al含量与重金属可交换态含量之间总是呈负相关，Fe和Al含量的增加降低了重金属的流动性。分析认为，O、Al和Fe的相对含量的增加可能促使POM表面形成含有Fe和Al的氧化矿物，这些氧化矿物具有更多的负电荷位点，能够显著提高土壤的比表面积，并通过共沉淀和螯合作用与重金属离子紧密结合，显著增强POM对Cd的吸附能力。这可能是微塑料添加提高了POM组分对Cd吸附能力的原因之一。

表8-1　**不同处理下POM中各元素的含量(At%)**

元素	C	N	O	Al	Si	P	Fe	Cd
POM-KB	56.23	0.62	34.71	3.5	3.87	0.12	0.95	0
POM-T2	48.77	0	41.19	4.28	2.08	0.02	2.15	0.51
POM-T4	41.76	0	46.33	4.84	2.93	0.02	2.43	0.69

(2)OMC组分

有机矿物复合体(OMC)是由有机质与矿物表面及层间紧密结合形成的复合结构，其主要成分包括黏土矿物。OMC具有独特的物理化学性质，如化学和机械稳定性、大比表面积和层状结构等。在扫描电镜图像中，原土OMC颗粒的大小表现出显著的多样性，其直径范围从几微米到几十微米不等，反映在整个样品中OMC颗粒的不均匀性(图8-9，A和B)。添加微塑料之后，土壤中OMC组分表现出复杂的聚集特性，颗粒明显变大，颗粒间距离变得稀疏(图8-9，C和E)。进一步结合OMC组分能谱图(图8-10)和元素含量(表8-2)可知，OMC的主要成分包括氧(O)和硅(Si)，在对照组中，这两种元素的含量分别超过了50%和40%。此外，OMC组分中还含有C、Al和Fe。微塑料添加后，T2和T4组OMC组分中C和Al的含量升高，O和Si含量下降。同时可以看到T4组OMC组分的Cd含量高于T2组，但OMC组分表面Cd含量低于POM组分，这可能是由于添加微塑料导致OMC表面的氧化矿物含量降低，进而减少了 OMC 组分对 Cd 的吸附。

图 8-9　不同微塑料处理下土壤中 OMC 的 SEM 图(A、B：CK 组；C、D：T2 组；E、F：T4 组)

(3)矿物组分

土壤矿物主要由岩石风化而成，主要包括黏土矿物、铁锰氧化物和氢氧化物、碳酸盐和无定形铝硅酸盐等。扫描电镜图像显示，原土中矿物颗粒表面棱角分明、呈半金属光泽，未观察到明显的碎裂现象(图 8-11，A 和 B)。微塑料添加后，T2 和 T4 组土壤矿物表面没有发生明显变化(图 8-11，C、D、E 和 F)，仅 T4 组的矿物中发现了老化 PP 微塑料颗粒(图 8-11E 图圆圈)，证实有部分老化 PP 微塑料存在于矿物组分中。

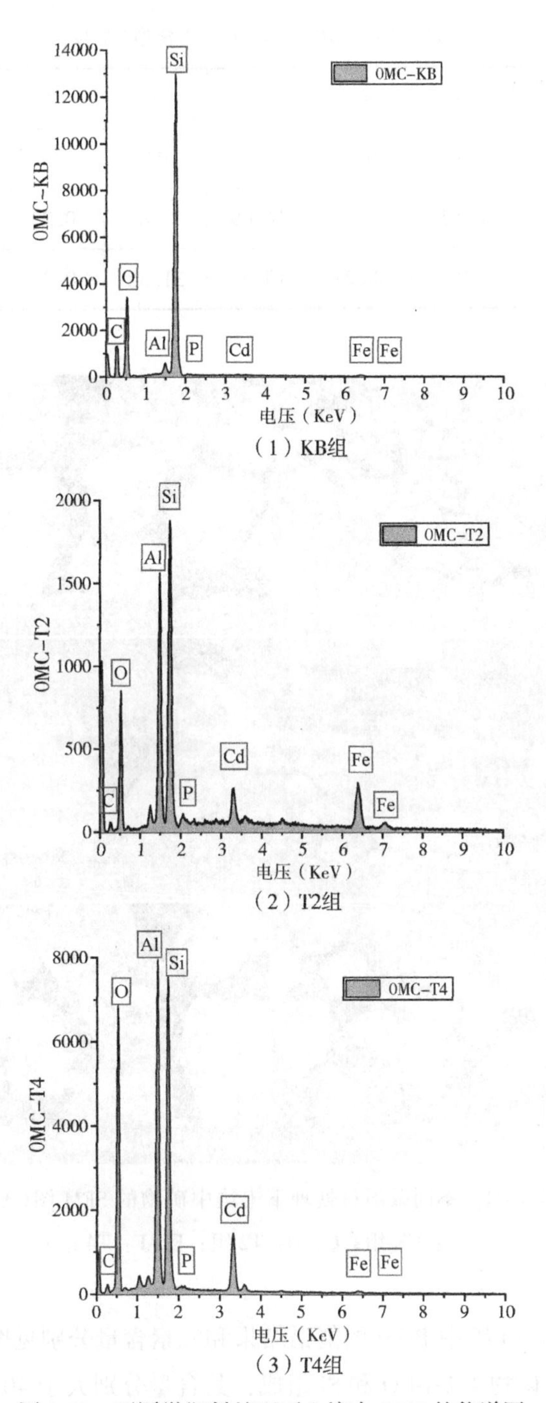

图 8-10　不同微塑料处理下土壤中 OMC 的能谱图

表 8-2　　**不同处理下 OMC 中各元素的含量(At%)**

元素	C	N	O	Al	Si	P	Fe	Cd
OMC-KB	6.55	0	50.39	1.25	41	0	0.81	0
OMC-T2	16.78	0.52	33.95	16.09	30.87	0.25	1.31	0.23
OMC-T4	12.33	0	40.27	15.21	31.32	0.01	0.41	0.45

图 8-11　不同微塑料处理下土壤中矿物的 SEM 图(A、B：CK 组；C、D：T2 组；E、F：T4 组)

原土、T2 和 T4 组中 POM 的能谱结果和元素含量分别见图 8-12 和表 8-3。可以看到，原土矿物主要由 O 和 Si 组成，其含量分别大于 40%和 30%。其他元素还包括 C、Al 和 Fe。添加微塑料后，T2 和 T4 组矿物表面 O 含量增加，C、

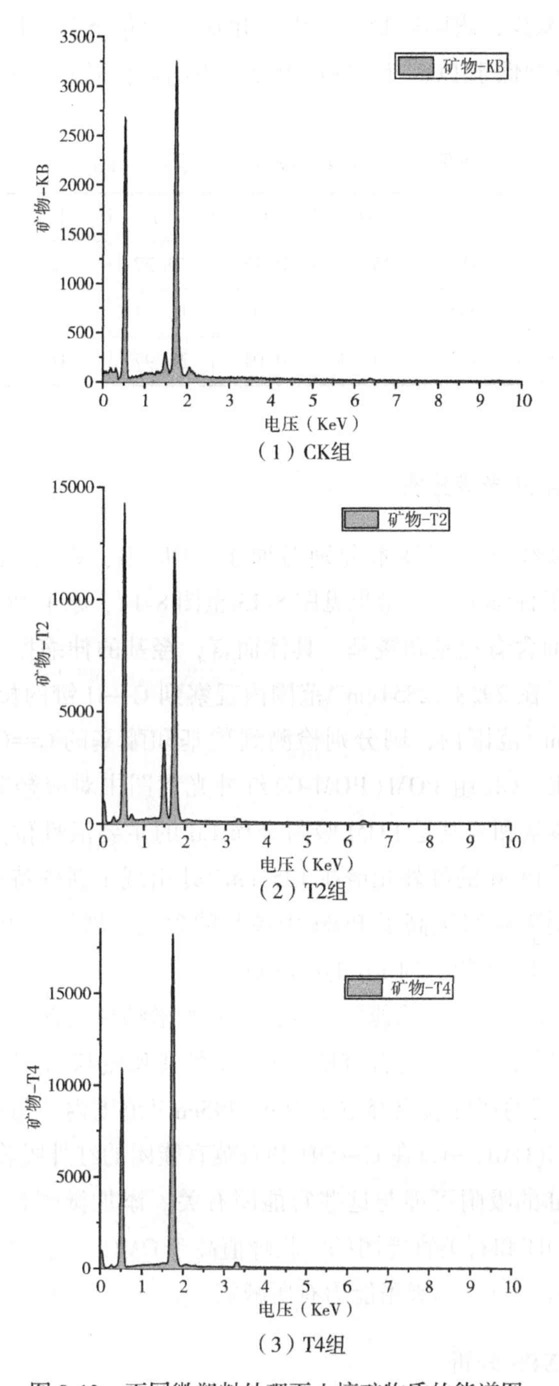

（1）CK组

（2）T2组

（3）T4组

图 8-12　不同微塑料处理下土壤矿物质的能谱图

Si 和 Fe 的含量减少，表明矿物组分中氧化矿物含量下降。同时观察到 T2 和 T4 组的 Cd 含量均低于 POM 和 OMC 组分，表明矿物对 Cd 的吸附能力较弱。

表 8-3　　不同处理下矿物中各元素的含量(At%)

元素	C	N	O	Al	Si	P	Fe	Cd
矿物-KB	13.91	0	45.51	0.27	39.27	0	1.04	0
矿物-T2	8.92	0	67.22	4.96	18.11	0	0.74	0.05
矿物-T4	6.03	0	64.84	0.01	28.97	0	0.04	0.11

8.5.2.2　红外光谱分析

本研究通过红外光谱技术分别对原土、CK 组、T2 组和 T4 组 POM 和 OMC 样品进行了详细分析，结果见图 8-13 至图 8-14。原土 POM 的 FTIR 光谱显示，POM 表面含有羟基和羧基。具体而言，羟基的伸缩振动的特征峰出现在 3397cm^{-1}处。在 2928～2851cm^{-1}范围内观察到 C—H 键的拉伸振动特征峰。在 1704～1632cm^{-1}范围内，则分别检测到羧基和酯基的 C═O 键的特征吸收峰。与原土相比，CK 组 POM(POM-C)红外光谱图中对应羟基和羧基的峰值比较低，表明羧基和羟基是 POM 吸附金属 Cd 的主要活性位点。添加微塑料后，T2 和 T4 组 POM 的红外光谱在 1253cm^{-1}处出现了新的特征峰，为羧基的伸缩振动。说明微塑料提高了 POM 中羧基的含量，增加了 POM 上的活性吸附位点，提高了 POM 组分对 Cd 的吸附量。

不同处理条件下 OMC 的傅里叶变换红外光谱结果见图 8-14。原始土壤中的 OMC 红外光谱显示，其包含有机成分(如羟基和羧基)以及矿物成分(如石英)。其中，石英的特征吸收峰位于 799～795cm^{-1}范围内。与原土 OMC 相比，吸附 Cd 的 OMC(OMC—C)在 C—OH 和石英官能团的红外吸收峰值有所降低，表明 OMC 对 Cd 的吸附可能与这些官能团有关。添加微塑料后，T2 和 T4 组的 OMC 在 C—OH 和石英官能团的吸收峰值高于 OMC—C，这表明微塑料的加入可能导致 OMC 对 Cd 的吸附能力有所减弱。

8.5.2.3　XPS 分析

利用 X 射线光电子能谱(XPS)技术，研究了添加 10%PP 微塑料的 Cd 污

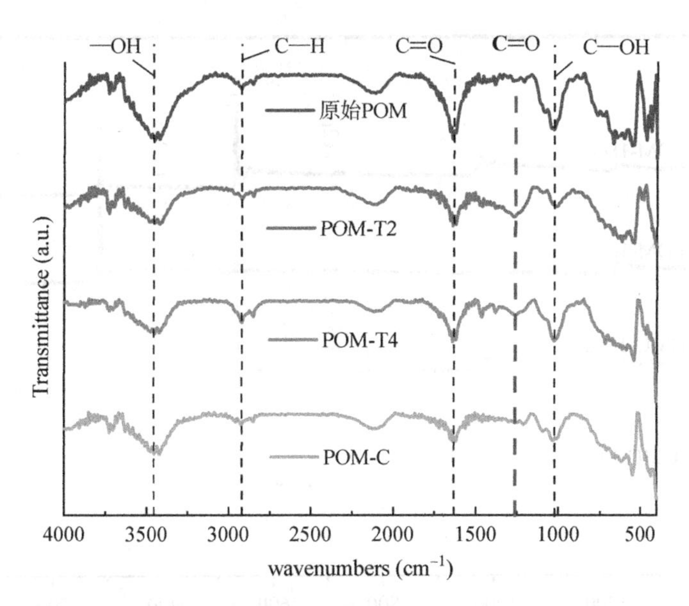

图 8-13 不同微塑料处理下土壤中 OMC 的红外光谱

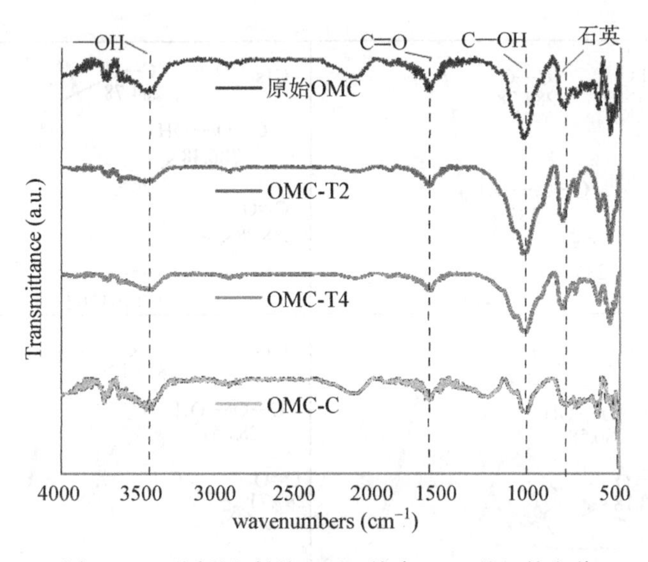

图 8-14 不同微塑料处理下土壤中 POM 的红外光谱

染土壤中 POM 和 OMC 组分的变化。图 8-15A 展示土壤培养第 1 天和第 180 天，T2 组 POM 和 OMC 组分的 XPS 光谱图。由于土壤中的 Cd 含量较低，仅

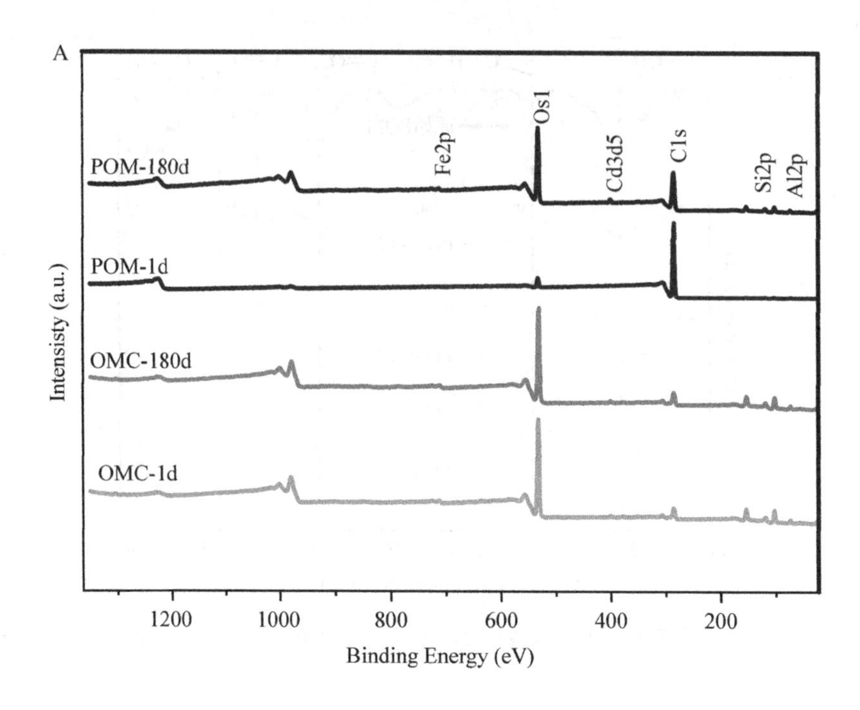

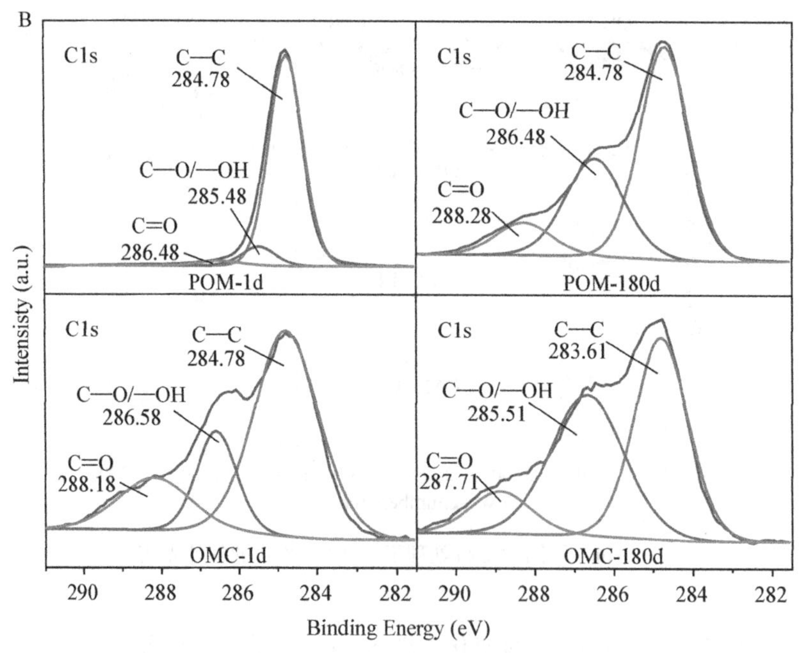

图 8-15　第 1 天和第 180 天 POM 和 OMC 组分的 XPS 谱(A)和 C1s 谱(B)

在第180天的样品中观察到小的Cd 3d5峰(405eV)。在吸附Cd前后，土壤OMC组分的XPS光谱峰没有显著变化，表明在该土壤条件下，微塑料的存在以及Cd的吸附对OMC组分的化学结构影响有限。此外，第180天的POM组分中，C 1s峰强度明显减弱，O s1峰强度明显增强，同时，Si 2p(74.4eV)和Al 2p(102.6eV)峰明显增强。相比之下，OMC组分的C 1s峰强度低于POM组分，但其Si 2p和Al 2p峰强度却高于POM组分，表明OMC组分中有机成分相对较少，无机矿物成分相对较多，这与元素分析结果一致(表8-4)。进一步对C1s谱图进行解析(图8-15B)，发现POM和OMC组分表面非氧化态碳(C—C)含量分别从89.46%和64.53%下降到59.24%和48.5%，而C—O/—OH和C═O基团的含量显著增加。180天后，OMC组分中上述基团的结合能呈现下降趋势，而POM组分中这些基团的结合能则呈上升趋势，表明OMC和POM组分与Cd发生了强烈的化学反应，参与反应的关键基团主要为C=O和C—O/—OH。

8.5.2.4 有机元素分析

土壤老化180天后，10%的PP微塑料促使POM和OMC组分中N元素含量增加，同时POM组分中C、H和O元素含量均降低，而OMC组分中C、H和O元素含量均增加。H/C能反映土壤组分的芳香性，H/C越小，芳香性越高。O/C比值在一定程度上反映了土壤组分中极性官能团的存在及其亲水性，O/C越大，亲水性越强。(O+N)/C反映极性大小，(O+N)/C越大，极性越大。可以看出，POM组分芳香度高，极性弱，亲水性弱；相比之下，OMC组分的极性和亲水性增强。

表8-4 **第1天和第180天POM和OMC组分的元素分析结果**

样品	元素组成				原子比例		
	C(%)	H(%)	O(%)	N(%)	H/C	O/C	(O+N)/C
POM-1	78.24	10.89	6.36	0.20	1.67	0.061	0.063
POM-180	70.96	10.17	6.18	0.43	1.72	0.065	0.070
OMC-1	4.22	0.92	6.28	0.26	2.61	1.12	1.17
OMC-180	5.32	1.14	7.71	0.45	2.58	1.09	1.16

8.6　作用机制及环境影响

8.6.1　微塑料改变土壤中 Cd 的分布

研究表明，PP 微塑料抑制 Cd 在老化过程中向稳定形态的转变，增加了土壤中生物有效态 Cd 的含量。由于微塑料对 Cd 的吸附能力远小于土壤，因此添加微塑料的稀释作用减弱了 Cd 与土壤的吸附反应。微塑料处理土壤中 Cd 较低的结合强度系数和较高的再分布系数也证实了上述结论。特别是，新制 PP 微塑料和 10%的 PP 微塑料添加量对土壤 Cd 的固定表现出显著的不利影响。据报道，老化 PP 微塑料的表面比较粗糙，并且在自然界中形成了有机膜，与原始 PP 微塑料相比，老化 PP 微塑料对重金属的吸附亲和性更强。在本研究中，老化的微塑料在一起形成了大的、葡萄团状的或块状的微塑料颗粒(>100μm)，通过 SEM 图像可以明显地观察到其粗糙的表面和多孔结构。FTIR 光谱中缔合的羰基和羟基进一步解释了老化 PP 微塑料与 Cd 反应的可能性。另一方面，可交换金属含量通常随着 pH 值的增加和 DOC 含量的降低而降低。本研究的结果与之前的研究结果一致，即 PP 微塑料的存在降低了 pH 水平，增加了土壤 DOC 含量，表明微塑料通过改变土壤性质对 Cd 的吸附产生不利影响。

土壤老化导致 Cd 形态从水溶性和离子交换形态转变为其他相对稳定的形态。然而，微塑料的添加显著提高了 F2 含量，降低了 F3、F5、F6 和 F7 含量(图 6-1)。此外，F4 对新制 PP 微塑料呈负响应，对老化 PP 微塑料的响应为正，这与其转化率(T4(b，0.121)>CK(b，0.110)≈T6(b，0.109)>T2(b，0.086))一致(表 6-3)。分析认为，一方面，HS 与 F4 的含量呈较强的正相关关系(图 8-3)，与新制 PP 微塑料相比，老化 PP 微塑料显著增加了土壤中 HS 的含量。另一方面，在微塑料处理组和对照处理组中，HS 的组成可能存在差异，这可能影响其对重金属的结合能力。

8.6.2　微塑料改变土壤组分及 Cd 分布

本研究首次发现微塑料的添加引起土壤固体组分即 POM、OMC 和矿物组分含量的变化。特别是微塑料增加了原始土壤和 Cd 污染土壤中 POM 和矿物组分的含量，降低了 OMC 组分的含量。与对照组相比，微塑料处理的 POM 含量显著提高，与微塑料添加量呈正相关。由于微塑料的疏水性，它们可能会被 POM 包裹或在老化过程中黏附在 POM 部分，成为土壤团聚体的一部分。此外，值得注意的是，由于本研究中使用的微塑料的尺寸，新制 PP 微塑料约为 50μm，老化 PP 微塑料为 50～150μm，大多数微塑料可能在筛分过程中进入 POM 组分中。POM 的 SEM 图像(图 8-7)也证实了这一猜想。一般情况下，土壤矿物、有机质和微生物通过物理黏附和各种化学反应形成 OMC 组分。阳离子桥式氢键和范德华力是有机化合物在带负电荷的硅酸盐黏土矿物上的主要结合方式。有机质可以直接作用于矿物表面形成吸附的矿物有机复合物，或以矿物有机共沉淀复合物的形式存在于土壤中。本研究中矿物的主要成分是硅(表 8-3)。微塑料的存在可能改变了硅酸盐与有机物的结合方式，促进吸附的有机矿物复合体分解为矿物和有机物。这在一定程度上解释了 OMC 含量降低，而矿物组分和土壤 DOC 增加的原因。

另一个发现是，微塑料影响 Cd 在不同土壤组分中的结合行为。在 Cd 污染土壤中，POM 组分的 Cd 相对含量随老化时间的延长而降低，OMC 组分中 Cd 的相对含量老化时间的延长而增加。表明在自然老化过程中，Cd 存在从 POM 和矿物组分向 OMC 组分转移的趋势。微塑料的加入改变了 Cd 的迁移方向，促使 Cd 从 OMC 组分向 POM 组分和矿物组分迁移。OMC 中 Cd 的降低与微塑料剂量和表面特征有关。微塑料改变固体组分中 Cd 的分布可能有两个原因。首先，POM 的质量增加，而 OMC 的质量减少，这直接影响了它们对 Cd 的吸附能力。其次，SEM-EDS、FTIR 和元素分析结果表明，在微塑料存在下，POM 和 OMC 的结构和表面性能发生了显著变化。具体来说，POM 中羧基官能团的增加和粒径的减小可能促进其对 Cd 的吸附，而 OMC 的分解可能导致表面有机物脱落，导致吸附位点减少。然而，POM 是一种活性有机组分，分解速度快，据报道 POM 组分中的 Cd 更容易被 EDTA 提取。因此，微塑料添加对 POM 中重金属分布和固定的长期影响值得进一步关注。

不同土壤组分中 Cd 形态对微塑料的响应不同。特别是有机键组分 F4 和 F6 在 POM 和 OMC 组分中的变化差异显著。我们的研究结果与 Yu 等人的研究结果不一致，Yu 等人证明微塑料可以促进重金属形态从生物可利用态转化为有机结合态。这些不同的结论很可能与微塑料的类型、剂量及相关的土壤性质有关。矿物组分 F2、F3 和 F5、OMC 组分 F2 和 F3 以及 POM 组分 F2(T6

除外)和 F7 对微塑料的响应均为正。F2 和 F3 的高生物有效性表明，微塑料可以促进土壤中不同组分 Cd 向生物可利用形态转化。然而，POM 组分中 F7 的含量增加，表明可能形成或产生了新的配合物，促进了矿物与 Cd 的结合。POM 组分的 FTIR 光谱在 125cm^{-1}处出现了一个新的峰，该峰可能属于羧基伸缩振动。

在土壤培养的前 30 天，矿物组分中 Cd 的形态变化最大，其次是 OMC 和 POM 组分。30 天后，矿物组分和 OMC 组分中 Cd 形态对微塑料的响应降低，而 POM 组分中 Cd 形态对微塑料的响应增加。这些结果表明，微塑料对 POM 组分中 Cd 形态的转化有长期影响，对矿物组分和 OMC 组分中 Cd 形态的转化有短期影响。随着土壤老化的进行，土壤溶液中 Cd 离子强度降低，对 Cd 的吸附减少。另一方面，POM 与重金属相互作用的时间越长，POM 中重金属的富集程度越高。这可能是因为 POM 对金属的吸附不取决于溶液的离子强度，而主要取决于内球配合物的羧基和羟基的吸附效果。矿物对金属的吸附主要通过离子交换反应和物理吸附，这与溶液的离子强度有很强的相关性。

8.6.3　机制与环境影响

目前，被广泛接受的微塑料改变重金属生物有效性的机制包括吸附和解吸过程、土壤性质和土壤微环境的改变，以及稀释效应和占据土壤中的结合位点。本研究结果从土壤组分水平为上述机制提供了理论基础，阐明了 Cd 生物有效性变化的内在驱动。本研究发现，微塑料通过改变固体组分的质量比及其表面性质，改变土壤性质和土壤微环境，进而影响 Cd 在不同固体组分中的转运和转化，并最终改变 Cd 在土壤中的生物有效性。Liu 和 Wang 等的研究指出微塑料通过刺激酶活性增加土壤 DOC 水平。本研究进一步证实了微塑料引起的 DOC 增加与 OMC 组分的分解有关。RDA 结果显示，DOC 与 F2 呈正相关(图 8-2)。因此，微塑料处理土壤 DOC 含量显著高于对照，说明微塑料通过作用于 OMC 组分改变了土壤性质，提高了 Cd 的生物有效性。此外，微塑料的存在和 OMC 组分的分解改变了土壤固体组分的质量比，以及 POM 和 OMC 组分的表面官能团(图 8-13 和图 8-14)，削弱了 POM 的极性和亲水性，增强了 OMC 的极性和亲水性(表 8-4)。这些变化导致 OMC 对 Cd 的吸附能力下降。以往的研究表明，土壤有机质是老化过程中控制重金属固定化的关键成分。Cd 在 OMC 和 POM 组分中的含量高于矿物组分。此外，POM 和 OMC

组分中 Cd 形态与土壤中 Cd 形态的强相关性(图 8-1)表明，土壤中 Cd 形态的转化主要受 POM 和 OMC 组分中 Cd 形态的影响。本研究中，OMC 组分有机碳含量小于 6%，远低于 POM 组分(>70%)(表 8-4)。然而，考虑到 OMC 组分的含量是 POM 组分的 6 倍，土壤的 Cd 有效性更可能受 OMC 组分的控制。

微塑料的强疏水性使其容易与土壤中的有机物结合，从而可能改变土壤组分的含量，甚至团粒结构，影响土壤性质和对土壤中污染物的吸附能力。当然，微塑料的粒径、剂量和表面特性起着至关重要的作用，并且未加工的微塑料的影响大于老化的微塑料。然而，这项研究只研究了单一尺寸的微塑料，无法对微塑料与重金属共存的风险提供更全面的了解。关于微塑料对土壤环境的影响还有待进一步系统研究和量化。此外，OMC 中的有机碳被认为是土壤有机碳长期储存的惰性储层。微塑料通过促进 OMC 组分的分解激活了有机碳库，这可能会影响土壤碳储量，有待进一步探讨。综上所述，微塑料在表层土壤中的累积可能对土壤的理化性质和生化过程产生潜在的不利影响，值得进一步关注和研究。

8.7 小　结

本研究从固体组分水平研究了微塑料对土壤老化过程中 Cd 分布和生物有效性的影响。研究发现，添加 2%~10% 的微塑料改变了土壤组分的含量及其对 Cd 的保留能力和土壤性质，抑制了 Cd 在土壤和土壤组分中的转化速度，促进了 Cd 从 OMC 向 POM 和矿物质组分的转移，从而提高了土壤 Cd 的生物有效性。微塑料与土壤组分之间的相互作用取决于微塑料的尺寸、剂量和表面特征。剂量越高，Cd 形态对微塑料的响应越大。研究结果如下。

(1)土壤组分中 Cd 形态与土壤 Cd 形态之间的相关性显示，无论微塑料是否存在，OMC 和 POM 组分中的 Cd 形态都与土壤中的 Cd 形态表现出极强的相关性。OMC 组分中 F2~F6 与土壤 F2~F6 均呈显著正相关。POM 组分中 Cd 形态与土壤中 Cd 形态的相关性更可能受到剂量以及老化引起的微塑料表面形貌特征变化的影响。

(2)土壤 Cd 形态与土壤理化性质的冗余分析结果显示，在对照组中，F7 与 HS 之间呈正相关关系，而与 DOC、OM 和 pH 值之间的相关性不显著。而在添加了微塑料的实验组中，F7 与 HS、OM 和 pH 均表现出正相关，但与

DOC 的关系则表现为负相关。表明微塑料的存在通过改变土壤性质，间接影响土壤 Cd 形态转化。

(3)新制 PP 微塑料和老化 PP 微塑料的表征结果显示：老化 PP 微塑料表面粗糙程度增加，比表面积增大，吸附点位增多，表面官能团数量也有所增加，这些变化显著提高了其对土壤中重金属 Cd 的吸附能力。因此，在土壤—老化 PP 微塑料体系中 Cd 的流动性更小。

(4)土壤固体组分的 SEM-EDS 表征结果显示，微塑料的添加，改变了 POM 和 OMC 组分的聚集特性，其中老化 PP 微塑料共存时，POM 和 OMC 组分对 Cd 的吸附能力强于新制 PP 微塑料。红外光谱分析结果显示，微塑料的添加增加了土壤 POM 组分上的活性吸附位点，提高了 POM 组分对 Cd 的吸附量；但添加微塑料降低了 OMC 组分对 Cd 的吸附量。XPS 结果显示，OMC 和 POM 组分与 Cd 发生了强烈的化学反应，参与反应的关键基团主要为 C=O 和 C-O/-OH。有机元素分析结果显示，10%的微塑料促使 POM 组分中 C、H 和 O 元素含量降低，而 OMC 组分中 C、H 和 O 元素含量增加。

(5)土壤中添加 2%~10%的微塑料后，OMC 组分的分解率为 10.88%~23.10%。与对照组相比，微塑料的添加显著增加了土壤溶解有机碳含量，降低了土壤 pH、腐殖质和有机质含量。老化 180 天后，OMC 组分中 Cd 含量增加了 17.92%，而微塑料使 Cd 含量下降了 10.01%~19.75%。综上，微塑料的添加引起土壤固体组分质量的变化。PP 微塑料抑制 Cd 在老化过程中向稳定形态的转变，增加了土壤中生物有效态 Cd 的含量。微塑料通过改变固体组分的质量比及其表面性质，改变土壤性质和土壤微环境，进而影响 Cd 在不同固体组分中的转运和转化，并最终改变 Cd 在土壤中的生物有效性。

第9章 结　　论

1. 自21世纪以来，微塑料污染受到广泛关注。2022年，我国生态环境部首次将微塑料界定为四大类新污染物之一。土壤环境普遍存在微塑料和重金属污染。大多数情况下，Langmuir模型和Freundlich模型均能较好地拟合微塑料对重金属的吸附。伪二级反应动力学(PSO)模型能够较好地拟合重金属在微塑料上的吸附平衡数据。微塑料与重金属之间的相互作用包括静电吸附、表面络合、沉淀/共沉淀、吸附解吸等；此外，微塑料还可以间接改变重金属的生物利用度。影响微塑料吸附重金属的因素主要包括微塑料性质、重金属性质和环境条件。微塑料和重金属共存不仅会改变土壤性质，而且对水生生物、陆地动物、植物和微生物会产生协同、拮抗或增强效应。尽管研究显示，吸附重金属的微塑料也可能通过摄入、空气吸入和皮肤接触进入人体，并在脂肪组织中积累，从而导致癌症、生殖和发育障碍。然而，关于微塑料与重金属结合对人体的毒性的认识仍然有限。

2. 添加微塑料导致土壤团聚体的粒径分布从以大团聚体为主转变为以微团聚体为主，微塑料显著降低了0.25~2mm粒级的团聚体含量。外源重金属Cd通过促使0.25~2mm粒级大团聚体分解，增加微团聚体的含量，显著改变土壤团聚体的粒级分布。重金属Cd与新制或老化PP微塑料联合污染下，大团聚体(包括0.25~2mm和>2mm)含量比单纯的Cd处理组或新制PP微塑料处理组高，但低于老化PP微塑料组。新制与老化PP微塑料污染下，土壤团聚体MWDw和GMDw的变化趋势基本相同，均呈先减小后增大的规律。微塑料显著改变土壤中3个固体组分的质量百分比。与未添加微塑料的对照组相比，添加微塑料后，POM组分质量百分比显著提高，增幅为38.73%(T4)~71.94%(T2)；矿物组分质量百分比小幅增加了4.86%(T4)~21.20%(T1)；OMC组分质量百分比则降低了10.88%(T3)~23.10%(T1)。培养180天，土壤pH、DOC、HS和OM均对微塑料的添加产生响应，其中DOC含量对微塑料的添加表现为正响应，而 pH、HS 和 OM 含量则表现为负响应。新制 PP 微塑料对土壤性质的负面影响强于老化 PP 微塑料。

3. 无论是添加微塑料还是大塑料，均会改变土壤性质。与对照组相比，微塑料显著降低土壤 pH 值和 DOC 含量，中、高剂量微塑料使土壤 pH 值比对照组降低 0.13 和 0.36 单位，高剂量微塑料则使 DOC 含量减少 17.10%。大塑料抑制土壤 DOC 含量下降，促使 DOC 含量增加 6.45%～14.38%，并促使 CEC 和土壤固体组分总质量小幅上升。单因素方差分析结果显示，塑料粒径和塑料剂量对不同的土壤性质指标均有影响。其中，大塑料对土壤 DOC、CEC 含量和脲酶活性影响极为显著($p<0.001$)，微塑料对 CEC、过氧化氢酶和脲酶活性影响极为显著($p<0.001$)；塑料剂量显著影响土壤 DOC、CEC 和脲酶活性。

4. 土壤及 POM、OMC 和矿物质对 Cd 的吸附研究显示，PP 微塑料的存在显著降低了全土和 3 个固体组分对 Cd 的吸附能力和吸附速率，表明微塑料对土壤吸附重金属具有抑制作用。3 个土壤固体组分对 Cd 的吸附速率大小依次为 POM>矿物>OMC，其中土壤 POM 组分对 Cd 表现出极强的吸附能力和较大的吸附容量，OMC 组分对 Cd 的吸附曲线与吸附规律与全土最为相似，表明土壤 POM 和 OMC 组分是土壤吸附 Cd^{2+} 过程中非常重要的吸附相。Elovich 动力学能较好地拟合土壤样品对 Cd 的吸附数据，拟合结果表明微塑料的存在降低了全土及土壤固体组分对 Cd 的初始反应速率和整体吸附速率(土壤矿物组分除外)。等温吸附曲线显示，全土对 Cd 的吸附曲线与 OMC 组分的吸附曲线最为一致，表明 OMC 组分在全土吸附 Cd 过程中具有不可忽视的作用。其次，Langmuir 和 Freundlich 等温吸附方程拟合后的各项参数揭示新制 PP 微塑料的加入降低了全土、POM 和 OMC 对 Cd 的理论最大吸附量，同时全土、POM 和矿物对 Cd 的吸附性能显著下降，表明 PP 微塑料对土壤吸附重金属具有抑制作用。微塑料的影响因素实验结果显示，微塑料添加量的增加会降低土壤对 Cd 的吸附容量，影响程度表现为 POM>矿物>OMC>全土。

5. 外源 Cd 进入土壤后，所有处理组中 Cd 的 7 种形态变化趋势一致，均表现为水溶态 F1 和离子交换态 Cd 含量减少，碳酸盐结合态、腐殖质结合态、铁锰氧化态、强有机结合态和残渣态 Cd 含量增加。添加微塑料显著提高了 Cd 的生物利用度，离子交换态 Cd 含量显著增加，碳酸盐结合态、铁锰氧化态、有机结合态和残渣态 Cd 含量显著降低。表明微塑料的添加促使老化后土壤中Cd的有效态含量增加，Cd稳定态含量降低，提高了土壤中Cd的流动性，且新制PP微塑料的影响大于老化PP微塑料，影响程度随微塑料投加量的增加而增大。动力学模拟结果表明，Elovich方程的拟合效果最佳(R^2均值0.902)，表明Cd的老化反应中是由吸附作用、沉淀作用、扩散作用和包裹作用等多个反应机制共同控制的非均相扩散作用。各形态分布转化速率大小顺序为离子交换态>残渣态>腐殖质结合态>碳酸盐结合态>铁锰氧化态>强有机结合态>水溶态。结果显示，微塑料的添加减缓了土壤中Cd形态的分布和转化速率，进而影响了外源Cd在土壤中的稳定化过程。此外，微塑料的添加对Cd与土壤的结合强度产生了负面影响，也减缓了Cd形态的再分配过程，并导致平衡后Cd形态的分布与未污染原始土壤中Cd的形态分布模式存在差异。Cd与土壤的结合强度和再分配过程受微塑料添加量与老化程度的显著影响。

6. 不同剂量的新制和老化PP微塑料对土壤固体组分的影响结果显示，单一的Cd污染对土壤组分质量无显著影响。微塑料的添加导致OMC组分的质量占比下降了10.88%(T3)~23.10%(T1)，而POM和矿物组分质量占比则分别提高了38.73%(T4)~71.94%(T2)和4.85%(T4)~21.20%(T1)，且新制PP微塑料和老化PP微塑料对土壤组分质量的影响无显著差异，微塑料剂量对土壤组分质量的影响更为显著。土壤老化促使对照组POM和矿物组分中Cd向OMC组分迁移。添加微塑料改变了土壤组分中Cd的迁移方向，促使土壤中Cd由OMC组分迁移到POM和矿物组分。微塑料的添加对土壤组分中Cd的化学形态产生了显著影响，且微塑料的老化程度和施用量对土壤固体组分中Cd的分布具有不同的影响效果。土壤组分中Cd的结合强度系数和再分配系数分析结果显示，随着土壤培养时间的延长，Cd在土壤中经历了从不稳定的形态到更稳定形态的再分配过程，这一过程中Cd的结合强度系数增加，分配系数逐渐收敛于1。微塑料的添加对土壤中Cd的形态分布产生了显著影响。相比对照组，微塑料的添加降低了Cd的结合强度系数，同时提高了Cd的分配系数，表明微塑料的存在减弱了Cd与土壤的结合能力，这种影响的程度受到微塑料的添加量和表面特性的调控。

7. 研究从固体组分水平探讨了微塑料对土壤老化过程中Cd分布和生物有效性的影响。发现添加2%~10%的微塑料改变了土壤组分的含量及其对Cd的保留能力和土壤性质，抑制了Cd在土壤和土壤组分中的转化速度，促进了Cd从OMC向POM和矿物质组分的转移，从而提高了土壤Cd的生物有效性。

无论微塑料是否存在，OMC 和 POM 组分中的 Cd 形态都与土壤中的 Cd 形态表现出极强的相关性。OMC 组分中 F2~F6 与土壤 F2~F6 均呈显著正相关。此外，土壤 Cd 形态与土壤理化性质冗余分析结果显示，表明微塑料的存在通过改变土壤性质，间接影响土壤 Cd 形态转化。新制 PP 微塑料和老化 PP 微塑料的表征结果显示：老化 PP 微塑料表面粗糙程度增加，比表面积增大，吸附点位增多，表面官能团数量也有所增加，这些变化显著提高了其对土壤中重金属 Cd 的吸附能力。因此，在土壤—老化 PP 微塑料体系中 Cd 的流动性更小。土壤固体组分的 SEM-EDS 表征结果显示，微塑料的添加，改变了 POM 和 OMC 组分的聚集特性。红外光谱分析结果显示，添加微塑料后增加了土壤 POM 组分上的活性吸附位点，提高了 POM 组分对 Cd 的吸附量；但添加微塑料降低了 OMC 组分对 Cd 的吸附量。XPS 结果显示，OMC 和 POM 组分与 Cd 发生了强烈的化学反应，参与反应的关键基团主要为 C═O 和 C—O/—OH。有机元素分析结果显示，10%的微塑料促使 POM 组分中 C、H 和 O 元素含量降低，而 OMC 组分中 C、H 和 O 元素含量增加。综上，微塑料通过改变固体组分的质量比及其表面性质，改变土壤性质和土壤微环境，进而影响 Cd 在不同固体组分中的转运和转化，并最终改变 Cd 在土壤中的生物有效性。微塑料与土壤组分之间的相互作用取决于微塑料的尺寸、剂量和表面特征。

参考文献

薄录吉，李冰，张凯，等．农田土壤微塑料分布、来源和行为特征[J]．环境科学，2023，44(4)：2375-2383.

曹可，刘雪松，苏海磊，等．土壤中微塑料和重金属的复合污染：原理及过程[J]．农业环境科学学报，2023，42(8)：1675-1684.

曹艳晓，陈田甜，陈诺，等．大塑料和微塑料影响土壤性质与镉生物有效性[J]．中国环境科学，2023，43(9)：4916-4925.

陈炳卿，孙长颢．食品污染与健康[M]．北京：化学工业出版社，2002：149-152.

陈红，马文明，周青平，等．高寒草地灌丛化对土壤团聚体稳定性及其铁铝氧化物分异的研究[J]．草业学报，2020，29(09)：73-84.

代军，晏华，郭骏骏，等．结晶度对聚乙烯热氧老化特性的影响[J]．材料研究学报，2017，31(01)：41-48.

代允超，吕家珑，曹莹菲，等．石灰和有机质对不同性质镉污染土壤中镉有效性的影响[J]．农业环境科学学报，2014，33(3)：514-519.

付东东，张琼洁，范正权，等．微米级聚苯乙烯对铜的吸附特性[J]．中国环境科学，2019，39(11)：4769-4775.

韩丽花，李巧玲，徐笠，等．大辽河流域土壤中微塑料的丰度与分布研究[J]．生态毒理学报，2020，15(01)：174-185.

郝爱红．低密度聚乙烯微塑料和镉对黄土理化性质与玉米生长的影响及其机制[D]．兰州：兰州交通大学，2022.

侯军华．聚乙烯微塑料对土壤团聚体性质及微生物多样性影响研究[D]．兰州：兰州交通大学，2020.

胡桂林．微塑料与土壤介质相互作用机制的研究[D]．合肥：安徽理工大学，2019.

贾涛，薛颖昊，靳拓，等．土壤中微塑料的来源、分布及其对土壤潜在影响的研究进展[J]．生态毒理学报，2022，17(5)：202-216.

康恺，杨丹，黄至诚，等．微塑料对小鼠生长和小肠结构的影响[J]．农业环境科学学报，2020，39(2)：256-262.

李晓彤．聚酯纤维微塑料对蚯蚓(Eisenia foetida)生长的影响[D]．昆明：云南大学，2019.

李文华，简敏菲，刘淑丽，等．鄱阳湖湖口-长江段沉积物中微塑料与重金属污染物的赋存关系[J]．环境科学，2020，41(01)：242-252.

连加攀，沈政玫，刘维涛．微塑料对小麦种子发芽及幼苗生长的影响[J]．农业环境科学学报，2019，38(4)：737-745.

林蕾，陈世宝，刘继芳，等．不同老化时间对土壤中外源 Zn 的形态转化及生态毒性阈值(EC_x) 的影响[J]．应用生态学报，2013，24(7)：2025-2032.

林蕾，刘继芳，陈世宝，等．基质诱导硝化测定的土壤中锌的毒性阈值、主控因子及预测模型研究[J]．生态毒理学报，2012，7(6)：657-663.

林瑞聪．外源 Cd(Ⅱ)，Cr(Ⅲ) 单一及复合污染在珠三角地区土壤中的老化及影响因素研究[D]．广州：华南理工大学，2019.

刘蓥蓥，张旗，崔文智，等．聚乙烯微塑料对绿豆发芽的毒性研究[J]．环境与发展，2019，31(05)：123-125.

鲁如坤．土壤农业化学分析方法[M]．北京：中国农业科技出版社，2000：12-207.

骆永明，周倩，章海波，等．重视土壤中微塑料污染研究 防范生态与食物链风险[J]．中国科学院院刊，2018，33(10)：1021-1030.

马云，王剑．土壤微生态系统中聚丙烯微塑料对土壤酶活性的影响[J]．浙江工业大学学报，2022，50(02)：216-221.

任力洁，马秀兰，边炜涛，等．湖库底泥对重金属 Pb 吸附特性的研究[J]．水土保持学报，2016，30(005)：255-260.

尚二萍，许尔琪，张红旗，等．中国粮食主产区耕地土壤重金属时空变化与污染源分析[J]．环境科学，2018，39(10)：4670-4683.

水质　总有机碳(TOC)的测定　燃烧氧化——非分散红外吸收法：HJ501-2009[S]．生态环境部，2019.

宋凤敏，张兴昌，葛红光，等．黄褐土与水稻田沙土对 Mn(Ⅱ)和 Ni

(Ⅱ)的吸附[J]. 水土保持学报, 2017, 31(001): 265-271.

宋伟, 陈百明, 刘琳. 中国耕地土壤重金属污染概况[J]. 水土保持研究, 2013, 20(02): 293-298.

田雨, 杨建军, Sajjad Hussain. 红壤有机矿物复合体吸附 Cu(Ⅱ)的分子机制[J]. 土壤学报, 2021, 58(03): 722-731.

土壤和沉积物 金属元素总量的消解: 微波消解法: HJ 832-2017[S]. 环境保护部, 2017: 1-4.

土壤 阳离子交换量的测定: 三氯化六氨合钴浸提-分光光度法: HJ 889-2017[S]. 环境保护部, 2017.

土壤质量 有效态铅和镉的测定: 原子吸收法: GB/T 23739-2009[S]. 农业部环境保护科研监测所, 北京: 中国标准出版社, 2009.

土壤质量 铅、镉的测定 KI-MIBK 萃取火焰原子吸收分光光度法: GB/T 17140-1997[S]. 国家环境保护局, 北京: 中国标准出版社, 1997.

王金花, 李冰, 侯宇晴, 等. 农田土壤中微塑料的赋存、迁移及生态效应研究进展[J]. 农业环境科学学报, 2023, 42(5): 951-965.

王昱皓, 魏芳, 徐立恒. 土壤中微塑料污染的来源、迁移扩散及其生态效应[J]. 安全与环境工程, 2022, 29(5): 132-138.

文晓凤. 微塑料对不同类型土壤及其中重金属迁移转化的影响研究[D]. 长沙: 湖南大学, 2020.

吴萍, 张杏锋, 高波, 等. 微塑料对超富集植物少花龙葵 Cd 累积的影响[J]. 环境科学与技术, 2022, 45(1): 174-181.

吴艳华, 周东美, 高娟, 等. 三种邻苯二甲酸酯在不同黏土矿物上的吸附[J]. 农业环境科学学报, 2015, 34(06): 1107-1114.

吴曼, 徐明岗, 徐绍辉, 等. 有机质对红壤和黑土中外源铅镉稳定化过程的影响[J]. 农业环境科学学报, 2011, 30(3): 461-467.

吴曼, 徐明岗, 张文菊, 等. 土壤性质对单一及复合污染下外源镉稳定化过程的影响[J]. 环境科学, 2012, 33(7): 2503-2509.

肖进男, 张珍明, 张家春. 土壤中微塑料来源、污染现状及生态效应研究进展[J]. 东北农业大学学报, 2022, 53(11): 86-96.

熊振乾. 湖北大冶矿区镉污染农田土壤原位钝化修复及其稳定性[D]. 武汉: 华中农业大学, 2021.

杨光蓉，陈历睿，林敦梅．土壤微塑料污染现状、来源、环境命运及生态效应[J]．中国环境科学，2021，41(01)：353-365.

张飞祥．聚酯微纤维对土壤物理性质的影响[D]．昆明：云南大学，2019.

张佳佳，陈延华，王学霞，等．土壤环境中微塑料的研究进展[J]．中国生态农业学报(中英文)，2021，29(06)：937-952.

张兰萍，闵文豪，范志强，等．酸性紫色水稻土颗粒有机质对镉的吸附特性[J]．中国环境科学，2020，40(06)：2588-2597.

张兰萍．紫色水稻土颗粒有机质对镉的吸附解吸特征及环境行为影响[D]．重庆：西南大学，2020.

张良运，李恋卿，潘根兴，等．重金属污染可能改变稻田土壤团聚体组成及其重金属分配[J]．应用生态学报，2009，20(11)：2806-2812.

章明奎，郑顺安，王丽平．利用方式对砂质土壤有机碳、氮和磷的形态及其在不同大小团聚体中分布的影响[J]．中国农业科学，2007(08)：1703-1711.

章明奎．砂质土壤不同粒径颗粒中有机碳、养分和重金属状况[J]．土壤学报，2006，43(4)：584-591.

张卫信，申智锋，邵元虎，等．土壤生物与可持续农业研究进展[J]．生态学报，2020，40(10)：3183-3206.

张晓晴．微塑料和镉对植物生长和丛枝菌根真菌多样性的影响[D]．青岛：青岛科技大学，2020.

张增强，张一平，朱兆华．镉在土壤中吸持的动力学特征研究[J]．环境科学学报，2000，20(3)：370-375.

Abbasi S，Keshavarzi B，Moore F，*et al*. Distribution and potential health impacts of microplastics and microrubbers in air and street dusts from asaluyeh county，Iran[J]. Environmental Pollution，2018，244：153-164.

Abbasi S，Moore F，Keshavarzi B，*et al*. PET-microplastics as a vector for heavy metals in a simulated plant rhizosphere zone[J]. Science of the Total Environment，2020，744，140984.

Ahmadu Fred，O. H，Bhagwat，G，Oluyoye，I，*et al*. Interaction of chemical contaminants with microplastics：principles and perspectives[J]. Science of the Total Environment，2019，706，135978.

Akanyange S N, Lyu X, Li X, *et al.* Does microplastic really represent a threat? A review of the atmospheric contamination sources and potential impacts[J]. Science of the Total Environment, 2021, 777(23): 146020.

Akinci G, Guven D E, Ugurlu, S. K. Assessing pollution in izmir bay from rivers in western turkey: heavy metals[J]. Environmental Science: Processes & Impacts, 2013, 15(12): 2252-2262.

Alexander M. Aging, bioavailability, and overestimation of risk from environmental pollutants[J]. Environmental science and technology, 2000, 34(20): 4259-4265.

Ali M I, Ahmed S, Robson G, *et al.* Isolation and molecular characterization of polyvinyl chloride(PVC) plastic degrading fungal isolates[J]. Journal of Basic Microbiologyl, 2014, 54(1): 18-27.

Alimi O S, Budarz J F, Hernandez L, *et al.* Microplastics and nanoplastics in aquatic environments: aggregation, deposition, and enhanced contaminant transport[J]. Environmental science and technology, 2018, 52: 1704-1724.

Andreas D, Liping W, Ellis H, *et al.* Multi-surface modeling to predict free zinc ion concentrations in low-zinc soils[J]. Environmental science and technology, 2014, 48(10): 5700-5708.

Ardestani M M, van Gestel C A M. Sorption and pH determine the long-term partitioning of cadmium in natural soils[J]. Environmental Science and Pollution Research, 2016, 23(18): 18492-18501.

Arnarson T S, Keil R G. Mechanisms of pore water organic matter adsorption to montmorillonite. Mar. Chem, 2000, 71: 309-320.

Arthur C, Baker J E, Bamford H A. Proceedings of the International Research Workshop on the Occurrence, Effects, and Fate of Microplastic Marine Debris. University of Washington Tacoma, Tacoma, WA, USA, 2009.

Artham T, Sudhakar M, Venkatesan R, *et al.* Biofouling and stability of synthetic polymers in sea water[J]. International Biodeterioration Biodegradation, 2009, 63(7): 884-890.

Ashton K, Holmes L, Turner A. Association of metals with plastic production pellets in the marine environment[J]. Marine Pollution Bulletin, 2010, 60(11):

2050-2055.

Ateia M, Zheng T, Calace S, *et al.* Sorption behavior of real microplastics (MPs): insights for organic micropollutants adsorption on a large set of well-characterized MPs. Science of the Total Environment, 2020, 720, 137634.

Awet T T, Kohl Y, Meier F, *et al.* Effects of polystyrene nanoparticles on the microbiota and functional diversity of enzymes in soil[J]. Environmental Sciences Europe, 2018, 30, 11.

Azizian S. Kinetic models of sorption: a theoretical analysis[J]. Colloid Interface Sci, 2004, 276: 47-52.

Balabane M, Van Oort F. Metal enrichment of particulate organic matter in arable soils with low metal contamination[J]. Soil Biology and Biochemistry, 2002, 34(10): 1513-1516.

Balesdent J. The significance of organic separates to carbon dynamics and its modelling in some cultivated soils[J]. European Journal of soil science, 1996, 47(4): 485-493.

Bandow N, Will V, Wachtendorf V. Contaminant release from aged microplastic[J]. Environmental Chemistry, 2017, 14(6): 394-405.

Banin A, Han F X, Serban C, *et al.* The dynamics of heavy metals partitioning and transformations in arid-zone soils. In: Iskandar IK, Hardy SE, Chang AC, Pierzynski GM(eds) Proceedings of the 4th International Conference on the Biogeochemistry of Trace Elements, Berkeley, CA, 1997: 713-714.

Barboza L. G. A, Vieira L. R, Branco V, *et al.* Microplastics increase mercury bioconcentration in gills and bioaccumulation in the liver, and cause oxidative stress and damage in Dicentrarchus labrax juveniles[J]. Scientific Reports, 2018, 8: 1-9.

Barboza L, Gabriel A, Vieira L, *et al.* Single and combined effects of microplastics and mercury on juveniles of the european seabass(*Dicentrarchus labrax*), Changes in behavioural responses and reduction of swimming velocity and resistance time[J]. Environmental Pollution, 2018, 236: 1014-1019.

Barnes D K A, Galgani F, Thompson R C, *et al.* Accumulation and fragmentation of plastic debris in global environments[J]. Philosophical transactions—Royal

Society. Biological sciences, 2009, 364(1526): 1985-1998.

Bartoli F, Hallett P. D, Cerdan O, *et al.* Aggregate stability and assessment of crustability and erodibility: 1. Theory and methodology[J]. European Journal of soil science, 2016, 47: 425-437.

Bernard F, Brulle F, Dumez S, et al. Antioxidant responses of Annelids, Brassicaceae and Fabaceae to pollutants: a review[J]. Ecotoxicology and environmental safety, 2015, 114: 273-303.

Besseling E, Foekema E M, van den Heuvel-Greve M J, *et al.* The effect of microplastic on chemical uptake by the lugworm Arenicola marina(L.) under environmentally relevant exposure conditions [J]. Environmental science and technology, 2017, 51(15): 8795-8804.

Bethanis J, Golia EE. Revealing the combined effects of microplastics, Zn, and Cd on soil properties and metal accumulation by leafy vegetables: a preliminary investigation by a laboratory experiment[J]. Soil Systems, 2023, 7(3): 65.

Bhagat J, Nishimura N, Shimada Y. Toxicological interactions of microplastics/nanoplastics and environmental contaminants: current knowledge and future perspectives[J]. Journal of Hazardous Materials, 2020: 123913.

Bjorklund G, Dadar M, Mutter J, *et al.* The toxicology of mercury: current research and emerging trends[J]. Environmental Research, 2017, 159: 545-554.

Blasing M, Amelung W. Plastics in soil: analytical methods and possible sources[J]. Science of the Total Environment, 2018, 612: 422-435.

Blouin M, Hodson M E, Delgado E A, *et al.* A review of earthworm impact on soil function and ecosystem services [J]. European Journal of Soil Science, 2013, 64: 161-182.

Bolan N, Kunhikrishnan A, Thangarajan R, *et al.* Remediation of heavy metal(loid)s contaminated soils-to mobilize or to immobilize[J]? Journal of Hazardous Materials, 2014, 266: 141-166.

Boots B, Russell C W, Green D S. Effects of microplastics in soil ecosystems: above and below ground[J]. Environmental Science and Technology, 2019, 53(19): 11496-11506.

Bosker T, Bouwman L J, Brun N. R, *et al.* Microplastics accumulate on pores in seed capsule and delay germination and root growth of the terrestrial vascular plant Lepidium sativum[J]. Chemosphere, 2019, 226: 774-781.

Boundati Y E, Ziat K, Naji A, *et al.* Generalized fractal-like adsorption kinetic models: application to adsorption of copper on Argan nut shell[J]. Journal of Molecular Liquids, 2019, 276: 15-26.

Bradl H B. Adsorption of heavy metal ions on soils and soils constituents[J]. Journal of Colloid Interface Science, 2004, 277(1): 1-18.

Brennecke D, Duarte B, Paiva F, *et al.* Microplastics as vector for heavy metal contamination from the marine environment[J]. Estuarine Coastal And Shelf Science, 2016, 178: 189-195.

Briant N, Chouvelon T, Martinez L, *et al.* Spatial and temporal distribution of mercury and methylmercury in bivalves from the french coastline[J]. Marine Pollution Bulletin, 2016, 114(2): 1096-1102.

Briffa J, Sinagra E, Blundell R. Heavy metal pollution in the environment and their toxicological effects on humans[J]. Heliyon, 2020, 6(9): 04691.

Bronick C J, Lal R. Soil structure and management: a review[J]. Geoderma, 2005, 124(1-2): 3-22.

Browne M A, Niven S J, Galloway T S, *et al.* Microplastic moves pollutants and additives to worms, reducing functions linked to health and biodiversity[J]. Current Biology, 2013, 23: 2388-2392.

Browne M A, Crump P, Niven S J, *et al.* Accumulations of microplastic on shorelines worldwide: sources and sinks[J]. Computer Aided Optimum Design of Structures VIII, 2010, (45): 9175-9179.

Cabrera C, Ortega E, Lorenzo M L, *et al.* Cadmium contamination of vegetable crops, farmlands, and irrigation waters[J]. Reviews of environmental contamination and toxicology, 1998: 55-81.

Cao D, Xiao W, Luo X, *et al.* Effects of polystyrene microplastics on the fitness of earthworms in an agricultural soil[J]. IOP Conference Series: Earth and Environmental Science, 2017, 61, 12148.

Cao Y X, Zhao M J, Ma X Y, *et al.* A critical review on the interactions of microplastics with heavy metals: Mechanism and their combined effect on organisms and humans. Science of the Total Environment, 2021, 788.

Cao Y X, Ma X Y, Chen N, *et al.* Polypropylene microplastics affect the distribution and bioavailability of cadmium by changing soil components during soil aging[J]. Journal of hazardous materials, 2022, 443(Pt A), 130079.

Carpenter E J, Anderson S J, Harvey G R, *et al.* Polystyrene spherules in coastal waters[J]. Science(New York, N. Y.), 1972, 178, 4062.

Chae Y, An Y J. Current research trends on plastic pollution and ecological impacts on the soil ecosystem: a review[J]. Environmental Pollution, 2018, 240: 387-395.

Chao T T, Teobald P K. The significance of secondary iron and manganese oxides in geochemical exploration[J]. Economic Geology, 1976, 71(8): 1560-1569.

Chappaz A, Curtis P J. Integrating empirically dissolved organic matter quality for WHAM VI using the DOM optical properties: a case study of Cu-Al-DOM interactions[J]. Environmental science and technology, 2013, 47: 2001-2007.

Chen F, Aqeel M, Khalid N, *et al.* Interactive effects of polystyrene microplastics and Pb on growth and phytochemicals in mung bean(*Vigna radiata L.*)[J]. Journal of Hazardous Materials, 2023, 449, 130966.

Chen G L, Feng Q Y, Wang J. Mini-review of microplastics in the atmosphere and their risks to humans[J]. Science of the Total Environment, 2019, 703, 135504.

Chen H P, Wang Y H, Sun X, *et al.* Mixing effect of polylactic acid microplastic and straw residue on soil property and ecological function[J]. Chemosphere, 2020, 243, 125271.

Chen S, Feng T Z, Lin X, *et al.* Effects of microplastics and cadmium on the soil-wheat system as single and combined contaminants[J]. Plant Physiology and Biochemistry, 2023, 196: 291-301.

Cheng H, Feng Y, Duan Z, *et al.* Toxicities of microplastic fibers and granules on the development of zebrafish embryos and their combined effects with cadmium[J]. Chemosphere, 2021, 269, 128677.

Cole M, Lindeque P, Fileman E, *et al.* The impact of polystyrene microplastics on feeding, function and fecundity in the marine copepodcalanus helgolandicus

[J]. Environmental Science and technology, 2015, 49(2): 1130-1137.

Cole M, Lindeque P, Halsband C, *et al.* Microplastics as contaminants in the marine environment: a review[J]. Marine Pollution Bulletin, 2011, 62(12): 2588-2597.

Collignon A, Hecq J H, Glagani F, *et al.* Neustonic microplastic and zooplankton in the north western mediterranean sea[J]. Marine Pollution Bulletin, 2012, 64(4): 861-864.

Cornu J Y, Depernet C, Garnier C, *et al.* How do low doses of desferrioxamine B and EDTA affect the phytoextraction of metals in sunflower[J]? Science of the Total Environment, 2017, 592: 535-545.

Corradini F, Meza P, Eguiluz R, *et al.* Evidence of microplastic accumulation in agricultural soils from sewage sludge disposal[J]. Science of the Total Environment. 2019, 671: 411-420.

Costa E, Gambardella C, Piazza V, *et al.* Microplastics ingestion in the ephyra stage of Aurelia sp. triggers acute and behavioral responses [J]. Ecotoxicology and Environmental Safety, 2020, 189, 109983.

Covelo E F, Vega F A, Andrade M L. Competitive sorption and desorption of heavy metals by individual soil components[J]. Journal of Hazardous Materials 2007, 140: 308-315.

Cox K D, Covernton G A, Davies H L, *et al.* Human consumption of microplastics[J]. Environmental science and technology. 2019, 53: 7068-7074.

Davarpanah E, Guilhermino L. Single and combined effects of microplastics and copper on the population growth of the marine microalgae Tetraselmis chuii[J]. Estuarine, Coastal and Shelf Science, 2015, 167: 269-275.

Dehghani S, Moore F, Akhbarizadeh R. Microplastic pollution in deposited urban dust, Tehran metropolis[J]. Iran. Environ. Sci. Pollut. R. 2017, 24(25): 20360-20371.

Deng J, Guo P, Zhang X, *et al.* Microplastics and accumulated heavy metals in restored mangrove wetland surface sediments at Jinjiang Estuary(Fujian, China)[J]. Marine Pollution Bulletin, 2020, 159: 111482.

De Souza Machado A A, Kloa S W, Zarfl C, *et al.* Microplastics as an emerging threat to terrestrial ecosystems[J]. Global Change Biology, 2018, 24(4): 1405-1416.

De Souza Machado A A, Lau C W, Kloas W, *et al.* Microplastics can change soil properties and affect plant performance[J]. Environmental Science and Technology, 2019, 53(10): 6044-6052.

De Souza Machado A A, Lau C W, Till J, *et al.* Impacts of microplastics on the soil biophysical environment [J]. Environmental Science and Technology, 2018, 52(14): 9656-9665.

Diagboya P N, Olu-Owolabi B I, Adebowale K O. Effects of time, soil organic matter, and iron oxides on the relative retention and redistribution of lead, cadmium, and copper on soils[J]. Environmental Science and Pollution Research, 2015, 22(13): 10331-10339.

Digka N, Tsangaris C, Torre M, *et al.* Microplastics in mussels and fish from the Northern Ionian Sea[J]. Marine Pollution Bulletin, 2018, 135: 30-40.

Ding L, Huang D, Ouyang Z, *et al.* The effects of microplastics on soil ecosystem: A review[J]. Current Opinion in Environmental Science Health, 2022, 26, 100344

Dong R, Liu R, Xu Y, *et al.* Single and joint toxicity of polymethyl methacrylate microplastics and As(V) on rapeseed(*Brassia campestris L*) [J]. Chemosphere, 2021, 133066.

Dong Y, Bao Q, Gao M, *et al.* A novel mechanism study of microplastic and As co-contamination on indica rice(*Oryza sativa L.*)[J]. Journal of Hazardous Materials, 2022, 421, 126694.

Dong Y M, Gao M L, Liu X W, *et al.* The mechanism of polystyrene microplastics to affect arsenic volatilization in arsenic-contaminated paddy soils [J]. Journal Of Hazardous Materials, 2020, 398, 122896.

Dong Y, Gao M, Qiu W, *et al.* Effect of microplastics and arsenic on nutrients and microorganisms in rice rhizosphere soil[J]. Ecotoxicology and Environmental Safety, 2021, 211(3): 111899.

Dong Y, Gao M, Qiu W, *et al.* Effects of microplastic on arsenic accumulation in Chlamydomonas reinhardtii in a freshwater environment[J]. Journal of Hazardous Materials 2021, 405, 124232.

Dong Y, Gao M, Qiu W, *et al.* Uptake of microplastics by carrots in presence of As(III): combined toxic effects[J]. Journal of Hazardous Materials, 2021, 411, 125055.

Dong Y, Gao M, Song Z, *et al.* As(III) adsorption onto different-sized polystyrene microplastic particles and its mechanism [J]. Chemosphere, 2019, 239, 124792.

Dong Y, Gao M, Song Z, *et al.* Microplastic particles increase arsenic toxicity to rice seedlings[J]. Environmental Pollution, 2020, 259, 113892.

Du H, Huang Q, Lei M, *et al.* Sorption of Pb(II) by nanosized ferrihydrite organo-mineral composites formed by adsorption versus coprecipitation[J]. ACS Earth and Space Chemistry, 2018, 2(6): 556-564.

Du H, Huang Q, Peacock C L, *et al.* Competitive binding of Cd, Ni and Cu on goethite organo-mineral composites made with soil bacteria[J]. Environmental Pollution, 2018, 243(Pt A): 444-452.

Duan C, Ma T, Wang J, *et al.* Removal of heavy metals from aqueous solution using carbon-based adsorbents: a review[J]. Journal of Water Process Engineering, 2020, 37, 101339.

Duffner A, Weng L, Hoffland E, *et al.* Multi-surface modeling to predict free zinc ion concentrations in low-zinc soils[J]. Environmental science and technology, 2014, 48(10): 5700-5708.

Duis K, Coors A. Microplastics in the aquatic and terrestrial environment: sources(with a specific focus on personal care products), fate and effects[J]. Environmental Sciences Europe, 2016, 28, 2.

Edra B, Dlfb C D W, Rhb C, *et al.* Adsorption kinetic modeling using pseudo-first order and pseudo-second order rate laws: a review[J]. Cleaner Engineering and Technology, 2020, 1, 100032.

Edwards S J, Kjellerup B V. Applications of biofilms in bioremediation and biotransformation of persistent organic pollutants, pharmaceuticals/personal care products, and heavy metals[J]. Applied Microbiology and Biotechnology, 2013, 97(23): 9909-9921.

El-Khaiary M I, Malash G F, Ho Y S. On the use of linearized pseudo-second-order kinetic equations for modeling adsorption systems[J]. Desalination, 2010, 257: 93-101.

Elzahabi M, Yong R. pH influence on sorption characteristics of heavy metal in the vadose zone[J]. Engineering Geology, 2001, 60: 61-68.

Fei Y F, Huang S Y, Zhang H B, *et al.* Response of soil enzyme activities and bacterial communities to the accumulation of microplastics in an acid cropped soil[J]. Science of the Total Environment, 2020, 707(C): 135634.

Feng X Y, Wang Q L, Sun Y H, *et al.* Microplastics change soil properties, heavy metal availability and bacterial community in a Pb-Zn-contaminated soil[J]. Journal of Hazardous Materials, 2022, 424, 127364.

Fernάndez B, Juan Santos-Echeandía, José R, *et al.* Mercury interactions with algal and plastic microparticles: comparative role as vectors of metals for the mussel, *mytilus galloprovincialis* [J]. Journal of Hazardous Materials, 2020, 396, 122739.

Fotopoulou K N, Karapanagioti H K. Surface properties of beached plastic pellets[J]. Marine Environmental Research, 2012, 81: 70-77.

Franzluebbers A J, Arshad M A. Particulate organic carbon content and potential mineralization as affected by tillage and texture[J]. Soil Science Society of America Journal, 1997, 61(5): 1382.

Free C M, Jensen O P, Mason S A, *et al.* High-levels of microplastic pollution in a large, remote, mountain lake[J]. Marine Pollution Bulletin. 2014, 85: 156-163.

Frias J P G L, Nash R. Microplastics: Finding a consensus on the definition [J]. Marine Pollution Bulletin, 2019, 138: 145-147.

Fu D, Zhang Q, Fan Z, *et al.* Aged microplastics polyvinyl chloride interact with copper and cause oxidative stress towards microalgae *chlorella vulgaris* [J]. Aquatic Toxicology, 2019, 216, 105319.

Fu Q, Tan X, Ye S, *et al.* Mechanism analysis of heavy metal lead captured by natural-aged microplastics[J]. Chemosphere, 2020, 270, 128624.

Fuller S and Gautam A. A Procedure for Measuring Microplastics using Pressurized Fluid Extraction [J]. Environmental science and technology, 2016, 50 (11): 5774-5780.

Gallagher A, Rees A, Rowe R, *et al.* Microplastics in the solent estuarine complex, UK: an initial assessment [J]. Marine Pollution Bulletin, 2015, 120 (2): 243-249.

Gambardella C, Morgana S, Ferrando S, *et al.* Effects of polystyrene microbeads in marine planktonic crustaceans [J]. Ecotoxicology and Environmental Safety, 2017, 145: 250-257.

Gao F L, Li J X, Cheng J, *et al.* Study on the capability and characteristics of heavy metals enriched on microplastics in marine environment[J]. Marine Pollution Bulletin, 2019, 144: 61-67.

Gao H B, Liu Q, Yan C R, *et al.* Macro-and/or microplastics as an emerging threat effect crop growth and soil health[J]. Resources, Conservation Recycling, 2022, 186, 106549.

Gao L, Fu D D, Zhao J J, *et al.* Microplastics aged in various environmental media exhibited strong sorption to heavy metals in seawater[J]. Marine pollution bulletin, 2021, 169, 112480.

Genç-Fuhrman H, Mikkelsen P S, Ledin A. Simultaneous removal of As, Cd, Cr, Cu, Ni and Zn from stormwater using high-efficiency industrial sorbents: effect of pH, contact time and humic acid[J]. Science of the Total Environment. 2016, 566-567: 76-85.

George P B L, Keith A M, Creer S, *et al.* Evaluation of mesofauna communities as soil quality indicators in a national-level monitoring programme[J]. Soil Biology and Biochemistry, 2017, 115: 537-546.

Gioacchini P, Cattaneo F, Barbanti L, *et al.* Carbon sequestration and distribution in soil aggregate fractions under Miscanthus and giant reed in the Mediterranean area. Soil & Tillage Research, 2016, 163: 235-242.

Godoy V, Blázquez G, Calero M, *et al.* The potential of microplastics as carriers of metals[J]. Environmental Pollution, 2019, 255(3): 113363.

Gosling P, Parsons N, Bending G D. What are the primary factors controlling the light fraction and particulate soil organic matter content of agricultural soils[J].

Biology and Fertility of Soils, 2013, 49(8): 1001-1014.

Gouin T, Roche N, Lohmann R *et al.* A thermodynamic approach for assessing the environmental exposure of chemicals absorbed to microplastic[J]. Environmental Science and technology, 2011, 45(4): 1466-1472.

Green D S, Boots B, O'Connor N E, *et al.* Microplastics affect theecological functioning of an important biogenic habitat[J]. Environmental science and technology, 2016, 51: 68-77.

Groh K J, Backhaus T, Carney-Almroth B, *et al.* Overview of known plastic packaging-associated chemicals and their hazards[J]. Science of the Total Environment, 2019, 651(2): 3253-3268.

Guan J, Qi K, Wang J, *et al.* Microplastics as an emerging anthropogenic vector of trace metals in freshwater: significance of biofilms and comparison with natural substrates[J]. Water Research, 2020, 184, 116205.

Guo J J, Huang X P, Xiang L, *et al.* Source, migration and toxicology of microplastics in soil[J]. Environment International, 2020, 137, 105263.

Guo S, Wang Q, Li Z, *et al.* Ecological risk of microplastic toxicity to earthworms in soil: a bibliometric analysis[J]. Frontiers in Environmental Science, 2023, 11, 1126847.

Guo X, Liu Y, Wang, J. Equilibrium, kinetics and molecular dynamic modeling of Sr2+ sorption onto microplastics[J]. Journal of Hazardous Materials, 2020, 400, 123324.

Guo X T, Pang J W, Chen S Y, *et al.* Sorption properties of tylosion on four different microplastics[J]. Chemosphere, 2018, 209: 240-245.

Guo X Wang J L. The chemical behaviors of microplastics in marine environment: A review[J]. Marine Pollution Bulletin, 2019, 142, 1-14.

Guo X, Wang J. The phenomenological mass transfer kinetics model for Sr^{2+} sorption onto spheroids primary microplastics[J]. Environmental Pollution, 2019, 250: 737-745.

Guo X, Wang J L. A general kinetic model for adsorption: Theoretical analysis and modeling[J]. Journal of Molecular Liquids, 2019, 288(15): 111100.

Guo X, Wang J. Projecting the sorption capacity of heavy metal ions onto microplastics in global aquatic environments using artificial neural networks [J]. Journal of Hazardous Materials, 2021, 402(1): 123709.

Guo X, Zhang S, Shan X Q, *et al.* Characterization of Pb, Cu, and Cd adsorption on particulate organic matter in soil [J]. Environmental Toxicology and Chemistry, 2006, 25(9): 2366-2373.

Gustafsson J P, Pechova P, Berggren D. Modeling metal binding to soils: The role of natural organic matter [J]. Environmental Science and Technology, 2003, 37(12): 2767-2774.

Gustafsson J P, Tiberg C, Edkymish A, *et al.* Modelling lead(II) sorption to ferrihydrite and soil organic matter [J]. Environmental Chemistry, 2011, 8(5): 485-492.

Hahladakis J N, Velis C A, Weber R, *et al.* An overview of chemical additives present in plastics: migration, release, fate and environmental impact during their use, disposal and recycling [J]. Journal of Hazardous Materials, 2018, 344: 179-199.

Han F X, Banin A, Kingery W L, *et al.* New approach to studies of heavy metal redistribution in soil [J]. Advances in Environmental Research, 2003, 8(1): 113-120.

Hartmann N B, Rist S, Bodin J, *et al.* Microplastics as vectors for environmental contaminants: exploring sorption, desorption, and transfer to biota [J]. Integrated Environmental Assessment and Management. 2017, 13: 488-493.

He D, Luo Y, Lu S, *et al.* Microplastics in soils: Analytical methods, pollution characteristics and ecological risks [J]. Trac Trends in Analytical Chemistry, 2018, 109.

He Z, Shen T J, Yang X, *et al.* Heavy metal contamination of soils: sources, indicators, and assessment [J]. Ecological Indicators, 2015, 9: 17-18.

Ho Y S. Isotherms for the sorption of lead onto peat: comparison of linear and non-linear methods [J]. Polish Journal of Environmental Studies , 2006, 15: 81-86.

Hodson M E, Duffus-Hodson C A, Clark A, *et al.* Plastic bag derived-microplastics as a vector for metal exposure in terrestrial invertebrates [J]. Environmental

Science and technology, 2017, 51(8): 4714-4721.

Holmes L A, Turner A, Thompson R C. Interactions between trace metals and plastic production pellets under estuarine conditions[J]. Marine Chemistry, 2014, 167: 25-32.

Holmes L A, Turner A, Thompson R C. Adsorption of trace metals to plastic resin pellets in the marine environment[J]. Environmental Pollution, 2012, 160(1): 42-48

Hong Y, Brown D G. Electrostatic behavior of the charge-regulated bacterial cell surface[J]. Langmuir, 2008, 24(9): 5003-5009.

Hu B Y, Li Y X, Jiang L S, *et al.* Influence of microplastics occurrence on the adsorption of 17-estradiol in soil [J]. Journal of Hazardous Material, 2020, 123325.

Hu S W, Lu Y, Peng L F, *et al.* Coupled Kinetics of Ferrihydrite Transformation and As(V) Sequestration under the Effect of Humic Acids: A Mechanistic and Quantitative Study [J]. Environmental Science and technology, 2018, 52(20): 11632-11641.

Hu S H, Lu C, Zhang C J, *et al.* Effects of fresh and degraded dissolved organic matter derived from maize straw on copper sorption onto farmland loess[J]. Journal Of Soils And Sediments, 2016, 16: 327-338.

Huang B, Li Z, Huang J, *et al.* Aging effect on the leaching behavior of heavy metals(Cu, Zn, and Cd) in red paddy soil[J]. Environmental Science and Pollution Research, 2015, 22(15): 11467-11477.

Huang C, Ge Y, Yue S, *et al.* Microplastics aggravate the joint toxicity to earthworm *Eisenia fetida* with cadmium by altering its availability[J]. Science of the Total Environment, 2021, 753, 142042.

Huang D, Wang X, Yin L, *et al.* Research progress of microplastics in soil-plant system: Ecological effects and potential risks[J]. Science of the Total Environment, 2022, 812, 151487.

Huang P. Soil mineral-organic matter--microorganism interactions: Fundamentals and impacts[J]. Advances in Agronomy, 2004, 82: 391-472.

Huang W, Deng J, Liang J, *et al.* Comparison of lead adsorption on the aged conventional microplastics, biodegradable microplastics and environmentally-relevant tire wear particles[J]. Chemical Engineering Journal, 2023, 460, 141838.

Huang W, Song B, Liang J, *et al.* Microplastics and associated contaminants in the aquatic environment: a review on their cotoxicological effects, trophic transfer, and potential impacts to human health[J]. Journal of Hazardous Materials, 2020, 405, 5, 124187.

Huang Y, Zhao Y R, Wang J, *et al.* LDPE microplastic films alter microbial community composition and enzymatic activities in soil [J]. Environmental Pollution, 2019, 254(A): 112983.

Hüffer T, Metzelder F, Sigmund G, *et al.* Polyethylene microplastics influence the transport of organic contaminants in soil[J]. Science of the Total Environment, 2019, 657: 242-247.

Hüffer, Thorsten, Weniger A K, Hofmann T. Sorption of organic compounds by aged polystyrene microplastic particles [J]. Environmental Pollution, 2018, 236: 218-225.

Hughes D L, Afsar A, Harwood L M, *et al.* Adsorption of Pb and Zn from binary metal solutions and in the presence of dissolved organic carbon by DTPA-functionalised, silica-coated magnetic nanoparticles [J]. Chemosphere, 2017, 183: 519-527.

Hurley R, Woodward J, Rothwell J J. microplastic contamination of river beds significantly reduced by catchment-wide flooding[J]. Nature Geoscience, 2018, 11: 251-257.

Hurley R R, Nizzetto L. Fate and occurrence of micro(nano)plastics in soils: knowledge gaps and possible risks[J]. Current Opinion in Environmental Science & Health, 2018, 1: 6-11.

Imhof H K, Rusek J, Thiel M, *et al.* Do microplastic particles affect *Daphnia magna* at the morphological, life history and molecular level[J]? Plos One, 2017, 12: 1-20.

Jalali M, Khanlari Z V. Effect of aging process on the fractionation of heavy metals in some calcareous soils of Iran[J]. Geoderma, 2008, 143(1-2): 26-40.

Jassby D, Su Y, Kim C, *et al.* Delivery, uptake, fate, and transport of engineered nanoparticles in plants: a critical review and data analysis[J]. Environmental Science Nano, 2019. 6(8): 2311-2331.

Jeong C B, *et al.* Microplastic size-dependent toxicity, oxidative stress induction, and p-JNK and p-p38 activation in the monogonont rotifer(*Brachionus koreanus*)[J]. Environmental Science and Technology, 2016, 50(16): 8849-8857.

Jia H, Wu D, Yu Y, *et al.* Impact of microplastics on bioaccumulation of heavy metals in rape(*Brassica napus L.*)[J]. Chemosphere, 2022, 288, 132576.

Jiang B, Adebayo A, Jia J, *et al.* Impacts of heavy metals and soil properties at a Nigerian e-waste site on soil microbial community[J]. Journal of Hazardous Materials, 2018, 362: 187-195.

Jiang X, Chang Y, Zhang T, *et al.* Toxicological effects of polystyrene microplastics on earthworm (Eisenia fetida) [J]. Environmental Pollution, 2020, 259, 113896.

Jiang B, Adebayo A, Jia J, *et al.* Impacts of heavy metals and soil properties at a Nigerian e-waste site on soil microbial community[J]. Journal of Hazardous Materials 2018, 19684

Jiang X F, Chang Y Q, Zhang T, *et al.* Toxicological effects of polystyrene microplastics on earthworm[J]. Environmental Pollution, 2020, 259, 113896.

Jiang X, Chen H, Liao Y, *et al.* Ecotoxicity and genotoxicity of polystyrene microplastics on higher plant Vicia faba[J]. Environmental Pollution, 2019, 250: 831-838.

Jiang X F, Yang Y, Wang Q, *et al.* Seasonal variations and feedback from microplastics and cadmium on soil organisms in agricultural fields[J]. Environment International, 2022, 161, 107096.

Jiao K Q, Yang B S, Wang H, *et al.* The individual and combined effects of polystyrene and silver nanoparticles on nitrogen transformation and bacterial communities in an agricultural soil [J]. Science of the Total Environment, 2022, 820, 153358.

Jin Y X, Lu L, Tu W Q, *et al.* Impacts of polystyrene microplastic on the gut barrier, microbiota and metabolism of mice[J]. Science of the Total Environment, 2019, 649: 308-317.

Jin Y, Xia J, Pan Z, *et al.* Polystyrene microplastics induce microbiota dysbiosis and inflammation in the gut of adult zebrafish[J]. Environmental Pollution, 2019, 235: 322-329.

Ju T, Yang K, Chang L, *et al.* Microplastics sequestered in the soil affect the turnover and stability of soil aggregates: A review[J]. Science of The Total Environment, 2023, 904, 166776.

Judy J D, Williams M, Gregg A, *et al.* Microplastics in municipal mixed-waste organic outputs induce minimal short to long-term toxicity in key terrestrial biota[J]. Environmental Pollution, 2019, 252: 522-531.

Kabata-Pendias, A. Behavioural properties of trace metals in soils [J]. Applied Geochemistry. 1993, 2: 3-9.

Kalembkiewicz J, Sitarz-Palczak E, Zapała L. A study of the chemical forms or species of manganese found in coal fly ash and soil[J]. Micro-chemical Journal, 2008, 90(1): 37-43.

Karami A, Golieskardi A, Choo C K, *et al.* Microplastic and mesoplastic contamination in canned sardines and sprats[J]. Science of the Total Environment, 2018, 612: 1380-1386.

Khalid N, Aqeel M, Noman A. Linking effects of microplastics to ecological impacts in marine environments[J]. Chemosphere, 2021, 264, 128541.

Khalid N, Aqeel M, Noman A, *et al.* Uptake of nanopolystyrene particles induces distinct metabolic profiles and toxic effects in *Caenorhabditis elegans*[J]. Environmental Pollution, 2019, 246: 578-586.

Khalid N, Aqeel M, Noman A, *et al.* Microplastics could be a threat to plants in terrestrial systems directly or indirectly [J]. Environmental Pollution, 2020, 267, 115653.

Khalid N, Aqeel M, Noman A, *et al.* Interactions and effects of microplastics with heavy metals in aquatic and terrestrial environments[J]. Environmental Pollution, 2021, 290(12): 118104.

Khalid N, Aqeel M, Noman A, *et al.* Impact of plastic mulching as a major source of microplastics in agroecosystems [J]. Journal of hazardous materials, 2022, 445, 130455.

Khalid N, Hussain M, Young H S, *et al.* Effects of road proximity on heavy metal concentrations in soils and common roadside plants in Southern California[J]. Environmental Science and Pollution Research, 2018, 25: 35257-35265.

Khan M A, Kumar S, Wang Q, *et al.* Influence of polyvinyl chloride microplastic on chromium uptake and toxicity in sweet potato[J]. Ecotoxicology and Environmental Safety, 2023, 251, 114526.

Khashayar A, Maryam S, Tomoko F. Investigate the influence of microplastics weathering on their heavy metals uptake in stormwater[J]. Journal of Hazardous Materials, 2021, 408, 124439.

Kim D, An S, Kim L, *et al.* Translocation and chronic effects of microplastics on pea plants(*Pisum sativum*) in coppercontaminated soil[J]. Journal of Hazardous Materials, 2022, 436, 129194.

Kleber M, Eusterhues K, Keiluweit M, *et al.* Mineral-organic associations: Formation, properties, and relevance in soil environments[J]. Advance in Agronomy, 2015, 130: 1-140.

Koelmans A A, Nor N H M, Hermsen E, *et al.* Microplastics in freshwaters and drinking water: critical review and assessment of data quality[J]. Water research, 2019, 155: 410-422.

Koelmans A A, Bakir A, Burton G A, *et al.* Microplastic as a vector for chemicals in the aquatic environment: Critical review and model-supported reinterpretation of empirical studies[J]. Environmental Science and Technology, 2016, 50(7): 3315-3326.

Kole P J, Löhr A J, Van Belleghem F G A J, *et al.* Wear and tear of tyres: a stealthy source of microplastics in the environment[J]. International Journal of Environmental Research and Public Health, 2017, 14, 1265.

Kumar K V, Sivanesan S. Pseudo second order kinetic and pseudo isotherms for malachite green onto activated carbon: comparison of linear and non-linear regression methods[J]. Journal of Hazardous Materials, 2006, 136: 721-726.

Kumar M, Xiong X N, He M J, *et al.* Microplastics as pollutants in agricultural soils[J]. Environmental Pollution, 2020, 265(A): 114980.

Labanowski J, Sebastia J, Foy E, *et al.* Fate of metal-associated POM in a soil under arable land use contaminated by metallurgical fallout in northern France [J]. Environmental pollution, 2007, 149(1): 59-69.

Lambert S, Sinclair C, Boxall A. Occurrence, degradation, and effect of polymer-based materials in the environment[J]. Reviews of environmental contamination and toxicology, 2014, 227: 1-53.

Lattin G L, Moore C J, Zellers A F, *et al.* A comparison of neustonic plastic and zooplankton at different depths near the southern California shore[J]. Marine Pollution Bulletin, 2004, 49: 291-294.

Lei L L, Liu M T, Song Y, *et al.* Polystyrene(nano)microplastics cause size-dependent neurotoxicity, oxidative damage and other adverse effects in Caenorhabditis elegans [J]. Environmental Science: Nano, 2018, 5(8): 2009-2020.

Lei L L, Wu S Y, Lu S, *et al.* Microplastic particles cause intestinal damage and other adverse effects in zebrafish Danio rerio and nematode Caenorhabditis elegans[J]. Science of the Total Environment. 2018, 619: 1-8.

Li C, Sun H, Shi Y, *et al.* Polyethylene and poly(butyleneadipate-co-terephthalate)-based biodegradable microplastics modulate the bioavailability and speciation of Cd and As in soil: Insights into transformation mechanisms [J]. Journal of Hazardous Materials, 2023, 445, 130638.

Li F, Wang W, Li C C. *et al.* Tang Self-mediated pH changes in culture medium affecting biosorption and biomineralization of Cd^{2+} by Bacillus cereus Cd01[J]. Journal of Hazardous Materials, 2018, 358: 178-186.

Li H X, Liu L. Short-term effects of polyethene and polypropylene microplastics on soil phosphorus and nitrogen availability[J]. 2021, 291(P2): 132984-132984.

Li J Y, Liu H H, Chen J, *et al.* Microplastics in freshwater systems: a review on occurrence, environmental effects, and methods for microplastics detection[J]. Water Research, 2018, 137: 362-374.

Li L Z, Luo Y M, Li R J, *et al.* Effective uptake of submicrometre plastics by crop plants via a crack-entry mode[J]. Nature Sustainability, 2020, 3: 929-937.

Li L Z, Zhou Q, Yin N, *et al.* Slurry acidification and anaerobic digestion affects the speciation and vertical movement of particulate and nanoparticulate phosphorus in soil after cattle slurry application[J]. Soil Tillage Research, 2019, 189: 199-206.

Li M, Jia H, Gao Q, *et al.* Influence of aged and pristine polyethylene microplastics on bioavailability of three heavy metals in soil: Toxic effects to earthworms (*Eisenia fetida*)[J]. Chemosphere, 2023, 311, 136833.

Li M, Liu Y, Xu G H, *et al.* Impacts of polyethylene microplastics on bioavailability and toxicity of metals in soil[J]. Science of the Total Environment, 2021, 760, 144037.

Li W, Lo H S, Wong H M, *et al.* Heavy metals contamination of sedimentary microplastics in Hong Kong[J]. Marine Pollution Bulletin, 2020, 153, 110977.

Li W F, Wufuer R, Duo J, *et al.* Microplastics in agricultural soils: Extraction and characterization after different periods of polythene film mulching in an arid region[J]. Science of the Total Environment, 2020, 749, 141420.

Li X, Mei Q, Chen L, *et al.* Enhancement in adsorption potential of microplastics in sewages ludge for metal pollutants after the wastewater treatment process [J]. Water Research, 2019, 157: 228-237.

Li Z, Li R, Li Q, *et al.* Physiological response of cucumber(*Cucumis sativus L.*) leaves to polystyrene nanoplastics pollution [J]. Chemosphere, 2020, 255, 127041.

Li Z, Wu L H, Luo Y M, *et al.* Dynamics of plant metal uptake and metal changes in whole soil and soil particle fractions during repeated phytoextraction[J]. Plant Soil, 2014, 374: 857-869.

Lian J, Liu W, Meng L, *et al.* Effects of microplastics derived from polymer-coated fertilizer on maize growth, rhizosphere, and soil properties[J]. Journal of Cleaner Production, 2021, 318, 128571.

Lian J, Wu J, Zeb A, *et al.* Do polystyrene nanoplastics affect the toxicity of cadmium to wheat (*Triticum aestivum L.*)[J]? Environmental Pollution, 2020, 263, 114498.

Liao Y L, Yang J Y. Microplastic serves as a potential vector for Cr in an in-vitro human digestive model [J]. Science of the Total Environment, 2020,

703, 134805.

Lin H, Cui G, Jin Q, *et al.* Effects of microplastics on the uptake and accumulation of heavy metals in plants: a review [J]. Journal of Environmental Chemical Engineering, 2024, 12(1): 111812.

Lin L, Tang S X, Wang X, *et al.* Hexabromocyclododecane alters malachite green and lead(II) adsorption behaviors onto polystyrene microplastics: interaction mechanism and competitive effect[J]. Chemosphere, 2020, 265, 129079.

Lin W, Su F, Lin M, *et al.* Effect of microplastics pan polymer and/or Cu^{2+} pollution on the growth of chlorella pyrenoidosa [J]. Environmental Pollution, 2020, 265(Part A): 114985.

Lin Z, Hu Y W, Yuan Y J, *et al.* Comparative analysis of kinetics and mechanisms for Pb(II) sorption onto three kinds of microplastics[J]. Ecotoxicology and Environmental Safety, 2021, 208, 111451.

Limonta G, Mancia A, Benkhalqui A, *et al.* Microplastics induce transcriptional changes, immune response and behavioral alterations in adult zebrafish[J]. Scientific Reports. 2019, 9: 1-11.

Liu B, Zhao S, Qiu T, *et al.* Interaction of microplastics with heavy metals in soil: Mechanisms, influencing factors and biological effects [J]. Science of The Total Environment, 2024, 918, 170281.

Liu G, Wang A, Tao L. *et al.* Vertical Distribution and Mobility of Heavy Metals in Agricultural Soils along Jishui River Affected by Mining in Jiangxi Province, China[J]. Clean-Soil, Air, Water: A Journal of Sustainability and Environmental Safety, 2014, 42(10): 1450-1456.

Liu G, Wang J, Liu X, *et al*, Partitioning and geochemical fractions of heavy metals from geogenic and anthropogenic sources in various soil particle size fractions [J] Geoderma, 2018, 312: 104-113.

Liu G, Yu Z, Liu X, *et al.* Aging process of cadmium, copper, and lead under different temperatures and water contents in two typical soils of China[J]. Journal of Chemistry, 2020, 2020: 1-10.

Liu H, Yang X, Liu G, *et al.* Response of soil dissolved organic matter to microplastic addition in Chinese loess soil [J]. Chemosphere, 2017, 185:

907-917.

Liu L, Guo X, Wang S, *et al.* Effects of wood vinegar on properties and mechanism of heavy metal competitive adsorption on secondary fermentation based composts[J]. Ecotoxicology and Environmental Safety, 2018, 150: 270-279.

Liu L, Li W, Song W, *et al.* Remediation techniques for heavy metal-contaminated soils: Principles and applicability[J]. Science of the Total Environment. 2018, 633: 206-219.

Liu M, Lu S, Song Y, *et al.* Microplastic and mesoplastic pollution in farmland soils in suburbs of Shanghai, China[J]. Environmental Pollution, 2018, 242(A): 855-862.

Liu P, Lu K, Li J L, *et al.* Effect of aging on adsorption behavior of polystyrene microplastics for pharmaceuticals: Adsorption mechanism and role of aging intermediates[J]. Journal of Hazardous Materials, 2020, 384, 121193.

Liu Q M, Li Y Y, Chen, H F, *et al.* Superior adsorption capacity of functionalised straw adsorbent for dyes and heavy-metal ions. Journal of Hazardous Materials, 2020, 382, 121040.

Liu X, Fang L, Yan X, *et al.* Surface functional groups and biofilm formation on microplastics: Environmental implications [J]. Science of the Total Environment, 2023, 903, 166585.

Liu Y, Cui W, Li W, *et al.* Effects of microplastics on cadmium accumulation by rice and arbuscular mycorrhizal fungal communities in cadmium-contaminated soil[J]. Journal of Hazardous Materials, 2023, 442, 130102.

Liu Y, Huang Q, Hu W, *et al.* Effects of plastic mulch film residues on soil-microbe-plant systems under different soil pH conditions[J]. Chemosphere, 2020, 267, 128901.

Liu Y, Zhong Y, Hu C, *et al.* Distribution of microplastics in soil aggregates after film mulching[J]. Soil Ecology Letters, 2023, 5(3): 230171.

Lock K, Janssen C R. Influence of aging on metal availability in soils[J]. Reviews of environmental contamination and toxicology, 2003, 178: 1-21.

Loganathan P, Vigneswaran S, Kandasamy J, *et al.* Cadmium Sorption and Desorption in Soils: A Review[J]. Critical Reviews in Environmental Science and

Technology. 2012, 42(5): 489-533.

Lopes G, Costa E T S, Penido E S, *et al.* Binding intensity and metal partitioning in soils affected by mining and smelting activities in Minas Gerais, Brazil [J]. Environmental Science and Pollution Research, 2015, 22 (17): 13442-13452.

Lu A, Zhang S, Shan X. Time effect on the fractionation of heavy metals in soils[J]. Geoderma, 2005, 125(3-4): 225-234.

Lu K, Qiao R, An H, *et al.* Influence of microplastics on the accumulation and chronic toxic effects of cadmium in zebrafish(Danio rerio)[J]. Chemosphere, 2018, 02: 514-520.

Luo Y, Wu Y, Shu J, Wu Z. Effect of particulate organic matter fractions on the distribution of heavy metals with aided phytostabilization at a zinc smelting waste slag site[J]. Environmental Pollution, 2019, 253: 330-341.

Lützow M V, Kögelkgnabner I, Ekschmitt K, *et al.* Stabilization of organic matter in temperate soils: Mechanisms and their relevance under different soil conditions-A review[J]. European Journal of Soil Science, 2006, 57: 426-445.

Lwanga E H, Gertsen H, Gooren H, *et al.* Microplastics in the terrestrial ecosystem: implications for lumbricus terrestris(*oligochaeta*, *lumbricidae*)[J]. Environmental Science and Technology, 2016, 50(5): 2685-2691.

Lwanga E H, Thapa B, Yang X, *et al.* Decay of low-density polyethylene by bacteria extracted from earthworm's guts: a potential for soil restoration[J]. Science of the Total Environment, 2018, 624: 753-757.

Ma C, Ci K, Zhu J, *et al.* Impacts of exogenous mineral silicon on cadmium migration and transformation in the soil-rice system and on soil health[J]. Science of the Total Environment, 2021, 759, 143501.

Ma H, Pu S, Liu S, *et al.* Microplastics in aquatic environments: toxicity to trigger ecological consequences[J]. Environmental Pollution, 2020, 261, 114089.

Ma X, Ma X, Chen P. The effect of microplastics-plants on the bioavailability of copper and zinc in the soil of a sewage irrigation area[J]. Bulletin of Environmental Contamination and Toxicology, 2023, 110(3): 58.

Ma X Y, Zhou X H, Zhao M J, *et al.* Polypropylene microplastics alter the cadmium adsorption capacity on different soil solid fractions[J]. Frontiers of Environmental Science and Engineering, 2021, 16(1): 3.

Ma Y, Lombi E, Nolan A L, *et al.* Short-term natural attenuation of copper in soils: Effects of time, temperature, and soil characteristics[J]. Environmental Toxicology and Chemistry: An International Journal, 2006, 25(3): 652-658.

Ma Y, Lombi E, Oliver I W, *et al.* Long-term aging of copper added to soils [J]. Environmental science and technology, 2006, 40(20): 6310-6317.

Maaß S, Daphi D, Lehmann A, *et al.* Transport of microplastics by two collembolan species[J]. Environment Pollution, 2017, 225: 456-459.

Machado A A D S, Lau C W, Kloas W, *et al.* Microplastics Can Change Soil Properties and Affect Plant Performance [J]. Environmental Science and Technology, 2019, 53(10): 6044-6052.

Machado A A D S, Kloas W, Zarfl C, *et al.* Microplastics as an emerging threat to terrestrial ecosystems [J]. Global change biology, 2018, 24(4): 1405-1416.

Machado A A D S, Lau C W, Till J, *et al.* Impacts of microplastics on the soil biophysical environment[J]. Environmental Science and Technology, 2018, 52(17): 9656-9665.

Mahar A, Wang P, Ali A, *et al.* Challenges and opportunities in the phytoremediation of heavy metals contaminated soils: a review[J]. Ecotoxicology and environmental safety, 2016, 126: 111-121.

Maity S, Biswas C, Banerjee S, *et al.* Interaction of plastic particles with heavy metals and the resulting toxicological impacts: a review[J]. Environmental Science and Pollution Research, 2021, 28(43): 60291-60307.

Mamathaxim N, Song W, Wang Y, *et al.* Effects of microplastics on arsenic uptake and distribution in rice seedlings[J]. Science of The Total Environment, 2023, 862, 160837.

Mani D, Kumar C, Patel N K. Hyperaccumulator oilcake manure as an alternative for chelate-induced phytoremediation of heavy metals contaminated alluvial soils[J]. International Journal of Phytoremediation, 2015, 17(3): 256-263.

Mao R F, Lang M F, Yu X Q, *et al.* Aging mechanism of microplastics with

UV irradiation and its effects on the adsorption of heavy metals[J]. Journal of Hazardous Materials, 2020, 393, 122515.

Mao S, Gu W, Bai J, *et al.* Migration of heavy metal in electronic waste plastics during simulated recycling on a laboratory scale[J]. Chemosphere, 2020, 245, 125645.

Marquenie M, van der Werff S, Ernst W H O, *et al.* Complexing agents in soil organic matter as factors in heavy metal toxicity in plants. In: Proc. Int. Conf. on Heavy Metals in the Environment, Amsterdam, 1981: 15-18.

Márquez C O, Garcia V J, Cambardella C A, *et al.* Aggregate-size stability distribution and soil stability[J]. Soil Science Society of America Journal, 2004, 68(3): 725-735.

Marriott E E, Wander M. Qualitative and quantitative differences in particulate organic matter fractions in organic and conventional farming systems[J]. Soil Biology and Biochemistry, 2006, 38(7): 1527-1536.

Marschner P, Rengel Z. Nutrient Availability in Soils[J]. Mineral Nutrition of Higher Plants, 1995: 483-507.

Martin H C. Dissolved and water-extractable organic matter in soils: a review on the influence of land use and management practices[J]. Geoderma, 2003, 113(3): 357-380.

Matthias C, Rillig A L. Microplastic in terrestrial ecosystems[J]. Science. 2020, 368(6498): 1430-1431.

McBride M B, Cai M. Copper and zinc aging in soils for a decade: changes in metal extractability and phytotoxicity[J]. Environmental Chemistry, 2015, 13(1): 160-167.

Mccormick A, Hoellein T J, Mason S A, *et al.* Microplastic Is An Abundant And Distinct Microbial Habitat In An Urban River[J]. Environmental Science and Technology, 2014, 48(20): 11863.

McKay O, Pold G, Martin P, *et al.* Macroplastic Fragment Contamination of Agricultural Soils Supports a Distinct Microbial Hotspot[J]. Frontiers in Environmental Science, 2022, 10, 838455.

McLaughlin M J. Ageing of metals in soils changes bioavailability in: Fact sheet on environmental risk assessment[J], International Council on Metals and the Environment, 2001, 4: 1-6.

Medyńska-Juraszek A, Jadhav B. Influence of different microplastic forms on pH and mobility of Cu^{2+} and Pb^{2+} in soil[J]. Molecules, 2022, 27(5): 1744.

Miao J, Chen Y, Zhang E, *et al.* Effects of microplastics and biochar on soil cadmium availability and wheat plant performance [J]. Global Change Biology Bioenergy, 2023, 15(8): 1046-1057.

Miretzky P, AvendanõMR, Munõz C, *et al.* A Use of partition and redistribution indexes for heavy metal soil distribution after contamination with a multi-element solution[J]. Journal of soils and sediments, 2011, 11: 619-627.

Mohamed I, Ahamadou B, Li M, *et al.* Fractionation of copper and cadmium and their binding with soil organic matter in a contaminated soil amended with organic materials[J]. Journal of soils and sediments, 2010, 10: 973-982.

Mondaca P, Neaman A, Sauve S, *et al.* Solubility, partitioning, and activity of copper in contaminated soils in a semiarid region[J]. Journal of Plant Nutrition And Soil Science, 2014, 178: 452-459.

Mortensen N P, Fennell T R, Johnson L M. Unintended human ingestion of nanoplastics and small microplastics through drinking water, beverages, and food sources[J]. NanoImpact, 2021, 6, 100302.

Muehe E M, Adaktylou I J, Obst M, *et al.* Organic carbon and reducing conditions lead to cadmium immobilization by secondary Fe mineral formation in a pH-neutral soil [J]. Environmental Science and Technology, 2013, 47 (23): 13430-13439.

Müller A, Kocher B, Altmann K, *et al.* Determination of tire wear markers in soil samples and their distribution in a roadside soil [J]. Chemosphere, 2022, 294, 133653.

Naidu R, Bolan N S. Contaminant chemistry in soils: Key concepts and bioavailability[J]. Developments in Soil Science, 2008, 32: 9-37.

Naidu R, Bolan N S, Kookana R S, Tiller KG. Ionic-strength and pH effects on the sorption of cadmium and the surface charge of soil[J]. Europe Journal of Soil Science, 2010, 45: 419-429.

Narayanan S, LakshmiVenkatesan G, Potheher I V. Equilibrium studies on removal of lead(II) ions from aqueous solution by adsorption using modified red mud [J]. International Journal of Environmental Science and Technology, 2018, 15, 8.

Nava V, Leoni B. A critical review of interactions between microplastics, microalgae and aquatic ecosystem function [J]. Water Research, 2021, 188, 116476.

Nimibofa A, Newton E A, Donbebe W. Modelling and interpretation of adsorption isotherms[J]. Journal of Chemistry, 2017, 2017: 1-11.

Niu L, Yang F, Xu C, *et al.* Status of metal accumulation in farmland soils across China: from distribution to risk assessment[J]. Environmental Pollution, 2013, 176: 55-62.

Nizzetto L, Futter M, Langaas S. Are Agricultural Soils Dumps for Microplastics of Urban Origin[J]. Environmental Science and technology, 2016, 50(20): 10777-10779.

Oliveira P, Barboza L G A, Branco V, *et al.* Effects of microplastics and mercury in the freshwater bivalve corbicula fluminea (müller, 1774): Filtration rate, biochemical biomarkers and mercury bioconcentration[J]. Ecotoxicology Environmental Safety, 2018, 164: 155-163.

Panda A K, Singh R K, Mishra D K. Thermolysis of waste plastics to liquid fuel: a suitable method for plastic waste management and manufacture of value added products—A world prospective [J]. Renewable & Sustainable Energy Reviews, 2010, 14: 233-248.

Panebianco A, Nalbone L, Giarratana F, *et al.* First discoveries of microplastics in terrestrial snails[J]. Food Control. 2019, 106, 106722-106722.

Peres G, Tondoh J E, Cluzeau D, *et al.* A review of earthworm impact on soil function and ecosystem services[J]. European Journal of Soil Science, 2013, 64: 161-182.

Péter S, Tibor N, Viktória K K, *et al.* Sorption of copper, zinc and lead on soil mineral phases[J]. Chemosphere, 2008, 73: 461-469.

PlasticsEurope. Plastics—the facts 2019. An analysis of European plastics production, demand and waste data. PlasticsEurope.

Pinto-Poblete A, Retamal-Salgado J, López M D, *et al.* Combined effect of microplastics and Cd alters the enzymatic activity of soil and the productivity of strawberry plants[J]. Plants, 2022, 11(4): 536.

Prata C J. Airborne microplastics: consequences to human health[J]. Environment Pollution, 2018, 234: 115-126.

Prata J C, da Costa J P, Lopes I, *et al.* Environmental exposure to microplastics: an overview on possible human health effects[J]. Science of the Total Environment, 2020, 702: 134455-134463.

Prata J C, da Costa J P, Lopes I, *et al.* Effects of microplastics on microalgae populations: A critical review[J]. Science of the Total Environment, 2019, 665: 400-405.

Premarathna K S D, Mohan D, Biswas J K. Arsenic interaction with microplastics: Implications for soil-water-food nexus [J]. Current Opinion in Environmental Science Health, 2023, 34, 100482.

Prendergast-Miller M T, Katsiamides A, Abbass M, *et al.* Polyester-derived microfiber impacts on the soil-dwelling earthworm Lumbricus terrestris[J]. Environmental Pollution, 2019, 251: 453-459.

Qi K, Lu N, Zhang S, *et al.* Uptake of Pb(II) onto microplastic-associated biofilms in freshwater: adsorption and combined toxicity in comparison to natural solid substrates[J]. Journal of Hazardous Materials, 2021, 411(6): 125115.

Qi R M, Jones D L, Li Z, *et al.* Behavior of microplastics and plastic film residues in the soil environment: a critical review[J]. Science of the Total Environment, 2019, 703, 134722.

Qi Y B, Zhu J, Fu Q L, *et al.* Sorption of Cu by organic matter from the decomposition of rice straw[J]. Soil Sediment. 2016, 9: 1-8.

Qi Y L, Ossowicki A, Yang X, *et al.* Effects of plastic mulch film residues on wheat rhizosphere and soil properties[J]. Hazard Mater. 2020, 387, 121711.

Qi Y L, Beriot N, Gort G, *et al.* Impact of plastic mulch film debris on soil physicochemical and hydrological properties[J]. Environmental Pollution, 2020, 266(3): 115097.

Qi Y L, Yang X M, Pelaez A M, *et al.* Macro- and micro- plastics in soil-plant system: Effects of plastic mulch film residues on wheat (*Triticum aestivum*) growth[J]. Science of the Total Environment, 2018, 645: 1048-1056.

Qi Z H, Chen M, Song Y Y, *et al.* Acute exposure to triphenyl phosphate inhibits the proliferation and cardiac differentiation of mouse embryonic stem cells and zebrafish embryos [J]. Journal of Cellular Physiology, 2019, 234 (11): 21235-21248.

Qian H, Zhang M, Liu G, *et al.* Effects of soil residual plastic film on soil microbial community structure and fertility[J]. Water, Air, Soil Pollution, 2018, 229(8): 1-11.

Qiu Q, Peng J, Yu X, *et al.* Occurrence of microplastics in the coastal marine environment: first observation on sediment of china[J]. Marine Pollution Bulletin, 2015, 98(1-2): 274-280.

Qiao R, Sheng C, Lu Y, *et al.* Microplastics induce intestinal inflammation, oxidative stress, and disorders of metabolome and microbiome in zebrafish[J]. Science of the Total Environment. 2019, 662: 246-253.

Qiao R X, Lu K, Deng Y F, *et a.* Combined effects of polystyrene microplastics and natural organic matter on the accumulation and toxicity of copper in zebrafish [J]. Science of the Total Environment. 2019, 682: 128-137.

Qu C, Chen W, Hu X, *et al.* Heavy metal behaviour at mineral-organo interfaces: Mechanisms, modelling and influence factors[J]. Environment International, 2019, 131, 104995.

Qu C C, Du H, Ma M, *et al.* Pb sorption on montmorillonite-bacteria composites: A combination study by XAFS, ITC and SCM[J]. Chemosphere, 2018, 200: 427-436.

Quan G, Fan Q, Sun J, *et al.* Characteristics of organo-mineral complexes in contaminated soils with long-term biochar application[J]. Journal of Hazardous Materials, 2020, 384, 121265.

Rahman A, Sarkar A, Yadav O P, *et al.* Potential human health risks due to environmental exposure to nano- and microplastics and knowledge gaps: a scoping review[J]. Science of the Total Environment, 2021, 757, 143872.

Rai P K. Heavy metal pollution in aquatic ecosystems and its phytoremediation using wetland plants: an ecosustainable approach[J]. International Journal of Phytoremediation, 2008, 10(2): 131-158.

Rakesh K, Nishita I, Sayan B, *et al.* Coupled effects of microplastics and heavy metals on plants: Uptake, bioaccumulation, and environmental health perspectives[J]. Science of the Total Environment, 2006, 836, 155619.

Rangabhashiyam S, Anu N, Nandagopal M, *et al.* Relevance of isotherm models in biosorption of pollutants by agricultural byproducts[J]. Journal of Environmental Chemical Engineering, 2014, 2(1): 398-414.

Refaey Y, Jansen B, El-Shater A H. *et al.* The role of dissolved organic matter in adsorbing heavy metals in clay-rich soil[J]. Vadose Zone Journal, 2014, 13(7): 9.

Regazzoni A E. Adsorption kinetics at solid/aqueous solution interfaces: on the boundaries of the pseudo-second order rate equation. Colloids and Surfaces A: Physicochemical and Engineering Aspects, 2019, 585, 124093.

Ren X W, Tang J C, Liu X M, *et al.* Effects of microplastics on greenhouse gas emissions and the microbial community in fertilized soil[J]. Environmental Pollution, 2020, 256, 113347.

Rillig M C. Microplastic disguising as soil carbon storage[J]. Environmental science and technology, 2018, 52: 6079-6080.

Rillig M C. Microplastic in terrestrial ecosystems and the soil[J]? Environment Science and Technology, 2012, 46: 6453-6454.

Rillig M C, Bonkowski M. microplastic and soil protists: a call for research [J]. Environmental Pollution, 2018, 241: 1128-1131.

Rillig M C, de Souza Machado A A, Lehmann A, *et al.* Evolutionary implications of microplastics for soil biota[J]. Environmental chemistry (Collingwood, Vic.), 2019, 16(1): 3-7.

Rillig M C, Ingraffia R, de Souza Machado A A. Microplastic incorporation into soil in agroecosystems[J]. Frontiers in Plant Science, 2017, 8, 1805.

Rillig M C, Ziersch L, Hempel S. Microplastic transport in soil by earthworms [J]. Scientific Reports, 2017, 7, 1362.

Rios L M, Moore C, Jones P R. Persistent organic pollutants carried by synthetic polymers in the ocean environment[J]. Marine Pollution Bulletin, 2007, 54: 1230-1237.

Rist S E, *et al.* Suspended micro-sized PVC particles impair the performance and decrease survival in the Asian green mussel Perna viridis[J]. Marine Pollution Bulletin. 2016, 111(1-2): 213-220.

Rist S, Almroth B C, Hartmann N B, *et al.* A critical perspective on early communications concerning human health aspects of microplastics[J]. Science of the Total Environment, 2018, 626: 720-726.

Rochman C M, Brookson C, Bikker J, *et al.* Rethinking microplastics as a diverse contaminant suite[J]. Environmental Toxicology and Chemistry, 2019, 38(4).

Rochman C M, Hentschel B T, Teh S J. Long-term sorption of metals is similar among plastic types, implications for plastic debris in aquatic environments[J]. Plos One, 2014, 9(1): 85433.

Rochman C M, Kurobe T, Flores I, *et al.* Early warning signs of endocrine disruption in adult fish from the ingestion of polyethylene with and without sorbed chemical pollutants from the marine environment[J]. Science of the Total Environment, 2014, 493: 656-661.

Rodrigueze S A, Lourenco J, Costa J D, *et al.* Histopathological and molecular effects of microplastics in Eisenia Andrei Bouche[J]. Environmental Pollution, 2017, 220: 495-503.

Rodrigueze S A, Santos B, Silva D, *et al.* Low-density polyethylene microplastics as a source and carriers of agrochemicals to soil and earthworms[J]. Environmental Chemistry, 2019, 16(1): 8-17.

Romney E M, Wallace A, Wood R, *et al.* Role of soil organic matter in a desert soil on plant responses to silver, tungsten, cobalt, and lead[J]. Soil Science and Plant Nutrition, 1977, 8: 719-725.

Rong L L, Zhao L F, Zhao L C, *et al.* LDPE microplastics affect soil microbial communities and nitrogen cycling[J]. Science of the Total Environment, 2021, 773, 145640.

Ruimin Q, Davey L J, Zhen L, Qin L, *et al.* Behavior of microplastics and plastic film residues in the soil environment: A critical review[J]. Science of the Total Environment, 2020, 703(2): 134722.

Rustem K, Hussain C M. Chapter4- Mechanism of adsorption on nanomaterials [M]. Sciencedirect, Nanomaterials in Chromatography, 2018: 89-115.

Samiey B, Cheng C H, Wu J. Organic-inorganic hybrid polymers as adsorbents for removal of heavy metal ions from solutions: A review[J]. Materials, 2014, 7(2): 673-726.

Sanchez W, Bender C, Porcher J M. Wild gudgeons (Gobio gobio) from french rivers are contaminated by microplastics: preliminary study and first evidence [J]. Environmental Research, 2014, 128: 98-100.

Santillo D, Miller K, Johnston P. Microplastics as contaminants in commercially important seafood species[J]. Integrated Environmental Assessment and Management, 2017, 13(3): 516-521.

Schimmelpfennig S, Glaser B. One step forward toward characterization: some important material properties to distinguish biochars[J]. Journal of Environmental Quality, 2012, 41(4): 1001-1013.

Sebastia J, Oort F V, Lamy I. Buffer capacity and Cu affinity of soil particulate organic matter(POM) size fractions[J]. European Journal of Soil Science, 2010, 59(2): 304-314

Sebille V E, Wilcox C, Lebreton L, *et al.* A global inventory of small floating plastic debris[J]. Environmental Research Letters, 2015, 10(12): 124006-124006.

Seidensticker S, Grathwohl P, Lamprecht J, *et al.* A combined experimental and modeling study to evaluate pH-dependent sorption of polar and non-polar compounds to polyethylene and polystyrene microplastics[J]. Environmental Sciences Europe, 2018, 30(1): 1-12.

Semple K T, Doick K J, Jones K C, *et al.* Defining bioavailability and bioaccessibility of contaminated soil and sediment is complicated[J]. Environmental science and technology, 2004, 38: 228-231.

Sendra M, Sparaventi E, Novoa B, *et al.* An overview of the internalization and effects of microplastics and nanoplastics as pollutants of emerging concern in bivalves[J]. Science of the Total Environment, 2021, 753, 142024.

Setälä O, Fleming-Lehtinen V, Lehtiniemi M. Ingestion and transfer of microplastics in the planktonic food web [J]. Environment Pollution, 2014, 185: 77-83.

Sharma V K, Ma X M, Guo B L, *et al.* Environmental factors-mediated behavior of microplastics and nanoplastics in water: A review [J]. Chemosphere, 2021, 271, 129597.

Shen B, Wang X, Zhang Y, *et al.* The optimum pH and Eh for simultaneously minimizing bioavailable cadmium and arsenic contents in soils under the organic fertilizer application [J]. Science of the Total Environment. 2020, 711: 135229.

Shi J, Wu Q, Zheng C, *et al.* The interaction between particulate organic matter and copper, zinc in paddy soil[J]. Environmental Pollution, 2018, 243: 1394-1402.

Shi Z, Allen H E, Di T D M, *et al.* Predicting Pb-II adsorption on soils: The roles of soil organic matter, cation competition and iron(hydr)oxides[J]. Environmental Chemistry, 2013, 10(6): 465-474.

Shrivastava A. Introduction to plastics engineering [M]. William Andrew, 2018, 1-16.

Shuman L M. Organic waste amendments effect on zinc fractions of two soils [J]. Journal of Environmental Quality, 1999, 28: 1442-1447.

SieberR, Kawecki D, Nowack B. Dynamic probabilistic material flow analysis of rubber release from tires into the environment [J]. Environmental Pollution, 2020, 258, 113573.

Sinsabaugh R L, Shah J J F. Ecoenzymatic Stoichiometry and Ecological Theory[J]. Annual Review of Ecology Evolution & Systematics, 2012, 43(1): 313-343.

Sisca O A, Lesmana, *et al.* Studies on potential applications of biomass for the separation of heavy metals from water and wastewater[J]. Biochemical Engineering Journal, 2009, 44(1): 19-41.

Skdokur E, Belivermi M, Sezer N, *et al.* Effects of microplastics and mercury on manila clam ruditapes philippinarum: feeding rate, immunomodulation, histopathology and oxidative stress[J]. Environmental Pollution, 2020, 262, 114247.

Sodhi K K, Mishra L C, Singh C K, *et al.* Perspective on the heavy metal pollution and recent remediation strategies[J]. Current Research in Microbial Sciences, 2022, 3, 100166.

Song Y, Cao C J, Qiu R, *et al.* Uptake and adverse effects of polyethylene terephthalate microplastics fibers on terrestrial snails(*Achatina fulica*) after soil exposure[J]. Environmental Pollution, 2019, 250, 447-455.

Song Y K, Hong S H, Jang M, *et al.* Occurrence and distribution of microplastics in the sea surface microlayer in jinhae bay, South Korea[J]. Archives of Environmental Contamination and Toxicology, 2015, 69: 279-287.

Song Y K, Hong S H, Jang M, *et al.* Combined effects of UV exposure duration and mechanical abrasion on microplastic fragmentation by polymer type[J]. Environmental science and technology, 2017, 51: 4368-4376.

Strom S L, Fredrickson K A, Bright K J. Microzooplankton in the coastal Gulf of Alaska: regional, seasonal and interannual variations[J]. Deep Sea Research PartII Topical Studies in Oceanography, 2018, 165: 192-202.

Su L, Xue Y, Li L, *et al.* Microplastics in Taihu lake, China[J]. Environmental Pollution, 2016, 216: 711-719.

Sun L J, Gong P Y, Sun Y F, *et al.* Modified chicken manure biochar enhanced the adsorption for Cd^{2+} in aqueous and immobilization of Cd in contaminated agricultural soil[J]. Science of the Total Environment, 2022, 851(2): 158252.

Sun X D, Yuan X Z, Jia Y B, *et al.* Differentially charged nanoplastics demonstrate distince accumulation in Arabidopsis thaliana[J]. Nature Nanotecknology, 2020, 15: 755-760.

Sungur A, Soylak M, Ozcan H. Investigation of heavy metal mobility and availability by the BCR sequential extraction procedure: Relationship between soil properties and heavy metals availability [J]. Chemical Speciation and Bioavailability, 2014, 26: 219-230.

Sven S, Peter G, Jonas L, *et al.* A combined experimental and modeling study to evaluate pH-dependent sorption of polar and non-polar compounds to polyethylene and polystyrene microplastics[J]. Environmental Sciences Europe, 2018, 30, 30.

Tang G, Liu M, Zhou Q, *et al.* Microplastics and Polycyclic Aromatic Hydrocarbons(Pahs) In Xiamen Coastal Areas: Implications for Anthropogenic Impacts [J]. Science of the Total Environment, 2018, 634: 811-820.

Tang M, Huang Y, Zhang W, *et al.* Effects of microplastics on the mineral elements absorption and accumulation in hydroponic rice seedlings(*Oryza sativa L*) [J]. Bulletin of Environmental Contamination and Toxicology, 2022, 108(5): 949-955.

Tang S, Lin L, Wang X, *et al.* Pb(II) uptake onto nylon microplastics: interaction mechanism and adsorption performance [J]. Journal of hazardous materials, 2020, 386, 121960.

Tang S, Lin L, Wang X, *et al.* Interfacial interactions between collected nylon microplastics and three divalent metal ions(Cu(II), Ni(II), Zn(II)) in aqueous solutions[J]. Journal of Hazardous Materials, 2020, 403, 123548.

Tang X Y, Zhu Y G, Cui Y S, *et al.* The effect of ageing on the bioaccessibility and fractionation of cadmium in some typical soils of China[J]. Environment International, 2006, 32(5): 682-689.

Tessier A, Campbell P G C, Bisson M. Sequential extraction procedure for the speciation of particulate trace metals[J]. Analytical Chemistry, 1979, 51(7): 844-851.

Teuten E L, Rowland S J, Galloway T S, *et al.* Potential for plastics to transport hydrophobic contaminants[J]. Environmental science and technology, 2007, 41: 7759-7764.

Thompson R C, Olsen Y, Mitchell R P, *et al.* Lost at sea: where is all the plastic[J]? Science, 2004, 304: 838-838.

Thorsten H, Thilo H. Sorption of non-polar organic compounds by micro-sized plastic particles in aqueous solution[J]. Environmental Pollution, 2016, 214: 194-201.

Tiberg C, Sjöstedt C, Persson I, *et al.* Phosphate effects on copper(II) and lead(Ⅱ) sorption to ferrihydrite[J]. Geochimica Et Cosmochimica Acta, 2013, 120(120): 140-157.

Town R M, van Leeuwen H P, Blust R. Biochemodynamic features of metal ions bound by micro-and nano-plastics in aquatic media[J]. Frontiers in Chemistry, 2018, 6, 627.

Tunal M, Uzoefuna E N, Tunali M M, *et al.* Effect of microplastics and microplastic-metal combinations on growth and chlorophyll a concentration of *chlorella vulgaris*[J]. Science of the Total Environment, 2020, 743, 140479.

Turner A. Heavy metals, metalloids and other hazardous elements in marine plastic litter[J]. Marine Pollution Bulletin, 2016, 111(1-2): 136-142.

Turner A, Holmes L A. Adsorption of trace metals by microplastic pellets in fresh water[J]. Environmental Chemistry, 2015, 12(5): 600-610.

Uddin M K. A review on the adsorption of heavy metals by clay minerals, with special focus on the past decade[J]. Chemical Engineering Journal, 2017, 308: 438-462.

Udom B E, Mbagwu J S C, Adesodun J K. Distributions of zinc, copper, cadmium and lead in a tropical ultisol after long-term disposal of sewage sludge[J]. Environment International, 2004, 30: 467-470.

Ullah R, Tsui M T K, Chen H. Microplastics interaction with terrestrial plants and their impacts on agriculture[J]. Journal of Environmental Quality, 2021, 50: 1024-1041.

Ure A M. Single extraction schemes for soil analysis and related application [J]. Science of the Total Environment. 1996, 178: 3-10.

Uwizeyimana H, Wang M, Chen W, *et al.* The eco-toxic effects of pesticide and heavy metal mixtures towards earthworms in soil[J]. Environmental Toxicology and Pharmacology, 2017, 55: 20-29.

Vega F A, Covelo E F, Andrade M L. Competitive sorption and desorption of heavy metals in mine soils: influence of mine soil characteristics[J]. Journal of Colloid and Interface Science, 2006, 298(2): 582-592.

Veneman W J, *et al.* Pathway analysis of systemic transcriptome responses to injected polystyrene particles in zebrafish larvae[J]. Aquatic Toxicology. 2017,

190: 112-120.

Verma R, Dwivedi P. Heavy metal water pollution- A case study, Recent[J]. Research in Science and Technological Education, 2013, 5: 98-99.

Wagner S, Hüffer T, Klöckner P, *et al.* Tire wear particles in the aquatic environment-a review on generation, analysis, occurrence, fate and effects [J]. Water Research, 2018, 139: 83-100.

Wagner M, Scherer C, Alvarez-Muñoz D, *et al.* Microplastics in freshwater ecosystems: what we know and what we need to know[J]. Environmental Sciences Europe, 2014, 26: 12.

Wan Y, Wu C, Xue Q, *et al.* Effects of plastic contamination on water evaporation and desiccation cracking in soil [J]. Science of the Total Environment, 2019, 654: 576-582.

Wang C H, Zhao J, Xing B S. Environmental source, fate, and toxicity of microplastics[J]. Journal of Hazardous Materials, 2021, 407, 124357.

Wang H T, Ding J, Xiong C, *et al.* Exposure to microplastics lowers arsenic accumulation and alters gut bacterial communities of earthworm Metaphire californica [J]. Environmental Pollution, 2019, 251: 110-116.

Wang F L, Wang X X, Song N N. Polyethylene microplastics increase cadmium uptake in lettuce(*Lactuca sativa L.*) by altering the soil microenvironment[J]. Science of the Total Environment, 2021, 784, 147133.

Wang F, Yang W, Cheng P, *et al.* Adsorption characteristics of cadmium onto microplastics from aqueous solutions [J]. Chemosphere, 2019, 235: 1073-1080.

Wang F, Zhang X, Zhang S, *et al.* Interactions of microplastics and cadmium on plant growth and arbuscular mycorrhizal fungal communities in an agricultural soil [J]. Chemosphere, 2020, 254, 126791.

Wang F, Zhang X, Zhang S, *et al.* Effects of cocontamination of microplastics and Cd on plant growth and Cd accumulation[J]. Toxics, 2020, 8 (2), 36.

Wang F Y, Zhang X Q, Zhang S Q, *et al.* Interactions of microplastics and cadmium on plant growth and arbuscular mycorrhizal fungal communities in an agricultural soil[J]. Chemosphere, 2020, 254, 126791.

Wang J, Coffin S, Sun C, *et al.* Negligible effects of micro- plastics on animal fitness and HOC bioaccumulation in earthworm *Eisenia fetida* in soil[J]. Environmental Pollution, 2019, 249: 776-784.

Wang J L, Guo X. Adsorption isotherm models: classification, physical meaning, application and solving method [J]. Chemosphere, 2020, 258, 127279.

Wang J L, Guo X. Adsorption kinetic models: Physical meanings, applications, and solving methods [J]. Journal of Hazardous Materials, 2020, 390, 122156.

Wang J, Liu W, Wang X, *et al.* Assessing stress responses in potherb mustard(*Brassica juncea var. multiceps*) exposed to a synergy of microplastics and cadmium: Insights from physiology, oxidative damage, and metabolomics[J]. Science of The Total Environment, 2024, 907, 167920.

Wang J, Lv S H, Zhang M Y, Chen G C, *et al.* Effects of plastic film residues on occurrence of phthalates and microbial activity in soils[J]. Chemosphere, 2016, 151: 171-177.

Wang Q L, Feng X Y, Liu Y Y, *et*, *al.* Effects of microplastics and carbon nanotubes on soil geochemical properties and bacterial communities[J]. Journal of Hazardous Materials, 2022, 433, 128826.

Wang Q, Sun J, Yu H, *et al.* Laboratory versus field soil aging: Impacts on cadmium distribution, release, and bioavailability[J]. Science of the Total Environment, 2021, 779, 146442.

Wang Q, Zhang Y, Wang J X, *et al.* The adsorption behavior of metals in aqueous solution by microplastics effected by UV radiation[J]. Journal of Environmental Sciences, 2020, 87(1): 272-280.

Wang S, Hu J, Li J, *et al.* Influence of pH, soil humic/fulvic acid, ionic strength, foreign ions and addition sequences on adsorption of Pb(II) onto GMZ bentonite[J]. Journal of Hazardous Materials, 2009, 167: 44-51.

Wang W, Ndungu A W, Li Z, *et al.* Microplastics Pollution in Inland Freshwaters of China: A Case Study in Urban Surface Waters of Wuhan, China[J]. Science of the Total Environment, 2017, 575: 1369-1374.

Wang X, Liu L, Zheng H, *et al.* Polystyrene microplastics impaired the feeding and swimming behavior of mysid shrimp Neomysis japonica[J]. Marine Pollution Bulletin, 2020, 150, 110660.

Wang Y, Wang F, Xiang L L, *et al.* Attachment of positively and negatively charged submicron polystyrene plastics on nine typical soils [J]. Journal of Hazardous Materials, 2022, 431, 128566.

Wang Z, Li W, Li W, *et al.* Effects of microplastics on the water characteristic curve of soils with different textures[J]. Chemosphere, 2023, 317, 137762.

Wang Z, Li X, Shi H, *et al.* Effects of residual plastic film on soil hydrodynamic parameters and soil structure[J]. Transactions of the Chinese Society for Agricultural Machinery, 2015, 46(5): 101-106, 140.

Wang Z S, Dong H, Wang Y, *et al.* Effects of microplastics and their adsorption of cadmium as vectors on the *cladoceran Moina monogolica Daday*: Implications for plastic-ingesting organisms [J]. Journal of Hazardous Material, 2020, 400, 123239.

Wattigney W A, Irvin-Barnwell E, Li Z, *et al.* Biomonitoring programs in Michigan Minnesota and New York to assess human exposure to Great Lakes contaminants[J]. International Journal of Hygiene and Environmental Health, 2019, 222(1): 125-135.

Wen X F, Yin L S, Zhou Z Y, *et al.* Microplastics can affect soil properties and chemical speciation of metals in yellow-brown soil[J]. Ecotoxicology and Environmental Safety, 2022, 243, 113958.

Wen Y, Liu W, Deng W, *et al.* Impact of agricultural fertilization practices on organo-mineral associations in four long-term field experiments: Implications for soil C sequestration. Science of the Total Environment, 2019, 651(1): 591-600.

Weng L P, Temminghoff E J M, van Riemsdijk W H. Contribution of individual sorhents to the control of heavy metal activity in sandy soil[J]. Environmental Science and technology, 2001, 35(22): 4436-4443.

Weng L P, Wolthoorn A, Lexmond T M, *et al.* Understanding the effects of soil characteristics on phytotoxicity and bioavailability of nickel using speciation models[J]. Environmental Science and technology, 2004, 38(1): 156-162.

Woodall L C, Sanchez-Vidal A, Canals M, *et al.* The deep sea is a major sink for microplastic debris. Roy [J]. Royal Society open science, 2014, 1, 140317.

Wright S L, Kelly F J. Plastic and human health: a micro issue[J]? Environment Science and Technology, 2017, 51: 6634-6647.

Wright S L, Thompson R C, Galloway T S. The physical impacts of microplastics on marine organisms: a review [J]. Environmental Pollution, 2013, 178: 483-492.

Wu P, Zhang X F, Gao B, *et al.* Effects of Polyethylene on Cd accumulation of hyperaccumulator Solanum photeinocarpum[J]. Environmental science and technology, 2022, 45(1): 174-181.

Wu X, Lin L, Lin Z, *et al.* Influencing mechanisms of microplastics existence on soil heavy metals accumulated by plants[J]. Science of The Total Environment, 2024, 926, 171878.

Wu Y, Si Y, Zhou D, *et al.* Adsorption of diethyl phthalate ester to clay minerals[J]. Chemosphere 2015, 119: 690-696.

Wu Y F, Li X, Yu L, *et al.* Review of soil heavy metal pollution in China: Spatial distribution, primary sources, and remediation alternatives[J]. Resources, Conservation Recycling, 2022, 181, 106261.

Xu C, Wang H, Zhou L, *et al.* Phenotypic and transcriptomic shifts in roots and leaves of rice under the joint stress from microplastic and arsenic[J]. Journal of Hazardous Materials, 2023, 447, 130770.

Xu G, Lin X, Yu Y. Different effects and mechanisms of polystyrene micro- and nano-plastics on the uptake of heavy metals(Cu, Zn, Pb and Cd) by lettuce (*Lactuca sativa L.*)[J]. Environmental Pollution, 2023, 316, 120656.

Xu J, Cao Z, Zhang Y, *et al.* A review of functionalized carbon nanotubes and graphene for heavy metal adsorption from water: preparation, application, and mechanism[J]. Chemosphere, 2018, 195, 351.

Xu L, Xie W, Dai H, *et al.* Effects of combined microplastics and heavy metals pollution on terrestrial plants and rhizosphere environment: a review [J].

Chemosphere, 2024, 358, 142107.

Ya H B, Jiang B, Xing Y, *et al.* Recent advances on ecological effects of microplastics on soil environment [J]. Science of the Total Environment, 2021, 798, 149338.

Yan W, Hamid N D, Shun J, *et al.* Individual and combined toxicogenetic effects of microplastics and heavy metals(Cd, Pb, and Zn) perturb gut microbiota homeostasis and gonadal development in marine medaka(*Oryzias melastigma*)[J]. Journal of hazardous material, 2020, 397, 122795.

Yan X, Yang X, Tang Z, *et al.* Downward transport of naturally-aged light microplastics in natural loamy sand and the implication to the dissemination of antibiotic resistance genes[J]. Environmental Pollution, 2020, 262, 114270.

Yang D, Shi H, Li L, *et al.* Microplastic pollution in table salts from China [J]. Environmental science and technology, 2015, 49: 13622-13627.

Yang G R, Chen L R, Lin D M. Status, sources, environmental fate and ecological consequences of microplastic pollution in soil[J]. China Environmental Science, 2021, 41(1), 353-365.

Yang J, Wang J Y, Qiao P W, *et al.* Identifying factors that influence soil heavy metals by using categorical regression analysis: A case study in Beijing, China[J]. Frontiers of Environmental Science Engineering, 2020, 14(3), 37.

Yang L, Zhang Y, Kang S, *et al.* Microplastics in soil: a review on methods, occurrence, sources, and potential risk[J]. Science of the Total Environment, 2021, 780, 146546.

Yang R, Li Z, Huang B, *et al.* Effects of Fe(III)-fulvic acid on Cu removal via adsorption versus coprecipitation[J]. Chemosphere, 2018, 197: 291-298.

Yang W W, Cheng P, Catharine A A, *et al.* Effects of microplastics on plant growth and arbuscular mycorrhizal fungal communities in a soil spiked with ZnO nanoparticles[J]. Soil Biology and Biochemistry, 2020, 155, 108179.

Yang X, Li Z, Ma C, *et al.* Microplastics influence on Hg methylation in diverse paddy soils[J]. Journal of Hazardous Materials, 2022, 423, 126895.

Yang Y F, Chen C Y, Lu T H, *et al.* Toxicity-based toxicokinetic/toxicodynamic assessment for bioaccumulation of polystyrene microplastics in mice[J]. Journal of Hazardous Materials, 2019, 366, 703-713.

Yang Y, Peng Y, Yang Z, *et al.* The kinetics of aging and reducing processes of Cr(VI) in two soils[J]. Bulletin of environmental contamination and toxicology, 2019, 103(1): 82-89.

Yi M L, Zhou S H, Zhang L L, *et al.* The effects of three different microplastics on enzyme activities and microbial communities in soil[J]. Water Environment Research, 2021, 93(1): 24-32.

Yin L, Liu H, Cui H, *et al.* Impacts of polystyrene microplastics on the behavior and metabolism in a marine demersal teleost, black rockfish(*Sebastes schlegelii*)[J]. Journal of Hazardous Materials, 2019, 380, 120861.

Yonkos L T, Friedel E A, Perez-Reyes A C, *et al.* Microplastics in four estuarine rivers in the chesapeake bay, U. S. A[J]. Environmental science and technology, 2014, 48(24): 14195.

Yoon H, Kim J T, Chang Y S, *et al.* Fragmentation of nanoplastics driven by plant- microbe rhizosphere interaction during abiotic stress combination[J]. Environmental Science: Nano, 2021, 8(10): 2802-2810.

Yu H, Hou J H, Dang Q L, *et al.* Decrease in bioavailability of soil heavy metals caused by the presence of microplastics varies across aggregate levels[J]. Journal of Hazardous Materials, 2020, 395, 122690.

Yu H, Zhang Z, Zhang Y, *et al.* Metal type and aggregate microenvironment govern the response sequence of speciation transformation of different heavy metals to microplastics in soil[J]. Science of the Total Environment, 2021, 752, 141956.

Yu H Y, Liu C, Zhu J, *et al.* Cadmium availability in rice paddy fields from a mining area: the effects of soil properties highlighting iron fractions and pH value[J]. Environmental pollution, 2016, 209: 38-45.

Yu Q, Gao B, Wu P, *et al.* Effects of microplastics on the phytoremediation of Cd, Pb, and Zn contaminated soils by Solanum photeinocarpum and Lantana camara[J]. Environmental Research, 2023, 231, 116312.

Yu X, Peng J, Wang J, *et al.* Occurrence of microplastics in the beach sand of the Chinese inner sea: the Bohai Sea[J]. Environmental Pollution, 2016, 214: 722-730.

Yu Y X, Flury M. Current understanding of subsurface transport of micro- and nanoplastics in soil[J]. Vadose Zone Journal, 2021, 20(2), 20108.

Zang H, Zhou J, Marshall MR, *et al.* Microplastics in the agroecosystem: are they an emerging threat to the plant-soil system? [J]. Soil Biology and Biochemistry, 2020, 148, 107926.

Zang X, Zhou Z, Zhang T, *et al.* Aging of exogenous arsenic in flooded paddy soils: Characteristics and predictive models[J]. Environmental Pollution, 2021, 274, 116561.

Zeb A, Liu W, Meng L, *et al.* Effects of polyester microfibers(PMFs) and cadmium on lettuce(*Lactuca sativa*) and the rhizospheric microbial communities: a study involving physio-biochemical properties and metabolomic profiles[J]. Journal of Hazardous Materials, 2022, 424, 127405.

Zeller B, Dambrine E. Coarse particulate organic matter is the primary source of mineral N in the topsoil of three beech forests[J]. Soil Biology and Biochemistry, 2011, 43(3): 542-550.

Zeng F, Ali S, Zhang H, *et al.* The influence of pH and organic matter content in paddy soil on heavy metal availability and their uptake by rice plants[J]. Environmental Pollution, 2011, 159: 84-91.

Zha H, Han S Y, Tang R Q, *et al.* Polylactic acid micro/nanoplastic-induced hepatotoxicity: Investigating food and air sources via multi-omics[J], Environmental science and Ecotechnology, 2024, 21, 100428.

Zhang C, Chen X, WangJ, *et al.* Toxic effects of microplastic on marine microalgae Skeletonema costatum: Interactions between microplastic and algae[J]. Environmental Pollution, 2017, 220: 1282-1288.

Zhang C, Yu Z, Zeng G, *et al.* Effects of sediment geochemical properties on heavy metal bioavailability[J]. Environment International, 2014, 73: 270-281.

Zhang G, Liu Y. The distribution of microplastics in soil aggregate fractions in southwestern China[J]. Science of the Total Environment, 2018, 642: 12-20.

Zhang G S, Liu Y F. The distribution of microplastics in soil aggregate fractions in southwestern China[J]. Science of the Total Environment, 2018, 642: 12-20.

Zhang G S, Ni Z W. Winter tillage impacts on soil organic carbon, aggregation and CO_2 emission in a rainfed vegetable cropping system of the mid-Yunnan plateau, China[J]. Soil & Tillage Research, 2017, 265: 249-301.

Zhang G S, Zhang F X, Li X T. Effects of polyester microfibers on soil physical properties: perception from a field and a pot experiment[J]. Science of the Total Environment, 2019, 670: 1-7.

Zhang H, Pap S, Taggart M A, *et al.* A review of the potential utilisation of plastic waste as adsorbent for removal of hazardous priority contaminants from aqueous environments[J]. Environmental Pollution, 2019, 258, 113698.

Zhang H B, Zhou Q, Xie Z Y, *et al.* Occurrences of organophosphorus esters and phthalates in the microplastics from the coastal beaches in north China[J]. Science of the Total Environment. 2018, 616: 1505-1512.

Zhang J R, Ren S Y, Xu W, *et al.* Effects of plastic residues and microplastics on soil ecosystems: A global meta-analysis[J]. Journal of Hazardous Materials, 2022, 435, 129065.

Zhang K, Shi H, Peng J, *et al.* Microplastic pollution in China's inland water systems: a review of findings, methods, characteristics, effects, and management [J]. Science of the Total Environment, 2018, 630: 1641-1653.

Zhang Q, Gong K, Shao X, *et al.* Effect of polyethylene, polyamide, and polylactic acid microplastics on Cr accumulation and toxicity to cucumber(*Cucumis sativus L.*) in hydroponics [J]. Journal of Hazardous Materials, 2023, 450, 131022.

Zhang Q, Ma Z, Cai Y, *et al.* Agricultural Plastic Pollution in China: Generation of Plastic Debris and Emission of Phthalic Acid Esters from Agricultural Films[J]. Environmental science and technology, 2021, 55(18): 12459-12470.

Zhang R, Wang M, Chen X, *et al.* Combined toxicity of microplastics and cadmium on the zebrafish embryos(*Danio rerio*)[J]. Science of the Total Environment, 2020, 743, 140638.

Zhang S W, Han B, Sun Y H, *et al.* Microplastics influence the adsorption and desorption characteristics of Cd in an agricultural soil[J]. Journal of Hazardous Materials, 2020, 388, 121775.

Zhang S, Zha J, Meng W, *et al.* A review of microplastics in environment and their effects on human health[J]. China Plastics, 2019, 33(04): 81-88.

Zhang Y, Wolosker MB, Zhao Y, *et al.* Exposure to microplastics cause gut damage, locomotor dysfunction, epigenetic silencing, and aggravate cadmium(Cd) toxicity in Drosophila[J]. Science of the Total Environment, 2020, 744, 140979.

Zhang Y G, Yang S, Fu M M, *et al.* Sheep manure application increases soil exchangeable base cations in a semi-arid steppe of Inner Mongolia[J]. Journal of Arid Land, 2015, 7(3): 361-369.

Zhang Y, Yin C, Cao S, *et al.* Heavy metal accumulation and health risk assessment in soil-wheat system under different nitrogen levels[J]. Science of the Total Environment, 2018, 622: 1499-1508.

Zhao K, Liu X, Zhang W, *et al.* Spatial dependence and bioavailability of metal fractions in paddy fields on metal concentrations in rice grain at a regional scale[J]. Journal of soils and sediments, 2011, 11(7): 1165.

Zhao M, Xu L, Wang X X, *et al.* Microplastics promoted cadmium accumulation in maize plants by improving active cadmium and amino acid synthesis[J]. Journal of Hazardous Materials. 2023, 447, 130788.

Zhao T, Lozano YM, Rillig MC. Microplastics increase soil pH and decrease microbial activities as a function of microplastic shape, polymer type, and exposure time[J]. Frontiers in Environmental Science, 2021, 9, 675803.

Zheng S A, Zheng X Q, Chen C. Transformation of metal speciation in purple soil as affected by waterlogging[J]. International Journal of Environmental Science and Technology, 2013, 10(2): 351-358.

Zheng S, Zhang M. Effect of moisture regime on the redistribution of heavy metals in paddy soil[J]. Journal of Environmental Sciences, 2011, 23(3): 434-443.

Zheng X, Zhao M, Oba B T, *et al.* Effects of organo-mineral complexes on Cd migration and transformation: from pot practice to adsorption mechanism[J]. International Journal of Environmental Science and Technology, 2023, 20(1), 579-586.

Zhou C F, Wang Y J, Sun R J, *et al.* Inhibition effect of glyphosate on the acute and subacute toxicity of cadmium to earthworm Eisenia fetida [J]. Environmental toxicology and chemistry, 2014, 33(10): 2351-2357.

Zhou J, Wen Y, Marshall M R, *et al.* Microplastics as an emerging threat to plant and soil health in agroecosystems [J]. Science of the Total Environment. 2021, 787, 147444.

Zhou Q, Zhang H, Zhou Y, *et al.* Separation of microplastics from a coastal soil and their surface micro-scopic features [J]. Chinese Science Bulletin, 2016, 61: 1604-1611.

Zhou Q, Yang N, Li Y, *et al.* Total concentrations and sources of heavy metal pollution in global river and lakewater bodies from 1972 to 2017[J]. Global Ecology and Conservation, 2022, 22, 00925.

Zhou T, Wu L H, Luo Y M, *et al.* Effects of organic matter fraction and compositional changes on distribution of cadmium and zinc in long-term polluted paddy soils[J]. Environmental Pollution, 2018, 232: 514-522.

Zhou Y, Liu X, Wang J. Characterization of microplastics and the association of heavy metals with microplastics in suburban soil of central China[J]. Science of the Total Environment, 2019, 694, 133798.

Zhou Y, Liu X, Wang J. Ecotoxicological effects of microplastics and cadmium on the earthworm Eisenia foetida [J]. Journal of hazardous materials, 2020, 392, 122273.

Zhou Y F, Yang Y Y, Liu G H, *et al.* Adsorption mechanism of cadmium on microplastics and their desorption behavior in sediment and gut environments: The roles of water pH, lead ions, natural organic matter and phenanthrene[J]. Water Research, 2020, 184, 116209.

Zhou Z, Hua J, Xue J. Polyethylene microplastic and soil nitrogen dynamics: unraveling the links between functional genes, microbial communities, and transformation processes[J]. Journal of hazardous materials, 2023, 458, 131857.

Zhu B K, Fang Y M, Zhu D, *et al.* Exposure to nanoplastics disturbs the gut microbiome in the soil oligochaete Enchytraeus crypticus[J]. Environmental Pollution, 2018, 239: 408-415.

Zhu D, Bi Q F, Xiang Q, *et al.* Trophic predator-prey relationships promote transport of microplastics compared with the single Hypoaspis aculeifer and Folsomia candida[J]. Environmental Pollution, 2018, 235: 150-154.

Zong X, Zhang J, Zhu J, *et al.* Effects of polystyrene microplastic on uptake and toxicity of copper and cadmium in hydroponic wheat seedlings(Triticum aestivum L.) [J]. Ecotoxicol. Ecotoxicology and Environmental Safety, 2021, 217, 112217.

Zou J, Liu X, Zhang D, *et al.* Adsorption of three bivalent metals by four chemical distinct microplastics[J]. Chemosphere, 2020, 248, 126064.

Zuo J, Fan W, Wang X, *et al.* Trophic transfer of Cu, Zn, Cd, and Cr, and biomarker response for food webs in Taihu Lake, China[J]. RSC Advances, 2018, 8(7): 3410-3417.

Zou M M, Zhou S L, Zhou Y J, *et al.* Cadmium pollution of soil-rice ecosystems in rice cultivation dominated regions in China, A review[J]. Environmental Pollution, 2021, 280, 116965.

Zubris K A V, Richards B K. Synthetic fibers as an indicator of land application of sludge[J]. Environmental Pollution, 2005, 138(2): 201-211.